普通高等教育"十三五"规划教材
（风景园林/园林）

园林树木栽培与养护

李建新　王秀荣　主编

中国农业大学出版社
·北京·

内 容 简 介

本书包括三个部分:园林树木的种植——园林树木生长发育规律、苗木培育、园林树种的选择与配置、园林树木的栽植技术;园林树木的管理——土壤、肥料、水分管理;园林树木的养护——树木修剪与伤口处理、树洞处理与树体支撑、树木的各种灾害、树木的诊断与古树养护。

本书可作为高等院校园林、风景园林、园艺、环境、生态及相关专业本科生的必修课教材,还可为农、林、牧、水利等方面的科技工作者参考使用。

图书在版编目(CIP)数据

园林树木栽培与养护/李建新,王秀荣主编. —北京:中国农业大学出版社,2019.12
ISBN 978-7-5655-2298-7

Ⅰ.①园… Ⅱ.①李… ②王… Ⅲ.①园林树木-栽培技术 Ⅳ.①S68

中国版本图书馆 CIP 数据核字(2019)第 247360 号

书 名	园林树木栽培与养护
作 者	李建新 王秀荣 主编

策划编辑	梁爱荣	责任编辑	梁爱荣 张士杰
封面设计	郑 川		
出版发行	中国农业大学出版社		
社 址	北京市海淀区学清路甲 38 号	邮政编码	100083
电 话	发行部 010-62733489,1190	读者服务部 010-62732336	
	编辑部 010-62732617,2618	出 版 部 010-62733440	
网 址	http://www.caupress.cn	E-mail cbsszs @ cau.edu.cn	
经 销	新华书店		
印 刷	涿州市星河印刷有限公司		
版 次	2019 年 12 月第 1 版 2019 年 12 月第 1 次印刷		
规 格	889×1194 16 开本 10.75 印张 320 千字		
定 价	38.00 元		

图书如有质量问题本社发行部负责调换

普通高等教育风景园林/园林系列
"十三五"规划教材编写指导委员会

（按姓氏拼音排序）

车震宇　昆明理工大学
陈　娟　西南民族大学
陈其兵　四川农业大学
成玉宁　东南大学
邓　赞　贵州师范大学
董莉莉　重庆交通大学
高俊平　中国农业大学
谷　康　南京林业大学
郭　英　绵阳师范学院
李东徽　云南农业大学
李建新　铜仁学院
林开文　西南林业大学
刘永碧　西昌学院
罗言云　四川大学

彭培好　成都理工大学
漆　平　广州大学
唐　岱　西南林业大学
王　春　贵阳学院
王大平　重庆文理学院
王志泰　贵州大学
严贤春　西华师范大学
杨　德　云南师范大学文理学院
杨利平　长江师范学院
银立新　昆明学院
张建林　西南大学
张述林　重庆师范大学
赵　燕　云南农业大学

编写人员

主 编

李建新（铜仁学院）

王秀荣（贵州大学）

副 主 编
（按姓氏拼音排序）

邓 赞（贵州师范大学）

刘贵峰（内蒙古民族大学）

熊忠华（贵州大学）

杨 红（铜仁学院）

参 编
（按姓氏拼音排序）

包 玉（贵州大学）

高耀辉（内蒙古科技大学）

林开文（西南林业大学）

王 岚（铜仁学院）

魏光普（内蒙古科技大学）

出版说明

　　进入 21 世纪以来,随着我国城市化快速推进,城乡人居环境建设从内容到形式,都在发生着巨大的变化,风景园林/园林产业在这巨大的变化中得到了迅猛发展,社会对风景园林/园林专业人才的要求越来越高、需求越来越大,这对风景园林/园林高等教育事业的发展起到巨大的促进和推动作用。2011 年风景园林学新增为国家一级学科,标志着我国风景园林学科教育和风景园林事业进入了一个新的发展阶段,也对我国风景园林学科高等教育提出了新的挑战、新的要求,也提供了新的发展机遇。

　　由于我国风景园林/园林高等教育事业发展的速度很快,办学规模迅速扩大,办学院校学科背景、资源优势、办学特色、培养目标不尽相同,使各校在专业人才培养质量上存在差异。为此,2013 年由高等学校风景园林学科专业教学指导委员会制定了《高等学校风景园林本科指导性专业规范(2013 年版)》,该规范明确了风景园林本科专业人才所应掌握的专业知识点和技能,同时指出各地区高等院校可依据自身办学特点和地域特征,进行有特色的专业教育。

　　为实现高等学校风景园林学科专业教学指导委员会制定规范的目标,2015 年 7 月,由中国农业大学出版社邀请西南地区开设风景园林/园林等相关专业的本科专业院校的专家教授齐聚四川农业大学,共同探讨了西南地区风景园林本科人才培养质量和特色等问题。为了促进西南地区院校本科教学质量的提高,满足社会对风景园林本科人才的需求,彰显西南地区风景园林教育特色,在达成广泛共识的基础上决定组织开展园林、风景园林西南地区特色教材建设工作。在专门成立的风景园林/园林西南地区特色教材编审指导委员会统一指导、规划和出版社的精心组织下,经过 2 年多的时间系列教材已经陆续出版。

　　该系列教材具有以下特点:

　　(1)以"专业规范"为依据。以风景园林/园林本科教学"专业规范"为依据对应专业知识点的基本要求组织确定教材内容和编写要求,努力体现各门课程教学与专业培养目标的内在联系性和教学要求,教材突出西南地区各学校的风景园林/园林专业培养目标和培养特点。

　　(2)突出西部地区专业特色。根据西部地区院校学科背景、资源优势、办学特色、培养目标以及文化历史渊源等,在内容要求上对接"专业规范"的基础上,努力体现西部地区风景园林/园林人才需求和培养特色。院校教材名称与课程名称相一致,教材内容、主要知识点与上课学时、教学大纲相适应。

（3）教学内容模块化。以风景园林人才培养的基本规律为主线，在保证教材内容的系统性、科学性、先进性的基础上，专业知识编写板块化，满足不同学校、不同授课学时的需要。

（4）融入现代信息技术。风景园林/园林系列教材采用现代信息技术特别是二维码等数字技术，使教材内容更加丰富，表现形式更加生动、灵活，教与学的关系更加密切，更加符合"90后"学生学习习惯特点，便于学生学习和接受。

（5）着力处理好4个关系。比较好地处理了理论知识体系与专业技能培养的关系、教学体系传承与创新的关系、教材常规体系与教材特色的关系、知识内容的包容性与突出知识重点的关系。

我们确信这套教材的出版必将为推动西南地区风景园林/园林本科教学起到应有的积极作用。

编写指导委员会

2017.3

前　言

随着我国城市化快速发展,对城乡环境建设的高度重视,尤其是党的十八大以后提出了生态文明建设、美丽中国建设、实施乡村振兴等,对我国城乡生态环境和人居环境建设带来了新的发展机遇;随着新技术、新材料、新设备和新工艺的出现与使用,对园林树木栽植养护也提出更高的要求和标准。

本教材是针对不同地区各学校园林树木栽培养护教学基本要求和教学特点编写的,其紧扣创新人才培养目标和要求,按照理论与实践相结合,强调本学科的系统性和科学性,突出针对性和适用性,既包含园林树木学、植物学、植物生理学、树木营养学等多学科的基础理论知识,更体现在园林树木栽植与养护中的实际应用技能和技巧,并尽可能反映本学科前沿发展趋势和最新技术。本教材引入知识拓展网站链接,目的是培养学生独立思考和自学能力,拓宽学生知识面,同时每章有知识要点、复习思考题,便于学生巩固提高所学的理论知识。

本教材的编写工作,是由老中青相结合学术团队共同完成的,李建新负责教材体系的统筹安排,各章的编写分工如下:林开文(绪论及植物名录),高耀辉(第1章),包玉(第2章),魏光普(第3章),王秀荣、熊忠华(第4章),李建新(第5章),杨红(第6章),王岚(第7章),刘贵峰(第8章),邓赞(第9章)。全书由王秀荣、李建新教授统稿、配图及全稿校阅,并最终定稿。

在本教材编写过程中,各位编委都尽职尽责,悉心编撰,但由于编写时间较紧和编者经验不足,对一些章节的内容把握不准,推敲不够,教材难免存在疏漏和不足之处,敬请读者批评指正并提出宝贵意见,以便今后修正完善。

编者

2019.8

目　录

0.1　相关概念及定义

园林树木是园林景观要素的重要组成部分,也是园林植物的重要组成部分,还是构成园林绿地的主体,适合于风景区、休息疗养胜地、街道、公园、厂矿、村落及居住区等各种园林绿地栽植应用的木本植物。园林树木具有树体高大、功能齐全、生命周期长、发育阶段慢等有别于其他植物的特点。

狭义的园林树木栽植与养护是指从苗木出圃(或挖掘)开始直至树木衰亡、更新这一较长时期发生的栽培实践活动。广义的园林树木栽植与养护包括苗木培育,定植移栽,土、肥、水管理,整形修剪,树体支撑加固,树洞修补及各种灾害的防治等。园林树木栽植与养护水平的高低直接影响树木在园林绿化建设中作用的发挥。园林树木,特别是以树木为主体的自然式或人工式植物群落的生长发育,具有明显的改善环境、观赏、游憩和经济生产的综合效益。

0.2　园林树木的作用和意义

树木是由细胞、组织和器官构成的有机生命体,是一种高大的木本组织植物,由"枝""干"和"叶"呈现,可存活几十年到百年甚至千年。随着季节及年龄而不断生长变化,能产生多种景观效果。不同的树木或同一树木采用不同的配置方式,在同一地点或不同地点的个体或群体及不同年龄阶段可表现出不同的景观效果或观赏性或情趣。树木是大自然的造物,它的根、枝、叶、花、果及树姿等均各具特色与观赏性,既有形状、颜色、姿态等形体美,还有芳香和清馨等功效,达到陶冶情操与纯洁心灵的作用。同时树木具有调节气候、减免风沙危害、保持水土、涵养水源、净化空气和滞尘减噪等功能,具有很强的改善生态环境作用。此外,许多树木还具有药用、食用及工业原料等经济价值。树木的生产功能所包含的内容极其丰富,运用得当,对城乡园林建设可以起到积极的推动作用。若运用不当,片面地追求物质生产效益,不但会产生消极作用,而且会导致园林景观的破坏,这都取决于园林树木选择配置、树木栽培的水平与养护措施。

随着社会经济的发展,人们对良好生态环境的向往和对美好生活的追求,以及对人居环境质量与艺术价值的要求也越来越高,为适应这种需求,园林树木栽植与养护的水平也要随之不断提高。

0.3　园林树木栽培概况

1.园林树木栽培的经验

我国素有"世界园林之母"之美称,园林树木资源极为丰富,是世界园林植物重要发祥地之一,树木栽培也具有悠久的历史。

古代栽培的树种多为经济价值较高的果树及桑、茶等,而后逐渐演化出主要用于庭院遮阳及观赏树木。早在《诗经》(公元前11世纪至公元前6世纪)中就有原产于我国的桃、李、杏、梅、枣、榛子和板栗等果树栽培及将其种植在村旁宅院纳凉的记载。在《管子·地员篇》(公元5世纪)中,吴王夫差在嘉兴建造"会景园"时就"穿沿凿池,构亭营桥",所植花木,类多茶与海棠。春秋战国时期开始进行街道绿化,秦朝时期街道树已

— 1 —

被广泛种植。在《史记·货殖列传》(公元前2世纪至公元前1世纪)中就有"千树樟""千树栗""千树梨""千树楸""千亩漆""千亩竹"……皆与千户侯的记载。

据《汉书·贾山传》记载:"(秦)为驰道于天下,东穷燕齐,南极吴楚,江湖之上,濒海之观毕至。道广五十步,三丈而树(秦制6尺为步,10尺为丈,每尺合今制27.65 cm),厚筑其外,隐以金椎,树以青松。"可见秦时已广植街道树。

关于树木的栽培技术,在北魏贾思勰撰写的《齐民要术》中记载:"凡栽一切树木,欲记其阴阳,不令转易。阴阳易位,则难生。小小栽者,不烦记也。大树髡之,不髡,风摇则死。小则不髡。先为深坑,内树讫,以水沃之,著土令如薄泥;东西南北摇之良久,摇则泥入根间,无不活者;不摇,根虚,多死。其小树,则不烦耳。然后下土坚筑。近上三寸不筑,取其柔润也。时时溉灌,常令润泽。每浇水尽,即以燥土覆之。覆则保泽,不然即干涸。埋之欲深,勿令挠动。凡栽树讫,皆不用手捉及六畜抵突。"《战国策》曰:"夫柳,纵横、颠倒树之,皆生。使千人树之,一人摇之,则无生柳矣。"意思是说,凡是移栽各种树木,都要记住它的阴面和阳面,不要改变(原方位)。如把阴面和阳面弄错,便难成活。如系移栽很小的树苗,便可以不必去记。移栽大树时,应先将枝叶剪去;不剪去枝叶,风吹摇动,不容易成活。小树不必剪去枝叶。先挖掘深坑,将树栽入坑中,随即用水浇灌,使土变成稀泥,把树向东西南北四面摇动一会儿,摇动,可以使稀泥进入树根中间去,没有不成活的;不摇动,树根中间空虚,多半会死掉。如移栽小树,便不必这样做了。然后向坑中壅土捣实。表面三寸厚的土不要捣实,可保持疏松湿润。应时常浇水,使(树坑)经常保持湿润。每次浇水,等水耗尽后,便要用燥土覆盖。覆土可以保持湿润,不覆土便会变干燥。树要埋得深,不要让树摇动。树栽过以后,一概不要用手抚摸,不要让六畜碰撞。《战国策》一书曾经说:"柳树,不论是直着栽,卧着栽,颠倒着栽,都能够成活。但如有一千人栽种柳树,只要有一人去摇动它们,便不会有一棵成活了。"

凡栽树,正月为上时,谚曰:"正月可栽大树。"言得时则易生也。二月为中时,三月为下时。然枣,鸡口;槐,兔目;桑,虾蟆眼;榆,负瘤散;自余杂木,鼠耳、虻翅,各其时。此等名,即皆是叶生形容之所象似。以此时栽种者,叶皆即生。早栽者,叶晚出。虽然,大率宁

早为佳,不可晚也。其意为:凡栽树木,正月为上等农时,谚语说:"正月可栽大树。"是说时令合适,树木容易成活。二月为中等农时,三月为下等农时。但枣树宜"鸡口"移,槐树宜"兔目"移,桑树宜"虾蟆眼"移,榆树宜"负瘤散"移;其余的杂木,有的要等"鼠耳"移,有的要等"虻翅"移,皆有自己的适宜时令。以上所言各种名目,皆是指叶芽萌发时的形状。在这些时候移栽,都可很快地长出叶子;栽得早的,叶子反而出得晚。情况虽然是这样,但一般说来还是宁可早栽比较好,切不可栽得晚了。

《务本新书》:一切栽,枝记南北。根深土远,宽掘上,以席包包裹,不令见日。大车上般载,以人牵曳,缓缓而行。车前数百步,平治路上车辙,务要平坦,不令车轮摇摆。于处所依法栽培,树树决活。古人有云:"移树无时,莫令树知。"区宜宽深,以水搅土成泥,仍掺新粟大麦百余粒,即下树栽。树大者,须以木扶架。若根不动摇,虽丈许之木可活。仍须芟去繁枝,不可招风。

唐代文学家柳宗元在《种树郭橐驼传》中总结了一位驼背老人的种树经验,即"能顺木之天,以致其性","其本欲舒,其土欲故,其筑欲密,既然已,勿动勿虑",意思是说,种树要根据树木的习性,并满足其习性的要求,栽时要使树根舒展,尽量多用故土,并要踏平,栽好后,不能再去乱动。说明了适地适树,保证栽植质量对提高成活率的重要性。明代《种树书》中载有"种树无时,惟勿使树知","凡栽树,不要伤根须,阔掘勿去土,恐伤根。仍多以木扶之,恐风摇动其颠,则根摇,虽尺许之树木亦不活:根不摇,虽大可活,更茎上无使枝叶繁,则不招风"。说明了树木栽植时期的选择、挖掘要求和栽后支撑的重要性。

明代王象晋的《群芳谱》,清代汪灏的《广群芳谱》等都有树木的形态特征与栽培方法的记载。

查阅我国古代树木栽培的文献资料,反映了我国树木栽培悠久的历史和曾经达到相当高的技术水平,对于今天的园林树木栽植养护实践仍具有重要的参考价值和指导意义。

辛亥革命后,国民政府法令清明节同时为植树节。孙中山先生逝世后,为纪念这位伟大的革命先行者对植树造林的重视和支持,改植树节为3月12日(孙中山先生忌日)。民国期间,园林绿化工作发展甚微。

新中国成立后,毛主席向全国人民发出了"绿化祖国"的号召,在全国范围内推动植树造林工作蓬勃发

展。随着改革开放和园林城市的建设与发展,自 20 世纪 70 年代我国园林树木的栽植养护也得到迅猛发展,国家逐步重视城市规划和建设,尤其是更加注重城市绿地规划和建设,提高城市绿地率和绿化率,把建设优美环境作为城市建设发展的目标之一。开展了城市园林树种及其栽植养护技术的调查,开展并加强对古树名木的研究与保护;树种选择更加重视适地适树和对乡土树种的应用,植物造景逐步向地方特色转变,在树种配置上体现出植物多样性与景观多样性;在功能上更加强调园林树木的生态效益;在栽植与养护技术上,开始引进或应用大型设备及先进技术,保证了种植成活率和景观效果;在树木保护方面,采用改进地面铺装,进行科学施肥,树洞防腐处理、修补和加固技术,进行合理的根区环境改良,以复壮树木等。

随着我国城市化快速发展,对城乡环境建设的高度重视,尤其是党的十八大以后提出的生态文明建设、美丽中国建设、乡村振兴建设等,对我国城乡生态环境和人居环境建设发展带来了新的发展机遇。对园林树木栽植养护也提出更高的要求和标准。

近年来,随着城乡园林绿化事业的发展,园林树木栽植养护技术日益提高。全国各地广泛开展了园林植物的引种驯化工作,新培育的园林植物生长区向南或向北推移;塑料工业的发展、新技术和人工智能的应用,推动和促进了园林植物的保护地栽植养护的发展,如塑料大棚、智能温棚使用,使苗木的繁殖速度得到了提高,一些难以繁殖的珍贵花木,在塑料棚内能获得较高的生根率,对繁殖不太困难的植物,可延长繁殖时期和缩短生根期,降低了苗木生产成本;间歇喷雾的应用,使全光照扦插得以实现;生长激素的推广使苗木的繁殖进入一个新时期;树木移植液、生根剂、植物创伤愈合剂等生物制剂产品应用,促成栽植养护技术的应用进入了一个新水平,至今已有些园林植物如牡丹的花期能按人们的要求如期催开或延迟开放;屋顶花园、垂直绿化的产生,为人口密集、寸土如金的城市扩大绿化面积提供了广阔的前景;组织培养、无土栽培、容器育苗、配方施肥等技术的应用,都将园林树木栽培技术推向新的高度。

2. 园林树木栽培与养护新进展

随着新技术、新材料、新设备和新工艺的出现与使用,园林树木的栽培与养护技术有了较大的进展。

(1)容器育苗技术广泛应用 为树木移栽提供了诸多方便的容器苗,尤其是培育的容器大苗,为园林树木的移栽和短期内快速达到绿化效果发挥了重要作用。容器育苗在发达国家占 90%以上。容器育苗减少起苗、打包等移栽过程中人力、物力的消耗,可使大苗移栽的成活率达到 100%。

(2)大树移栽设备的使用 自 20 世纪 70 年代,The Vemeer Manufacturing Company of Pella Iowa 制造并推广其 TM700 型移栽机。它是一种理想、高效、方便的树木移栽设备,是在卡车、装载机、滑移装置等多种动力设备上安装树铲。通过液压控制系统控制树铲,插到树根下部,切断侧根,一举将带土的树根掘起,然后再将挖出的树木及时送到移植地点重新栽植。用移植机所挖的树木能保证土球的完整,便于运输,土球形状为圆锥形,根系损失少,在运输过程中不会流失水分,树木成活率高,挖一棵树所需的时间在 3～5 min,速度快,挖掘质量好。比人工效率提高近百倍。目前国外已有各种类型的机械用于大树移植,国内也已有少数园林公司开始拥有类似的机械。

(3)抗蒸腾(干燥)剂的使用 植物抗蒸腾剂是由环保型生态材料——高分子网状结构材料合成,能够封闭植物表面气孔,延缓代谢,同时其网状结构及其分子间隙具有透气性,能够保证植物的正常呼吸与通气。在植物枝干及叶面表层形成超薄透光的保护膜,有效抑制植物体内水分过度蒸腾,最大限度地降低因移植、干旱及风蚀所造成的枝叶损伤,降低人工养护成本,大大提高了阔叶树带叶栽植的成活率。我国也已有自主研制而成的新型抗蒸腾剂。

(4)树木施肥取得较大进展 依据树木胸径确定施肥量的方法已在生产上应用。化肥施用方法上应用打孔施肥,并借助机械化、自动化大大提高了施肥的效率和效果。研究和推广使用的新型肥料和施用的新方法,其中微孔释放袋就是其中的代表之一。推广的 Jobe's 树木营养钉,可以用普通木工锤打入土壤,其施肥速度可比打孔施肥要快 2～5 倍。在肥料成分上根据树木种类、年龄、物候及功能等推广使用的配方施肥也逐渐得到人们的重视。

(5)化学修剪的发展 近年来,一种颠覆传统移植技术的大树免修剪移植技术被引入我国。这种以抗蒸腾剂应用为核心的大树免修剪移植技术在我国的大规模应用始于 2004 年我国香港迪斯尼乐园的绿化工程,并逐渐向内地推广。如 Slo-Gro 等化学药剂,可通过叶

片吸收进入树体,运输到迅速生长的梢端后,幼嫩细胞虽可继续膨大,但细胞分裂的速度减缓或停止,从而使生长变慢,并保持树体的健康状况。

(6)树洞处理上使用新型材料进行填充 新型树洞修补材料具有无毒无害、防腐防水、牢固轻便、塑造性好、仿真度高等优势,弥补了传统碱性水泥砂浆封补树洞不美观、防水性差、易龟裂脱落的缺陷。其中聚氨酯泡沫材料强韧,稍有弹性,对边材和心材有良好的黏着力,容易灌注,膨化和固化迅速,并可与多种杀菌剂混合使用。在树洞处理中,主张在树洞清理中应保留某些已开始腐朽的木质部,以保护障壁系统。

(7)园林苗木的生产已达到了温室化、专业化、工厂化 温室结构标准化,温室内环境自动调控;育苗生产流水化作业和智能化操作,使苗木生产呈连续生产和大规模生产;为提高竞争力,各国都致力于采用现代生物技术选育和培养独特的花木种类,形成自己的优势。并且注意发展节约能源的苗木生产,广泛采用新的栽植养护技术如组织培养、无土栽植等。

(8)农药使用更加注重环境保护 淘汰了一些具有残毒和污染环境的药剂,应用和推广了许多新型高效低毒的农药,并进行生物防治。

0.4 园林树木栽培与养护的研究对象与任务

园林树木栽培与养护是研究园林树木的生长发育基本规律及其调控技术,研究园林苗木培育、移栽技术、特殊立地环境下的栽培养护技术、立体绿化与屋顶绿化,研究园林树木养护管理等理论与技术的科学。它是农业科学中植物栽培学的一个分支,都是根据人类社会生产和生活的需要,在人类生产劳动下,按照既定的目标和方向作用于植物与环境,促进园林树木更好地服务人类生活所需要,是通过具体的生产劳动所产生的各种产品和功能效益中逐步形成和发展起来的。既受自然和生物学规律的制约,又受社会经济规律的影响,在相当程度上还受人们主观能动性的影响。当然,园林树木栽植养护与其他植物栽培学也有一定的区别。首先,其他植物栽培学;如蔬菜栽培学、果树栽培学和作物栽培学等一般都以直接生产某种形式的物质产品为主要目的,而园林树木栽培与养护则是以发挥树木改善生活环境,提升城乡环境景观效果和焕

发人们精神的功能为主,一般是间接的。这些功能既有物质的,又有精神的,在思想感情和美学方面还受人们意识形态和不同民族、时代和美学观念的影响。其次,园林树木栽培与养护所研究的相关理论与技术对树木的影响比其他植物栽培学的范围要广泛,作用时间要长远。如粮食作物、园艺作物、经济林木等更多地满足某种或某几种需要,园林树木则需要从生态、经济、社会和景观等多方面综合研究。又如森林培育学对衰老和开始腐朽的树木认证不再具有经济价值,需要进行砍伐和更新了,但园林树木栽培与养护则对古树、衰老和将腐朽的大树进行保护和复壮处理,并从生境、生理、历史、文化、观赏及社会等方面加以研究。

园林树木栽培与养护的任务是服务于园林树木栽培实践,从树木与环境之间的关系出发,在调节、控制树体与环境之间的关系上发挥更好的作用。既要充分发挥树木的生态适应性,又要根据栽植地的立地条件特点和树木的生长状况与功能要求,实行科学的管理。既要最大限度地利用环境资源,又要适时调节树木与环境的关系,使其正常生长,延年益寿,充分发挥其改善环境、游憩观赏和经济生产的综合效益,促进相应生态系统的动态平衡,使园林树木栽培更趋合理,取得事半功倍的效益。

园林树木栽培与养护的实质,是在掌握树木生长发育规律的基础上,根据人们的需要和各类绿地环境实际,对树木及其环境采取直接或间接措施,进行及时的调节与干预,促进或抑制其生长和发育。所谓直接措施是直接作用于树体的各种措施与方法,包括移栽定植、修枝整形、支撑加固、嫁接补枝、树体喷涂(药、肥、水等)及树洞修补与覆盖等。所谓间接措施主要是通过改善树木生长的光、热、水、肥、气(包括土壤与大气)等环境条件,促进和控制树木的生长与发育。

0.5 学习园林树木栽培与养护的作用

学习园林树木栽培与养护,首先是加强对现有树木的管养,让它能健康、长寿和美观,能较好地发挥其生态、社会和经济三方面功能效益。其次是积极扩大绿地面积和绿量,特别是在人口密集区的绿化面积和绿量,通过增加绿地面积,提升绿化质量,采取垂直绿化和屋顶绿化等方式,提升绿地率和绿量。第三是通过科学配置园林植物,合理修剪和精心养护园林树木,

形成具有较高观赏性的园林景观和观赏树木,达到树木健康、树姿优美、苍劲古朴、枝繁叶茂的效果。最后是处理好园林树木生长与市政建设的关系,通过合理维护减少市政工程建设中对树木的危害,及时消除树木生长中的不安全因素,促进树木健康延寿。

0.6　本课程学习要求

　　园林树木栽培与养护的任务及研究内容十分广泛,其范围涉及多门学科知识,因此,必须在具备植物学、树木学、植物生理学、土壤肥料学、气象学、植物生态学、植物保护学等方面的基本知识、基本理论与基本技能的基础上,才能学好本课程,并用于栽培与养护实践。

　　园林树木栽培与养护是一门专业性、实践性很强的课程。在学习园林树木生长发育规律等理论知识的基础上,紧密联系生产实践,通过观察、比较、归纳、总结和实际操作等方法,培养解决生产实际问题的能力。因此,学习方法上必须是理论联系实际,既要不断吸收和总结历史与现实的栽培经验与教训,又要勤于实践,在实践中学习。

第1章
园林树木生长发育规律

【知识要点】本章主要介绍园林树木生长发育规律,树木的生命周期,树木的年生长发育周期,树木营养生长的特点,树木生殖生长的特点,树木的整体性及各器官生长发育的相关性。

1.1 树木生长发育的生命周期

树木繁殖成活后经过营养生长、开花结果、衰老更新,直至生命结束(幼年、青年、成年、老年)的全部生活史叫作树木的生命周期(或称为大周期、大发育周期或世代周期)。树木在不同的年龄时期,由于生长发育特点的不同,对外界环境和栽培管理的要求不同。研究树木不同年龄时期的生长发育规律,采取相应的栽培养护措施,促进或控制各年龄时期的生长发育节律,可实现提早或延迟开花和防止早衰,古树更新复壮等园林树木栽培目的。

1.1.1 树木个体发育

1.树木个体发育的概念

树木个体发育是指独立生长的单株树木在整个生命过程中所进行的发育史,这也是一个由量变到质变,直到个体衰老死亡的全过程。一年生植物春播秋实,一生是在一年内完成的,只有一个生长季节。二年生植物秋播夏实,一生是在两年内完成,跨越两个相邻的生长季。树木为多年生植物,要经历多个发育周期后才开始开花结实,开花结实后再经历数十年、数百年、甚至上千年的开花结实,最后衰老死亡,完成总发育周期的时间很长(图1-1)。

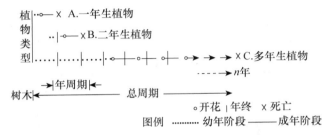

图1-1 不同植物生命周期的比较(沈德绪等,1989)

2.树木生命周期中的个体发展阶段

1)实生树的生命周期

实生树的个体生长发育是有阶段性的,分为胚胎、幼年、成熟、繁殖、衰老5个阶段。但是世界多数的学者认为实生树的生命周期主要分为两个明显的发育阶段,即幼年阶段和成年阶段。

(1)幼年阶段 从种子萌发到具有开花潜能(具有形成花芽的生理条件,但不一定开花)之前的一段时期,叫作幼年阶段。中国民谚:"桃三、李四、梨五年",就是指这几种树不同长短的幼年期。不同的树木种类,其幼年阶段的长短差别很大,少数树种的幼年阶段很短,当年就可开花,如矮石榴、紫薇等,但多数园林树木需经较长的年限才能开花,如梅花需要4～5年、松和桦需5～10年、银杏需15～20年。在此阶段,树木不能接受成花诱导而开花,任何人为措施都不能使其开花,但合理的措施可以使这一阶段缩短。幼年阶段的长短还与环境因素有关。在干旱贫瘠的土壤条件下,树木由于生长弱,幼年阶段时间短;相反,若在湿润肥沃的土壤上,营养生长旺盛,幼年阶段长。

（2）成年阶段　幼年阶段达到一定生理状态之后，就获得了形成花芽的能力，从而达到性成熟阶段，即成年阶段。进入成年阶段的树木就能接受成花诱导（如环剥、喷洒激素等措施）并形成花芽。开花是树木进入性成熟的最明显的标志。实生树经多年开花结实后，逐渐出现衰老和死亡的现象，这一过程称为老化过程或衰老过程。

由于阶段发育的局限性、顺序性及不可逆的特点，导致树体不同部位器官和组织存在着本质差别。因此，多年生成年树越靠近根颈年龄越大，阶段发育越年轻；相反，离根颈越远则年龄越小，阶段发育越老，即"干龄老，阶段幼；枝龄小，阶段老"。

2）营养繁殖树的生命周期

营养繁殖树的阶段发育是原母树阶段发育的继续，所以其发育特性取决于营养体取自什么起源、什么发育阶段的母树和部位。若取自成年阶段的枝条，不再经历个体发育的幼年阶段，除枝穗带花芽者成活后可当年或第二年开花除外，一般都要经过短暂几年的营养生长才能开花结实，即很快进入成年阶段。若取自幼年阶段的枝条，直接进入幼年阶段，但幼年阶段比实生树的幼年阶段短，能较快地进入成年阶段。营养繁殖树从定植起，经过多年的开花结实进入衰老阶段，直至死亡。所以营养繁殖树与实生树相比，寿命较短，其生命周期中只有成年阶段和老化过程。

树木的个体发育一般表现为"慢—快—慢"的"S"形曲线式总体生长规律，即开始阶段的生长比较缓慢，随后生长速度逐渐加速，直至达到生长速度的高峰，随后会逐渐减慢，最后完全停止生长而死亡。不同树木在其一生的生长过程中，各个生长阶段出现的早晚和持续时间的长短会有很大差别。在了解不同树木的生命周期特点之后，就可以采取相应的栽培管理措施，如对实生树应缩短其幼年阶段，加速性成熟过程，提早进入成年阶段开花结果，并延长和维持成年阶段，延缓衰老过程，更好地保持园林树木的良好绿化和美化效果。若不了解树木在生长阶段的差异，树种配植往往不合理，即使初期的配植效果尚好，但是不能保证长远景观的可持续性。

3. 树木阶段发育的内部条件

（1）树木必须具有最低限度的生长量（营养储备），植株达到一定大小是阶段转化的首要条件　像一、二年生植物一样，树木只有通过春化阶段与光照阶段，在

正常生长发育的基础上，树木必须有一定的生长量和相应的营养物质储备，才能进行下一个发育阶段。生长量常常以树木的高度作为形态指标，这个高度应该是具有一定数量的节数。如欧洲黑穗状醋栗生长达20节后，才能开花；向日葵只要生长到一定数量的叶片就能成花。

（2）生长点分生组织要经历一定数目的细胞分裂是阶段性变化的决定因素　实生树阶段性变化决定于茎端分生组织的变化。顶端分生组织要经历一定数量的细胞分裂，才能达到性成熟，植株的大小并不是成花的决定性因素。

（3）茎顶端分生组织的物质代谢活性和激素变化，乙烯利能促进提早开花、赤霉素能延迟开花　实生树阶段性变化在于顶端分生组织转化点上代谢活性的改变。这可能与核酸种类、含量、激素和抑制剂在数量和比例上的变化有关。3～13年生的苹果和梨在三碘苯甲酸或乙烯利的作用下都可以提前开花。激素诱导成花与实生树内在的条件有关，苹果幼龄实生苗喷施激素并不能促进开花，当实生苗达到一定生长量和通过一定阶段变化时，生长调节剂才能诱导成花。因此，只有了解树木的生长发育规律，在实生树不同的生长发育阶段，在成花阶段的前后采取有效的"促""控"措施，才能有效地调节开花。

1.1.2　树木的年龄时期

1. 有性繁殖树的年龄时期

按园林树木栽植养护的实际需要，将树木的整个生命周期划分为：幼年期、结果初期、结果盛期、结果后期和衰老期5个年龄时期（图1-2）。

（1）幼年期　幼年期为种子萌发到第一次开花的时间段。此阶段树冠和根系的离心生长旺盛，只有营养生长和营养积累，开始形成树冠和骨干枝，逐步形成树体特有的结构，为首次开花结实做好形态上和内部物质上的准备。幼年期的特点是叶片较小，叶缘多锐齿或裂片，芽小而尖，树冠直立。栽培过程中，应加强土壤管理，充分供应水肥，轻修剪多留枝，使其根深叶茂，制造和积累大量营养物质。观花观果类树木应促进其生殖生长，在定植初期的1～2年中，当新梢长至一定长度后，可喷洒适量抑制剂，缩短幼年期，促进花芽的形成。

（2）结果初期　结果初期为树木第一次开花到大

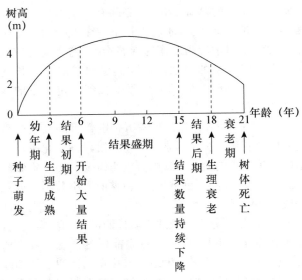

图 1-2　实生桃树年龄时期模式(沈德绪等,1989)

量开花之前的时间段。此阶段树冠和根系加速扩大,离心生长最快,直至达到定型的大小。树冠的外围或先端开始形成少量花芽,但花芽较小、质量较差,坐果率低,开花结果数量逐年上升。栽培过程中,应轻剪、重肥。缓和树势、防徒长、生长过旺,可控制水肥,少氮肥,多磷、钾肥。必要时可使用适量的化学抑制剂。

(3)结果盛期　结果盛期为开始大量开花结实至开花结实连续下降初期的时间段。此阶段树冠分枝多,花芽发育完全,开花结果部位扩大(内外膛),开花结果多且数量稳定(或大小年波动小),骨干枝离心生长停止,树冠达到最大限度。末端小枝衰亡,内膛开始发生少量生长旺盛的更新枝条。根幅也达到最大范围,须根有大量死亡现象。栽培过程中,注意要充分供应水、肥;细致地更新修剪,均衡地配备营养枝、结果枝和结果预备枝;适当疏花疏果。

(4)结果后期　结果后期为大量开花结果的状态遭到破坏,几乎失去了观花观果价值。此阶段树木先端的枝条和根系大量衰亡,向心更新强烈,生长衰弱、病虫害多、抗性减弱。栽培过程中注重疏花疏果,加强土壤管理,增施肥水,促发新根。适当重剪,回缩和利用更新枝条。

(5)衰老期　衰老期为骨干枝和根逐步衰亡的阶段。该时期骨干枝、骨干根大量死亡,结果枝和结果母枝越来越少、枝条纤细且生长量很少,树冠平衡遭到破

坏,树冠更新复壮能力很弱,抵抗力显著降低,木质腐朽,树皮剥落,树木衰老逐渐死亡。栽培过程中,对于一般灌木,可以萌芽更新或砍伐重新栽植。对于古树名木采取各种复壮措施,无可挽救时伐除。

2.无性繁殖树的年龄时期

没有胚胎阶段,幼年阶段无或缩短,无性繁殖树生命周期中的年龄时期可划分为营养生长期、结果初期、结果盛期、结果后期和衰老期5个时期。各个年龄时期的特点及其管理措施与实生树相应的时期基本相似或完全相同。

1.1.3　树木的衰老与复壮

树木的衰老是指其生长和代谢逐步降低,是一种有秩序的、逐步衰退的变化。树木从幼年阶段到成熟阶段,最后进入衰老阶段,经过了各种复杂的生理变化。发生在树木早期的成熟作用,是从幼年阶段转变为成熟时期相对突然的和不可预测的变化特征。而发生在成年阶段后的衰老阶段是树木自身随着体积的增大和复杂性的提高,生长和代谢逐步减弱。

1.树木幼年阶段的特征

处于幼年阶段的树木不开花,生长率指数增加快、营养生长快,叶形、叶的结构、叶序、插条生根难易、叶保持性、茎的解剖构造、刺的有无、花青素的量都与成年阶段有所不同。幼年阶段与成年阶段可以同时出现在同一植株上,树木的上部处于成年阶段,而下部处于幼年阶段。如成年的刺槐和光叶石楠,其基部(幼年区)侧枝具有幼年特性,有刺,无开花能力;而成年区则与此相反,顶部侧枝无刺,有开花结实能力。

2.树木幼年阶段变化的控制

园林树木育种往往要加速阶段变化,栽培养护上要保持幼年状态或诱导成年状态逆转,这样能够保持优良特性,如行道树悬铃木的成年阶段受到抑制,可避免果实的“飞毛”现象,在生产应用中具有重大的实践意义。加速阶段变化可控制环境条件,即进行有利于开花的补充处理,缩短树木的幼年阶段并诱导其开花。如日本落叶松需要10~15年才进入开花年龄,但在温暖的温室中和连续长日照的条件下诱导,可以在4年时就开花。也可采用适当的砧木嫁接来控制幼年阶段的长度,重修剪或将成年接穗嫁接在幼年阶段的砧木上,或利用赤霉素处理成年植株,都可使成年植物向幼年类型的转变。

3. 树木的衰老与复壮

树木在发育过程中,当代谢降低、营养和生殖组织的生长逐步减少,顶端优势消失、枯枝增加、枝条下垂、伤口愈合缓慢、容易感染病虫害和遭受不良环境条件的损害,向地性反应消失、生根活力差,光合组织对非光合组织的比例减少,这些变化意味着树木的衰老。树木寿命的长短因种类和环境条件的不同差异很大,裸子植物比被子植物的寿命长。树木的衰老是一个复杂的过程,从生理上看,生殖生长过多、时间过长;根到枝干距离的增加,造成有机物、水分、矿物质和激素在运输上的困难增加;组织或器官老化、活性变差、抗性变差、易染病、易风折风倒。裸子植物之所以寿命长,主要是因为体内含有大量的树脂和酚类,具有抗腐性和耐火性。

衰老过程不可逆转,但是通过适当措施可以实现局部复壮。深翻土壤、修剪根系、多施氮肥和有机肥、施用植物生长调节剂回缩树冠等措施可以复壮树木。营养繁殖也可以使树木复壮。例如,一根老化的枝条嫁接到幼龄砧木上,其生长势逐渐增强,顶端优势又明显起来。许多树种,如杉木、悬铃木、杨树等经数代无性繁殖后,仍具有旺盛的生命力,因此从理论上而言,衰老过程在某种程度上是可逆的,经营养繁殖(扦插),植株可再生新根,使枝叶和根系得到复壮。扦插后枝条的复壮程度取决于插条最适宜的生理年龄和时间年龄。植株中部的枝条较易成活,抗逆性强,1 年生枝条的成活率高于 2 年生以上枝条,但是后者一旦生根成活,则根系粗壮,抽枝发叶的能力也较强。因此,研究树木的衰老问题,对树木花果的高产、稳产、延长经济寿命和古树名木的保护与复壮等具有实践意义。

1.2　树木的年生长发育周期

树木生长发育过程在一年中随着时间和季节的变化而出现形态和生理机能的规律性变化称为年生长发育周期。如萌芽,抽枝展叶或开花,新芽形成或分化,果实成熟,落叶休眠等。在热带、亚热带、温带和寒带地区,气候随季节变化明显,木本植物一般都有随季节变化和生长与休眠交替的现象。

1.2.1　树木年生长周期中的个体发育阶段

1. 春化阶段

植物的春化现象是指一二年生植物在苗期需要经过一段低温时期才能开花结实的现象,春化阶段指植物经过春化现象的阶段。例如,来自温带地区的耐寒树木,较长时间的冬季和适度严寒,能更好地满足其春化阶段对低温的要求。茶花的春化温度和时间因品种不同而异,一般要求 $-3 \sim 5\,^{\circ}\mathrm{C}$ 低温,$10 \sim 20$ 天以上即可,早花品种春化时间短,温度高;迟花品种要求春化时间长,温度低,因此引种时根据时间给予适度的温度保证春化作用顺利进行,否则会造成花芽发育停止而落蕾。许多树木的种子如果直接播种,发芽率极低,需要采用一些方法促进其发育(如厚朴、马褂木、珙桐等)。冬季将种子放在湿沙中,采用层积处理后可大大提高发芽率和出苗率。除低温外,春化作用还需要氧、水分和糖类。干种子不能接受春化,种子春化时的含水量一般需在 40% 以上。离体胚在有氧、水分和糖类的情况下,才能起春化响应。

2. 光照阶段

植物生长发育需要经过一定的光照时期,才能正常地生长发育和进入休眠,否则组织不充实,营养物质储备不足,导致冬季易受冻害。这个光照时期的长短与树木的种类、生长环境等存在一定的规律性和地域性。喜阳树种需要的光照阶段长,如刺槐、重阳木、乌桕、黄连木、三角枫、栾树、无患子、枣、梧桐、柿树;耐阴树种的光照阶段可相对较短,如冷杉、云杉、红豆杉、小叶黄杨、山茶、常春藤、杨梅、蚊母树。北方树种与南方树种对光照的要求完全不一样,北方树种引入南方,虽然能正常生长,但发育期延迟,甚至不能开花结实。

3. 其他阶段

除春化阶段和光照阶段,还存在需水临界阶段,即第三发育阶段。该阶段处于嫩枝迅速生长时期,如果在这一时期,水分充足,就会引起生长衰弱,这个结果在苹果、油橄榄中得到验证。在该时期,树木消耗水分最盛,叶内含水量最高,呼吸强度大,嫩枝生长量最大,是生理活性最强的时期,也是需水临界期。也有人在此阶段上提出了第四阶段,即嫩枝成熟阶段。该阶段是木质化过程的时期,为提高越冬能力做好生理准备,但是相关的研究报道并不多。

1.2.2　树木物候

1. 物候的形成与应用

生物在系统发育过程中,其形态形成过程受到一年四季和昼夜周期变化的环境条件影响,必然引起机

体营养和生命活动的变化。由于长期适应这种周期性变化的环境，形成与之相对应的形态和生理机能有规律变化的习性，即生物的生命活动能随气候变化而变化。人们可以通过其生命活动的动态变化来认识气候的变化，所以称为生物气候学时期，简称为物候期。树木的物候是树木随季节变化而发生的发育进程，如萌芽，抽枝展叶，开花结实，落叶休眠等。光照、温度、降水等气象因子在每年不同季节会产生波动，若春季回暖快，树木萌芽也会加快。由于各区域的环境不同，同种树木的物候期也会产生差异性。物候期是地理气候、栽培树木的区域规划以及为特定地区制定树木科学栽培措施的重要依据。若在不同环境下采取不同的栽培技术措施，在一定范围内能改变树木物候的进程。此外，树木所呈现的季相变化，对园林植物种植设计具有艺术意义。园林设计中，往往重视树木的配置，突出四季景观分明，特别是春季变色叶树木，如香椿、红叶杨等，秋色叶树种，如白蜡、悬铃木、槭树等在园林应用中作为主要树种广泛应用。

2. 树木的物候特性

树木在一定营养物质的基础上与必需的生态因素相互作用，通过内部生理活动进行着物质交换与新陈代谢，推动其生长发育进程。每一种树的每一个物候都是在前一个物候期通过的基础上发生，同时又为下一个物候的到来做好准备。根据物候学的研究和树木物候观察，总结出树木物候特性：同树同地区同一地点，因气候不同而异；同树同地区因海拔高度不同而异；同树因不同地区而异；同树同一物候，因部位而异；同树因栽培技术措施影响而不同；同树因不同品种而异；不同树种物候不同；不同类别的树木（如落叶树木和常绿树木）物候表现出很大差异。

3. 树木物候变化的一般规律

（1）顺序性　树木物候期的顺序性是指树木各个物候期有严格的时间先后次序的特性。例如，只有先萌芽和开花，才能进入果实生长和发育时期；先有新梢和叶子的营养生长，才能出现花芽的分化。树木进入每一物候期都是在前一物候期的基础上进行与发展的，同时又为进入下一物候期做好了准备。树木只有在年周期中按一定顺序顺利通过各个物候期，才能完成正常的生长发育。不同树种的不同物候期通过的顺序不同。比如有的树种先花后叶，有的树种先叶后花等。

（2）不一致性　树木物候期的不一致性，或称不整齐性，是指同一树种不同器官物候期通过的时期各不相同，如花芽分化、新梢生长的开始期、旺盛期、停止生长期各不相同。此外，树木在同一时期，同一植株上可同时出现几个物候期。如贴梗海棠在夏季果实形成期，大部分枝条上已经坐果，但仍有部分枝条上开花。

（3）重演性　在外界环境条件变化的刺激和影响下，如自然灾害、病虫害、栽培技术不当，能引起树木某些器官发育终止而刺激另一些器官的再次活动。如二次开花、二次生长等。这种现象反映出树体代谢功能紊乱与异常，影响正常的营养积累和翌年正常生长发育。

1.2.3　树木的主要物候期

1. 落叶树的主要物候期

温带地区的气候在一年中有明显的四季，因此温带落叶树木的物候季相变化最为明显，可分为生长期、休眠期和过渡期。从春季萌芽开始至秋季落叶前为生长期，其中成年树的生长期表现为营养生长和生殖生长。树木在落叶后至第二年萌芽前，为适应冬季低温等不利的环境条件的休眠期。在生长期和休眠期之间各有一个过渡期，即生长期转入休眠期和从休眠期转入生长期。这两个过渡期对于树木的生长非常重要，某些树木的抗寒、抗旱性在变动较大的外界条件中，常出现不适应而发生危害。

（1）休眠转入生长期　春天随着气温的逐渐回升，树木开始由休眠状态转入生长状态，这一时期处于树木将要萌芽前，一般以日平均气温在3℃以上时起，到芽膨大待萌发时为止。通常芽萌发是树木由休眠转入生长的明显标志，一般生理活动则出现的更早。树木由休眠转入生长，要求一定的温度、水分和营养物质等。当有适合的温度和水分，经一定时间树液开始流动，有些树种（如核桃、葡萄等）会出现明显的"伤流"。一般北方树种芽膨大所需的温度较低，而原产温暖地区的树种芽膨大所需要的温度则较高。这一时期若遇到突然的低温很容易发生冻害，要注意早春的防寒措施，干旱地区还容易出现枯梢现象。

（2）生长期　从春季开始萌芽生长到秋季落叶前的整个生长季节。这一时期在一年中所占的时间较长，树木在此期间随季节变化会发生极为明显的变化。

如萌芽、抽枝、展叶、开花、结实等,并形成许多新的器官,如叶芽、花芽等。

萌芽常作为树木开始生长的标志,但实际上根的生长比萌芽要早得多。不同树种在不同条件下每年萌芽的次数不同。树木萌芽后抗寒能力显著降低,对低温变得敏感。每种树木在生长期中,都按其固定的物候顺序通过一系列的生命活动。但是不同的树种各个物候的顺序不同,有的先花后叶,有的先叶后花。

(3)生长转入休眠期 秋季叶片自然脱落是树木开始进入休眠期的重要标志。秋季日照缩短、气温降低是导致树木落叶进入休眠期的主要外部原因。在正常落叶前,新梢必须经过组织成熟过程,才能顺利越冬。落叶前,在叶片中会发生一系列的生理生化变化,如光合作用和呼吸作用减弱、叶绿素分解,部分氮、钾成分向枝条和树体其他部位转移等,最后在叶柄基部形成离层而脱落。过早落叶,不利于养分积累和组织成熟。干旱、水涝、病害等会加速落叶,危害很大。该落不落,说明树木还未做好越冬准备,已发生冻害和枯梢。

不同年龄阶段的树木进入休眠的时间不同,幼龄树比成年树较迟进入休眠期。而同一树体不同器官和组织进入休眠的时间也不同,一般是芽最早进入休眠期,其后依次是枝条和树干,最后是根系。刚进入休眠的树,耐寒力较弱,遇间断回暖会使休眠逆转,骤然降温则会遭受冻害。

(4)休眠期 树木从秋季正常落叶到第二年春季萌芽为止是落叶树木的休眠期。在树木的休眠期,树体内仍进行着各种生命活动,如:呼吸、蒸腾、芽的分化、根的吸收、养分合成和转化等。这些活动只是进行得较微弱和缓慢而已,确切地说,树木的休眠只是相对概念。落叶休眠是温带树木在进化过程中对冬季低温环境形成的一种适应性。如果没有这种特性,正在生长的幼嫩组织就会受早霜的危害而难以越冬。

树木的休眠可分为自然休眠和被迫休眠。自然休眠是由于树木生理过程所引起的或由树木遗传性所决定的,落叶树木进入自然休眠后,要在一定的低温条件下经过一段时间后才能结束。在休眠结束前即使给予适合树体生长的外界条件,也不能萌芽生长。冬季低温不足,会引起萌芽或开花参差不齐。北树南移,常常因为低温不足,表现花芽少、易脱落,或新梢节间短,呈现莲叶状现象。被迫休眠是指落叶树

木在通过自然休眠后,如果外界缺少生长所需要的条件,仍不能生长而处于被迫休眠状态,一旦条件合适,就会开始生长。

2. 常绿树的物候特点

常绿树并不是树体上全部叶片全年不落,而是叶的寿命相对较长,多在一年以上,没有集中明显的落叶期,每年仅有一部分老叶脱落并能不断增生新叶,这样在全年各个时期都有大量新叶保持在树冠上,使树木保持常绿。常绿树的落叶主要是失去正常生理机能的老化叶片。在常绿针叶树中,松属的针叶可存活2～5年,冷杉叶可存活3～10年,紫杉叶甚至可存活6～10年,它们的老叶多在冬春间脱落,刮风天尤甚。常绿阔叶树的老叶多在萌芽展叶前后逐渐脱落。热带、亚热带的常绿阔叶树木,其各器官的物候动态表现极为复杂,各种树木的物候差别很大。

热带、亚热带的常绿阔叶树木,各器官的物候动态表现极为复杂。有些树木能在一年中多次抽梢,如柑橘可有春梢、夏梢、秋梢和冬梢;有些树木同一株上可同时出现抽梢、开花、结实等几个物候重叠交错的现象;有些树木的果实发育期长,需跨年才能成熟。在赤道附近的树木,由于无四季变化,全年可生长而无休眠期,但也有生长节奏表现。在离赤道稍远的季雨林地区,因有明显的干、湿季,多数树木在雨季生长和开花,在干季因高温干旱落叶,被迫休眠。在热带高海拔地区的常绿阔叶树,也受低温影响而被迫休眠。

1.3 树木的营养生长

一株正常的树木,营养器官由根系、枝干(或藤木枝蔓)、树叶所组成。它们具有特定的形态结构和担负特定的生理功能,主要负责植物营养物质的吸收、制造和运输等生理功能。习惯上把根称为地下部分,它的顶端具有很强的分生能力,并能不断发生侧根形成庞大的根系,有效地发挥其吸收、固着、输导、合成、储藏和繁殖等功能。枝干及其分枝形成的树冠称为地上部。茎连接着根和叶支撑地上枝系,茎尖顶端的芽在一定程度上,不断生长陆续产生叶和侧枝,共同构成了树木地上部分庞大的枝系。叶是植物形态最显著的营养器官,也是对环境适应性最强,变异幅度最大的营养器官,绿色植物之所以能够自养,是因为叶是光合作用和蒸腾作用的具体执行者。

1.3.1 根系的生长

1. 树木根系的起源与结构

1）树木根系的类型

根据树木根系的发生及其来源，可分为实生根、茎源根和根蘖根三大类型。

（1）实生根　通过实生繁殖的园林树木，根由种子的胚根发育而来称为实生根。它来源于胚根，继而发育成最初的主根，是树木根系生长的基础。实生根的特点主要表现为主根发达，分布较深，固着能力好，阶段发育年龄较轻，吸收力强，生命力强，对外界环境的适应能力较强，实生根系个体间差异比无性繁殖的根系大。

（2）茎源根　由茎、枝或芽发出的根系，如通过扦插、压条等繁殖方式形成的个体，其根系来源于茎上的不定根，称为茎源根。其主要特点是主根不明显，须根特别发达，根系分布较浅，固着性较差，阶段发育年龄老，生活力差，对外界环境的适应能力相对较弱，个体差异较小。

（3）根蘖根　有些园林树木能从根上发生不定芽进而形成根蘖苗，与母株分离后形成独立个体，其根系称为根蘖根。它是母株根系的一部分，其主要特点与茎源根相似。

2）园林树木根系的组成结构

完整的根系包括主根、侧根、须根和根毛（图1-3）。

主根是由种子的胚根发育而成，在它上面产生的各级较粗大的分枝称为侧根，主根和侧根构成根系的主要骨架，所以又叫骨干根，主要起支撑、输导、贮藏作用。并不是所有的树木都有主根，通过扦插繁殖的植株就没有主根。有些树种，如棕榈、竹子等单子叶树木，没有主根和侧根之分。在侧根上形成的较细的根称为须根，它是着生在各级骨干根上的细小根，一般直径小于2.5 mm，是根系中最活跃的部分，根系的吸收、合成、分泌、输导等主要生理功能都体现在须根上。根毛则是须根吸收根上根毛区表皮细胞形成的管状突起物，是树木根系吸收养分和水分的主要部分。其特点是数量多、密度大，每一平方毫米表面能着生600多个根毛。根毛的寿命很短，一般在几天或几周内即随吸收根的死亡及生长根的木栓化而死亡。

须根是根系中最活跃的部分，根据须根的形态结构及其功能又可以分为生长根或轴根、吸收根或营养根、过渡根和输导根4个基本类型。

生长根或轴根是初生结构的根，无次生结构，但可转化为次生结构；具有较大的分生区，分生能力强，生长快，在整个根系中长而且粗，并具有一定的吸收能力，其主要作用是促进根系的延长，扩大根系分布范围并形成吸收根。生长根的不同生长特性使园林树木发育成各种不同类型的根系。

吸收根或营养根是着生在生长根上无分生能力的细小根，也是初生结构，一般不能变成次生结构。吸收根上常布满根毛，具有很高的生理活性，其主要功能是从土壤中吸收水分和矿物质。在根系生长最好时期，它的数目可占植株根系的90%或更多。它的长度通常为0.1～4 mm，粗度0.3～1 mm，但寿命比较短，一般在15～25天。吸收根的数量、寿命及活性与树体营

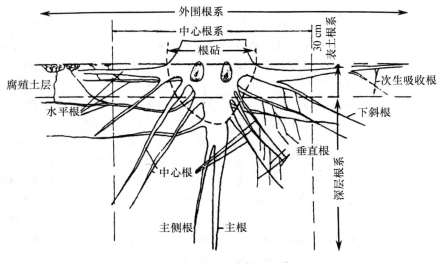

图1-3　成年树木根系示意

状况关系极为密切,通过加强水肥管理,可以促进吸收根的发生,提高其活性,是保证园林树木良好生长的基础。

过渡根多数是由吸收根转变而来,多数过渡根经过一定时间由于根系的自疏而死亡,少数过渡根由生长根形成,经过一定时期后开始转变为次生结构,变成输导根。

输导根是次生结构,主要来源于生长根,随着年龄的增大而逐年加粗变成骨干根。它的功能主要是输导水分和营养物质,并起固着作用。

2. 树木根系的分布

根系在土壤中的分布格局因树种和土壤条件而异,根据其在土壤中的延伸方向,可以分为水平分布和垂直分布两种类型,即水平根和垂直根。

(1)水平根 根系沿着土壤表层几乎呈平行状态向四周横向发展,这类根系叫做水平根。它在土壤中的分布深度和范围,依地区、土壤、树种和繁殖方式不同而变化。在深厚肥沃的土壤中,根系水平分布范围较小,但分布区内的须根特别多。根系的水平分布一般要超出树冠投影的范围,甚至可达到树冠的2~3倍(施肥的最佳范围)。因此,对园林树木施肥时,要施到树冠投影的外围。水平根大多数占据着肥沃的耕作层,须根很多,吸收功能强,对树木地上部的营养供应起着极为重要的作用。在水平根系的区域内,由于土壤微生物数量和活力高,营养元素的转化、吸收和运转快,更容易出现局部营养元素缺乏,应注意及时加以补充。

(2)垂直根 根系大体沿着与土层垂直方向向下生长,这类根系叫做垂直根。垂直根多数是沿着土壤缝隙和生物通道垂直向下延伸,入土深度取决于土层厚度及其理化特性。在土质疏松通气良好、水分养分充足的土壤中,垂直根发育良好,入土深,而在地下水位高或土壤下层有砾石层等不利条件下,垂直根的向下发展会受到明显限制。

垂直根能将植株固定于土壤中,从较深的土层中吸收水分和矿质元素,所以,树木的垂直根发育好,分布深,树木的固地性就好,其抗风、抗旱、抗寒能力也强。不同树种根系的垂直分布范围不同,通常树冠高度是根系分布深度的2~3倍,但大多数集中在10~60 cm范围内。因此,在对园林树木施基肥时,应尽量施在根系集中分布层以下,以促进根系向土壤深层发展。

3. 根颈与特化根

根和茎的交接处称为根颈,处于地上部与地下部的交界处,是树木营养物质交流必需的通道。很多树木具有特化而发生形态学变异的根系,包括菌根、嫁接根、气根、根瘤根和板根。

(1)菌根 菌根是非致病或轻微致病的菌根真菌,侵入幼根与根细胞结合而产生的共生体。菌根有内生菌根、外生菌根、内外兼生菌根。菌根从树木的幼苗期开始形成,一方面从寄主那里吸取营养物质,另一方面,菌根可以分解腐殖质,分泌生长物质和酶,促进根系活动,活化树木生理机能。

(2)嫁接根 树木在正常生长中产生根嫁接现象,也称为根连生,是一种自然嫁接现象。根嫁接一般发生在同一个种内,老树中常见。在植株根系密集生长和石块较多的土壤中,因为生长挤压,最终使不同植株的根融合为一体而产生根的嫁接。

(3)气根 有些树木,特别是热带木本植物和某些亚热带树木,常常在地面以上甚至空中的茎与枝上发生气根,这种空气中的根通常将植物固定于支持物上并进行光合作用。热带雨林雨量多、气温高、空气湿热,气根有呼吸功能,并能吸收空气里的水分。榕属中的某些树种,在枝条上产生气根,垂直向下生长,到达地面后即插入土壤中,形成强大的木质支柱,有如树干,起支持和吸收作用(图1-4)。一部分生长在湖沼或热带海滩地带的植物,如海桑、红树和水松等,根在泥水中呼吸十分困难,因而有部分根垂直向上伸出土面,暴露于空气之中,便于进行呼吸。

(4)根瘤根 很多植物的根系上生长的特殊的瘤,因寄生组织中建成共生的固氮细菌而形成用来合成自身的含氮化合物。这种根瘤根常见于豆科植物,除此之外,杨梅、罗汉松、木麻黄、鼠李、杜鹃、金钱松等树种也有根瘤菌共生。

(5)板根 板根亦称“板状根”,一些高大植物能在树干基部向四周围生长出板状的突起物,伸入土壤里以巩固地面的高大部分,称为板根,是热带雨林植物支柱根的一种形式(图1-5)。如在热带雨林的龙脑香科、梧桐科中普遍存在。板根的生长,一般常见于低纬度、高雨量的地区,土壤深度对板根的发育具有重要作用,浅土层区域生长明显。

图1-4　气根

图1-5　板根

4. 根系生长的速度与周期

树木根系无自然休眠期，只要条件适宜就能由停顿状态转入生长状态，周年均可生长。但是多数情况下，由于树木的种类、遗传物质、年龄、季节、自然条件和栽培条件的差异，根系的年生长表现为一个周期或多个周期。

根系的伸长生长在一年中有周期性，但与地上部不同，同时又与地上部密切相关，交错进行，情况复杂。春季根系生长比地上部早，随即出现一个生长高峰，然后地上部开始迅速生长，而根系生长趋于缓慢；当地上部生长趋于停止时，根系生长又出现一个大高峰，生长强度大，发根多；落叶前，根系生长还可能有小高峰。不同的树种一年中生长高峰的次数也不一样。如美国山核桃年生长高峰为4~8次，'金冠'苹果3次，油松只有2次，牡丹只有1次。

冬季根系生长最慢的日期与土壤温度最低的日期一致，夏季根系生长最慢的日期与土壤湿度最低的日期一致。地上部分和地下部分生长先后次序因树种、原产地气候而异。温带寒地的落叶树，根系先于枝条生长，而柑橘等亚热带树种，先发芽后发根。

树木最活跃的时期，根系一天可伸长0.1~0.2 cm。夜间根系的生长量大，夜间地上部分转移到根系的光合产物比白天多。因此生产栽培时提高昼夜温差，降低夜温，可以减少夜间呼吸消耗，促进根系苗壮生长，达到苗壮、花美、株丛紧凑的效果。

5. 根的生命周期与更新

树木的一生中，根系也要经历发生、发展、衰老、死亡的更新过程与变化。

(1)不同类别的树木以一定的发根方式(侧生根或二叉式)进行生长，幼树期根系生长很快，随树龄增加趋于缓慢，并逐步与地上部生长保持一定比例关系。

(2)垂直根优先生长，水平根随冠幅而增大；其后水平根的生长超过垂直根，但水平根先于垂直根衰老。

(3)根系生长始终发生局部的自疏与更新，根幅达到最大后开始向心更新，常出现大根季节性间歇死亡现象，然后发生新根。

(4)树木衰老濒于死亡时，根系仍能维持一段时间的寿命，为地上部分的萌发更新提供了可能性。

6. 根系的生长习性及影响根系生长的因素

1)根系的生长习性

(1)根的生长　包括现有根系的不断伸长，新根的产生和伸长两个组成部分。

(2)向地生长(离心生长)　无论是实生苗还是扦插苗，在形成根后必然向地下深入伸长，即使生长在地面的根系也会重新向下钻入土壤中。

(3)趋适性　根在土壤中向适合自己生长环境延伸的趋适性，如趋肥、向暖、趋疏松、趋易等。根会避开有石头的地方，趋向温暖、湿润、疏松的土层；会沿土壤裂隙、蚯蚓孔道起伏弯曲穿行，甚至呈极扁平状沿石缝生长。

(4)根系自疏(离心秃裸)　随树龄增长，早期形成的弱根和须根由根颈沿骨干根向尖端出现衰老死亡的现象。

(5)向心更新　根系生长达到最大程度后，发生向根颈方向萌生新根的现象。更新的新根，不断地再次生长和更新，随树木的衰老，范围逐渐缩小。

2)影响根系生长的因素

(1)土壤温度　根的生长有最适温度和上下限温度,土温过高过低时对根系生长都不利。树种不同,开始发根所需温度不同,原产地温度低,发根所需温度低。土壤不同深度的土温随季节而变化,分布在不同土层中的根系活动也不同。

(2)土壤湿度与通气状况　土壤含水量达到最大持水量的60%～80%,最适宜根系生长。过干导致根木栓化和自疏;过湿抑制根呼吸导致生长停止或烂根。土壤通气好根系密度大,分枝多,须根量大;反之,发根少,生长慢或停止。二氧化碳和有害离子积累会导致树木营养不良与早衰。

(3)土壤营养　土壤营养影响根系的发达程度、细根密度、生长时间长短。有机肥有利于树木发生吸收根。适当施无机肥对根生长也有好处,但浓度过高会使根受害。

(4)树体有机养分　土壤条件好时,根的总量取决于树体有机养分的多少,即地上部分输送的有机物质数量。叶受害或结实过多造成养分积累减少导致根的生长受阻,需保叶疏果来改善。

7. 栽培管理与根系生长

创造良好的环境条件,促进根系的发育,是树木栽培养护的重要部分。

1)根据年龄时期制定管理措施

(1)幼年期　深耕、扩穴,增施有机质改良土壤,形成强大根系;当根系生长旺盛影响开花时,抑制垂直根生长,采用侧施肥和浅施肥的方法,诱导水平根的发育。

(2)青壮年期　加深耕作层、深施肥,促进下层根发育;控制地上部分开花结实量,保证对下层根系营养物资的供应。

(3)衰老期　更新骨干根;施有机肥,增加土壤孔隙度,促进新根发生。

2)根据年周期制定管理措施

(1)春季　气温低,养分分解慢,根系刚恢复生长,注意排水、松土,迅速提升土温;施肥以腐熟肥为主,促进新根大量发生。

(2)夏季　气温高、干旱、蒸发量大,是树木生长最旺时期,注意涝则排,干则灌,松土来保墒;土面覆盖防灼伤。

(3)秋季　气温降低,吸收根大量发生且寿命长,

注意土壤深耕、深施有机肥。

1.3.2　茎的生长

茎是树木地上部分的主要组成部分,支撑与输导是茎主要的生理功能。茎具有明显的节与节间,节上有叶或分枝,叶腋与顶端具有芽。

1. 芽的特性

芽是植物体上枝、叶、花的原始体,是多年生植物为适应不良环境延续生命活动而形成的重要器官,是树木生长、开花、结实、更新复壮、保持母株性状和营养繁殖的基础。

(1)芽的异质性　由于内外环境的不同,处在同一枝条上不同部位的芽存在生长势及其他特性的差异,称为芽的异质性。早春萌发的芽由于处于生长阶段的开始期,干瘪形成隐芽,随着气温升高,生长旺盛,芽逐渐饱满。一些灌木和丛木,中下部的芽反而比上部的好,萌生枝势也强。

(2)芽的早熟性与晚熟性　有些树木在生长季早期形成的芽能够连续抽生二次梢和三次梢,不需低温休眠,当年可萌发,叫早熟性芽,这类树木当年即可形成小树的样子,如紫叶李、红叶桃、柑橘等均具有早熟性芽。已经形成的芽,需经一定低温时期来解除休眠,到第二年春才能萌发的芽叫晚熟性芽。如苹果、梨的多数品种具有晚熟芽。

(3)萌芽力与成枝力　母枝上的芽萌发抽枝的能力叫萌芽力。常用萌芽数占总数的百分率即“萌芽率”来表示萌芽力的强弱。母枝上的芽能抽发生枝的能力叫成枝力。抽长枝多的则成枝力强,反之则弱。萌芽力与成枝力的强弱因树种、品种、树势而不同。一般萌芽力与成枝力都强的品种易于整形,但枝条过密,修剪时应多疏少截;而萌芽力与成枝力弱的树种,易形成少量的中短枝,应注意适当短截,促进发枝。

(4)芽的潜伏力　树木枝条基部的芽在一般情况下不萌发而呈潜伏状态,称为潜伏芽,其潜伏寿命成为的芽的潜伏力。当枝条受到某种刺激或树冠外围枝处于衰弱时,能由潜伏芽发生新梢。芽潜伏力越强越有利于地上部分的更新复壮。芽的潜伏力也受到环境条件和栽培管理的影响,条件越好,潜伏力越强。

2. 茎枝的生长与特性

1)茎枝的生长

树木每年以新梢生长来不断扩大树冠,茎以及它

长成的各级枝干是组成树冠的基本部分。新梢生长包括加长生长和加粗生长,这两个方面是衡量树木生长强弱的指标,是栽培措施是否得当的判断依据之一。

(1)枝的加长生长　由一个叶芽发展成为生长枝并不是匀速的,而是按慢—快—慢的规律生长的。又可分为开始生长期、旺盛生长期、缓慢和停止生长期3个时期。开始生长期生长缓慢,节间短,叶小而嫩,寿命短,易枯黄,叶腋内形成发育差的潜伏芽。旺盛生长期形成的叶片增多,叶腋内的芽饱满,新梢加速生长,此时期是决定枝条生长势强弱的关键。缓慢与停止生长期,新梢由基部向先端逐渐木质化,最后形成顶芽或自枯而停止生长。在栽培中,合理调节光、温、肥、水等环境条件可以控制新梢的生长次数及强度。

(2)枝的加粗生长　枝的加粗生长,是树体形成层细胞分裂、分化、增大的结果,稍晚于加长生长,停止也较晚些。新梢由下而上增粗,每发一次枝,树就增粗一次。同一树上,新梢增粗开始与结束都比老枝要早。大枝和主干的形成层活动自上而下逐渐停止,根颈部结束最晚。

2)茎枝的顶端优势

一个近于直立的枝条,其芽的抽生能力为顶芽最强,侧芽的抽生能力自上而下递减,最下部的一些芽常不萌发,如果去掉顶芽或上部芽,即可促使下部腋芽和潜伏芽萌发。这种活跃的顶部分化组织或茎尖对其下芽萌发力的抑制现象叫"顶端优势"。顶端优势也表现在分枝角度上,枝条自上而下开张。如去除先端对角度的控制效应,则所发侧枝又呈垂直生长。树木中心干生长势同同龄主枝强,树冠上部枝比下部枝强。一般越是乔木化的树种,顶端优势越强,反之则弱。

3. 树木的层性与干性

由于顶端优势和芽的异质性,使强壮的一年生枝的着生部位比较集中,使主枝在中心干上的分布或二级枝在主枝上的分布呈现交互排列,称之为"层性"。一些树种的层性一开始就很明显,如油松;而有些树种随着年龄增大,层性才开始显现,如雪松、苹果、梨等。树木中心干的长势强弱和能够发芽的时间长短,称为"干性"。顶端优势明显的树种,中心干强而持久。中心干坚硬,长期处于优势生长,干性强,这是乔木共性。干性强弱是构成树冠骨架的重要生物依据,干性与层性对研究园林树形与演变以及整形修剪都有重要意义。

4. 树木的分枝方式

分枝是园林树木生长发育的基本特征之一,主干的伸长和侧枝的形成,是顶芽和腋芽分别发育的结果。各种园林树木由于芽的性质和活动情况不同,形成不同的分枝方式使树木表现出不同的形态特征。主要的分枝方式有单轴分枝、合轴分枝和假二叉分枝3种类型。

(1)单轴分枝　树木的主干由顶芽不断向上伸长而形成,侧枝由各级侧芽形成,顶端优势明显,从而形成高大通直的树干。这类分枝方式的树木在园林绿化中适于营造一种庄严雄伟的气氛。裸子植物的树木多数属于单轴分枝,如松、杉、柏、棕榈、铁树等。

(2)合轴分枝　主干的顶芽在生长季节中生长迟缓或死亡,或者顶芽是花芽,不能继续向上生长,由下面的腋芽取而代之,每年交替进行,使主干继续延长,这种主干是由许多腋芽抽枝联合组成的,故称为合轴分枝。园林中大部分树种属于这一类型,树冠呈开张型,侧枝粗壮。这类树木有较大的树冠能提供大面积的遮阳,在园林绿化和景观美化中适合于营造一种悠闲、舒适和安静的环境,是主要的庭荫树木,如泡桐、白蜡、榉树、菩提树、桃树、樱花等。

(3)假二叉分枝　具有对生叶的植物在顶芽停止生长后,由顶芽下两侧腋芽同时发育,长势均衡,向相对侧向分生侧枝的生长方式,实际上是合轴分枝方式的一种变化。具有假二叉分枝的树木多数树体比较矮小,如丁香、金银木、接骨木、连翘、石榴、迎春花、四照花等。

5. 树形与冠形

树形主要是指树冠的大小、形状和组成(侧枝、小枝等数目)等(图1-6)。树形受环境因素、内在激素水平和遗传的影响。芽和侧枝在轴枝上的差别,是决定木本植物冠形的重要因子。而且许多树木的冠形表现出顶端优势的强弱,如裸子植物具有大型芽的顶生主梢,比芽小的侧枝萌动快,生长时间长,必然使树木枝条的生长由上而下减少。不同类型的树种,冠形不同。乔木的树冠上部变圆钝而后宽广,直至达到最大冠幅而后转入衰老更新阶段。竹类和丛木的冠为多干丛生,由许多粗细相似的丛状枝茎组成。藤木多数类似乔木,主蔓生长势很强,幼时少分枝,壮年后分枝才多,多无自身冠形。树木的冠形与树龄有着极其密切的关系,树木的衰老从下向上逐渐蔓延全株,直到顶梢最后失去优势,而形成平顶形的冠形。

图1-6　树木的形态(叶要姝和包满珠,2016)

6.树木生命周期中枝系的发展与演变

(1)枝系的离心生长与离心秃裸　树木自播种发芽或经营养繁殖成活后,由于茎的负向地性(背地性),地上芽向上生长,分枝逐年形成各级骨干枝和侧枝,在空中扩展,这种以根颈为中心,向两端不断扩大的空间生长,称为离心生长。树木因树种和环境条件的影响,离心生长是有限的,也就是说在特定的生境条件下,树木只能长到一定的高度和体积。树木生长到一定年龄(程度),生长中心不断外移,外围生长点逐渐增多,竞争能力增强,枝叶茂密,使内膛光照条件恶化,而内膛骨干枝上早年形成的侧生小枝,由于得到的养分较少,生长势弱,从根颈开始向两端逐年枯落,这种现象称谓离心秃裸。离心秃裸一般先开始于初级骨干枝的基部,然后逐级向高级骨干枝部分推进。离心秃裸的主要原因是营养与激素分配的不均衡和环境变化,导致内膛中弱小的枝条光合能力下降,缺乏营养物质而衰弱与死亡。

(2)树体骨架的形成　在离心生长与离心秃裸过程中,树体的骨架由保存永久性的枝条逐渐形成。整个树体有几个生长势强,分枝角度小,几个生长势弱,分枝角度大的枝条,一组一组地交互排列,形成明显或不明显的骨干枝呈层分布的树冠。层间距的大小,层

内分枝的多少和大小,秃裸程度,萌芽情况等取决于树种或品种特性、植株年龄、层次、在树冠上的位置以及生长条件和栽培技术等。

(3)主侧枝周期更替的规律　树木生长到一定年龄后,出现主枝自上而下,自外向内不断枯死的过程,称为向心枯死。其主要原因为离心生长的有限性,即离心生长造成远方的吸收根与树冠外围枝叶间的运输距离变大,使枝条生长势弱。树木随着向心枯死失去顶端优势,导致具长寿潜芽的树种,在主枝弯曲高位处或枯死部位附近萌生直立旺盛的徒长枝,开始树冠更新的过程,称为向心更新。随着徒长枝的扩展,形成新的树冠代替原来衰亡的树冠,当新树冠达到其最大限度以后,同样会出现先端衰弱、枝条开张而引起优势部位下移,从而又可萌生新的徒长枝来更新。这种更新和枯亡一般也是由外向内、由上向下,直至根颈部。不同类别的树种由于更新和枯亡的特点不同,导致树体形态的变化。

7.影响枝条生长的因素

影响枝条生长的因素有很多,主要有以下几个方面。

(1)树种与砧木　不同的树种,由于遗传性不同,新梢生长强度有很大的变化。枝梢生长强度大称为长枝型;生长缓慢,枝条短粗,称为短枝型;介于两者之间的称为半短枝型。砧木根系影响新梢生长,不同砧木的生长势有明显差异。树木整体上呈乔化或矮化与砧木性质有关。

(2)贮藏养分　树体内贮藏养分多,新梢粗壮,反之细弱;开花结实过多,消耗贮藏的养分多,新梢生长就差。柑橘等常绿果树,除果实影响新梢生长外,秋、冬保叶情况与翌年春梢的数量及其生长势有密切关系。

(3)内源激素　生长素、赤霉素、细胞分裂素为促进生长;脱落酸和乙烯为抑制生长。成熟叶产生脱落酸和乙烯,抑制新梢生长,幼嫩叶产生生长素和赤霉素,促进节间伸长,摘去成熟叶可促新梢生长,但并不增加节数与叶数;摘去幼嫩叶,仍增加节数和叶数,但节间变短,新梢长度变短。

(4)母枝所处部位与状况　树冠外围新梢直立,光照好,生长旺;下部和内膛枝条芽质差,养分少,光照差,新梢细弱。潜伏芽所发新梢常为徒长枝。

(5)环境与栽培条件　气温高,生长季长的地区,新梢生长量大,反之则短;光照不足,水分缺乏导致新

梢细长而不充实。矿质元素,如氮素对枝梢的发芽和伸长具有显著作用,但是施氮肥与浇水过多,会引起过旺生长。一切影响根系生长的措施都会影响新梢生长。

1.3.3 叶和叶幕的形成

叶是光合作用制造有机物的主要器官,叶片活动是树木生长发育形成产量的物质基础,叶片还具有呼吸、蒸腾、吸收等多种生理功能,因此研究树木叶片及叶幕的形成,不仅关系到树木本身的生长发育与生物产量,而且关系到树木的生态功能和观赏功能。

1. 叶片的形成与生长

叶片由叶芽前一年形成的叶原基发展而来。其大小与前一年或前一生长时期形成叶原基时的树体营养和当年叶片生长期的长短有关。春梢段基部叶和秋梢叶生长期都较短,叶小;而旺盛生长期形成的叶生长时间长,叶大。同一树上有各种不同叶龄的叶片,处于不同发育时期其光合作用能力也不同。新展的幼嫩叶,由于叶组织量少,叶绿素浓度低,光合生产效率较低;随着叶龄增加,叶面积增大,生理上处于活跃状态,光合效能大大提高,直到达到一定的成熟度为止,然后随叶片的衰老而降低。展叶后在一定时期内光合能力很强,常绿树也以当年的新叶光合能力为最强。总的来说,春季树梢基部先展之叶生理机能活跃,随枝条伸长,活跃中心上移,枝条的基部叶渐趋衰老。

2. 叶幕的形成特点与结构

叶幕是指叶片在树冠内集中分布的群体总称,它是树冠叶面积总量的反映(图1-7)。园林树木的叶幕,随树龄、整形、栽培的目的与方式不同,其叶幕形成和体积也不相同。幼年树,由于分枝尚少,内膛小枝存在,内外见光,叶片充满树冠。树冠的形状和体积也就是叶幕的形状和体积。自然生长无中心干的成年树,枝叶一般集中在树冠表面较薄一层,叶幕往往呈弯月形。其中干的成年树,叶幕呈圆头形;老年树多呈钟形叶幕;成林栽植树的叶幕,顶部成平面形或立体波浪形。落叶树叶幕在年周期中有明显的季节变化。其叶幕的形成规律也是初期慢、中期快、后期又慢,按这种"S"形动态曲线式过程而形成。叶幕形成的速度与强度,因树种和品种、环境条件和栽培技术的不同而不同。一般幼龄树,长势强,或以抽生长枝为主的树种或品种,其叶幕形成时期较长,出现高峰晚;树势弱、年龄

大或短枝型品种,其叶幕形成与其高峰到来早。落叶树的叶幕大致只能保持5～10个月的生活期,常绿树叶幕较稳定。用于花果生产的落叶树木,较理想的叶面积生长动态,以前期增长快,后期适合的叶面积保持期长,并要防止过早下降。

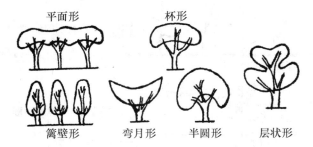

图1-7　树冠叶幕示意(叶要姝和包满珠,2016)

3. 叶面积指数

叶面积指数(LAI)又叫叶面积系数,是指单位土地面积上植物叶片总面积占土地面积的比率。即:叶面积指数＝叶片总面积/土地面积。叶面积指数是反映植物群体生长状况的一个重要指标,其大小直接与最终产量高低密切相关。叶面积指数受植物的大小、年龄、株行距和其他因子的影响。落叶木本植物的叶面积指数一般为3～6,常绿落叶树为8,大多数裸子植物的叶面积指数高达16,而沙漠植物群落的叶面积指数较低。

1.4 树木的生殖生长

1.4.1 花芽分化

植物的生长点既可分化为叶芽,也可分化为花芽。这种生长点由叶芽状态向花芽状态转变的过程称为花芽分化。茎上一定部位的顶端分生组织不再产生叶原基,而分化出萼片、花瓣、雄蕊、雌蕊以及整个花蕾或花序原始体的全过程称为花芽形成。开始向花芽过渡的叶芽,如果外界调节无法满足成花分化的要求,分化过程可能终止,使已开始花芽分化的芽返回叶芽的生理状态,或导致已开始进行花芽分化的芽出现部分花器官败育或发育不全。花芽分化是树木生长发育的重要生命过程,是开花的先决条件,受树种、品种、外界条件的影响。通过栽培技术手段促进花芽分化的作用称为成花诱导。对于观花观果树木而言,了解花芽分化规

律,对于促进花芽形成,提高花芽分化作用,增加花果的产量具有重要意义。

1. 花芽分化期

根据花芽分化指标,花芽分化期可以分为生理分化期,形态分化期和性细胞形成期。不同树种其花芽分化过程及指标形态不同。

(1)生理分化期 是指芽生长点的生理代谢向花芽分化的方向转变的过程。生理分化期约在形态分化期前1~7周(一般是4周左右)。该时期是控制分化的关键时期,各种促进花芽形成的技术措施,必须在该时期进行才能收到良好的效果。由于此时期的生长点原生质处于不稳定状态,对外界因素有高度的敏感性,因此这个时期也称为花芽分化临界期。

(2)形态分化期 是指叶芽经过生理分化后,在产生花原基的基础上,花或花序各个花器官分化形成的过程,可分为5个时期:①分化初期。一般于芽内突起的生长点逐渐肥厚,顶端高起呈半球体状,四周塌陷,从而与叶芽生长点不同,从组织形态上改变了芽的发育方向,是花芽分化标志。②萼片原基形成期。下陷四周产生突起体(萼片形成的原始体),到达此阶段可确定为花芽。③花瓣原基形成期。于萼片内基部发生突起体,即花瓣原始体。④雄蕊原基形成期。花瓣原始体内基部发生突起体,即雄蕊原始体。⑤雌蕊原基形成期。在花原始体中心底部发生的突起,即雌蕊原始体。

(3)性细胞形成期 在一年内,进行一次或多次分化并开花的树木,其花芽性细胞都在一年内较高温度下形成。对于夏秋分化,翌年开花的树木,花芽分化经形态分化后要经过冬、春一定的低温(温带树木0~10℃,暖带树木5~15℃)累积条件下,形成花器官和进一步分化,完善与生长,再在翌年春季萌芽后至开花前,在较高的温度下,才能完成。该时期消耗能量和营养物质很多,如不能及时供应,就会导致花芽退化,影响花芽质量,引起大量落花落果。因此,在开花前后要及时追肥浇水。

2. 花芽分化的季节型

不同树种由于原产地不同,对气候条件有不同的适应性,根据不同树木花芽分化的特点,可以分为以下4种类型。

(1)夏秋分化型 即大多数在早春和春夏间开花的观花树木,都在前一年的夏、秋进行花芽分化。如:樱花、迎春、连翘、玉兰、紫藤、丁香、牡丹、山茶、杜鹃等。

(2)冬春分化型 原产暖地的一些树木,一般秋梢停止生长后至第二年春季萌芽前进行花芽分化。如龙眼、荔枝等。

(3)当年分化型 许多夏季、秋季开花的树木,在当年新梢上形成花芽并开花。花芽分化不需经过低温。如木槿、槐、紫薇等

(4)多次分化型 在一年中能多次抽梢,每次抽梢都分化一次花芽并开花。如茉莉、月季、四季桂等。

3. 树木花芽分化的一般规律

花芽分化因树种的不同有很大差异,然而各种树木在分化时期也存在以下共同的规律。

(1)花芽分化长期性与不一致性 花芽分化并非绝对集中在一个短时期内完成,而是相对集中而又有些分散,是分期分批陆续分化形成的。因此同一株树上花芽分化的动态并不整齐,分化成熟的时期并不一致。新梢停止生长的早晚是衡量花芽分化进展的一个重要的标志。如果给予有利的条件,已开花的成年树木几乎可以在任何时候进行花芽分化。如花后摘叶、缩剪花后枝等可促进再次开花。树木花芽分化的长期性,除了为多次开花结果提供了理论依据,也为控制花芽分化数量、克服开花大小年提供更多的机会。

(2)花芽分化相对集中性和相对稳定性 各种树木花芽分化的开始期和盛期,在不同年份有差别,但并不悬殊。花芽分化相对集中性和相对稳定性与气候条件和物候期密切相关。通常多数果树在新梢停止生长后(春、夏、秋梢)和采果后各有一个分化高峰。有些树木在落叶后至萌芽前利用贮藏的养分和适宜的气候条件进行分化。这些特性为制定相对稳定的管理措施提供了理论依据。

(3)花芽分化的临界期 各树木从生长点转为花芽形态分化之前,都必然经历生理分化阶段。此阶段处于易改变代谢方向不稳定时期,在此时期应实施控制花芽分化数量的各种措施,方能收到良好的效果。

(4)一个花芽形成所需要的时间 一个花芽形成所需要的时间,因树种、品种不同。如苹果需1.5~4个月,芦柑半个月,雪柑约2个月,福柑1个月,甜橙4个月左右。梅花从7月上中旬形态分化至8月下旬花瓣形成,牡丹6月下旬至8月中旬为分化期。

(5)花芽分化早晚与树龄、部位、枝条类型及结实

大小年的关系　树木花芽分化期不是固定不变的。一般幼树比成年树晚,旺树比弱树晚;同一树上短枝早;中长枝及长枝上花芽形成依次要晚。一般停止生长早的枝分化早,但花芽分化多少与枝长短无关。开始分化期持续时间的长短,也因树体营养和气候而异。营养好,分化持续时间长,气候温暖、平稳、潮湿,分化持续时间长。

4. 影响花芽分化的因素

(1)实生树的遗传性影响首次成花　实生苗通过幼年期,要长到一定的年龄以后,才能成花。不同的树种,首次开花的时间不同,这是遗传机制决定的,快则1～3年,慢则半个世纪。

(2)树木枝条、叶、花、果的生长都影响花芽分化　若想让树木早期形成花芽,必须以良好的枝叶生长为基础,以满足根系、枝干、花果等对光合产物的需求,然后才能形成正常的花芽。总的来说,凡是有利于养分的积累与有利于花芽分化的内源激素形成的生长状况都促进花芽分化,反之生长过旺,养分消耗过多又抑制花芽分化。开花的树木,尤其是繁茂之花,会消耗大量贮藏的养分,限制根系和新梢的生长。因此开花量的多少也间接影响果实发育和花芽分化。结实多,自然消耗营养多,积累少而影响花芽分化。除此之外,果实的发育前期,由于早期种胚阶段产生大量的赤霉素和吲哚乙酸,使幼果具有很强的竞争力,从而抑制果实附近新梢花芽分化的进程。

(3)矿质营养、根系生长影响花芽分化　吸收根系的生长与花芽分化呈正相关,矿质营养元素缺乏影响正常花芽分化。特别是大量使用氮肥对花原基的发育具有强烈的作用。当树木缺乏氮素时,叶片组织生长受限,阻止成花。如对柑橘和油桐施用氮肥,可以促进成花。磷对成花的作用因树而异,合适的磷、氮比可诱导成花,但是在成花中磷、氮的作用很难确定,可以肯定的是,营养物质相互作用的效果,对成花很重要。

(4)光照、温度、水分及栽培措施影响花芽分化　光照通过光量、光照时间和光质的不同影响有机养分的积累与内源激素的平衡,从而影响花芽分化。温度影响树木的一系列生理过程,如光合作用、根系的吸收率及蒸腾,并影响内源激素水平。苹果的花芽分化温度,一般要在20℃;葡萄的花芽在13℃少量分化,在30～35℃时分化达到最大值。森林树种,如山毛榉科属、松属、杉属等,花芽分化与夏季高温呈现正相关。

挖大穴,种大苗,施用大量的有机肥,促进水平根系的发展,扩大树冠,激素、营养物质的积累,能够促进开花。周年管理适当,防治病虫害,合理修剪,疏花疏果从而减少养分消耗,能够每年形成大量的花芽。

5. 控制花芽分化的途径

树木许多生理代谢活动都直接或间接地影响着花芽分化。人们在了解花芽分化规律基础上,通过栽培技术措施调节树木各器官间生长发育的关系以及外界因素影响,来控制树木的花芽分化。如通过适地适树、选砧、嫁接、促控根系、整形修剪、疏花疏果、施肥、生长调节剂的施用等来控制花芽分化。控制花芽分化应因树、因地、因时制宜。一是研究花芽分化时期的特点,确定花芽生理分化期,进而采取有效措施调控成花;二是根据树木不同年龄时期的树势,枝条生长与花芽分化关系进行调节;三是按照不同树种对环境因子的需求,通过人工调控光照、温度等条件或施用生长调节剂控制成花。

1.4.2　开花生物学

一个正常的花芽,当花粉粒和胚囊发育成熟,花萼与花冠展开,这种现象称为开花。开花是一个重要的物候现象,大多数的树木能够年年开花。园林树木的花是重要的观赏性状,开花的好坏直接影响到园林绿化的效果。

1. 开花与温度的关系

花期的早晚因树种、品种和环境条件而异,特别是与温度有着密切的关系。园林树木由于适宜生长的温度条件不同,因此开花时间也不同。桃的开花日平均温度为10.3℃,枇杷为13.3℃,苹果与樱桃为11.4～11.8℃。除了日平均温度影响树木的开花,从芽膨大到始花期间的生物学有效积温是开花的另一个重要指标。不同树种的这一指标不同,苹果、梨在吉林延边地区,从芽膨大开始要积累100～118℃的有效积温,才会开花;"玫瑰香"葡萄在河北昌黎地区需要297.1℃的有效积温才可以开花。天气越温暖,达到响应的有效积温所需日数越少,越能提前开花。任何引起温度变化的地理因素及小气候条件都会导致花期的改变。

2. 树木的开花习性

1)开花的顺序性

树木的花期早晚与花芽萌动先后相一致。不同树种开花早晚不同,同一地区各树木每年开花期有一定顺序性。如北京地区的树木,一般每年均按以下顺序开放:银芽柳、毛白杨、榆树、山桃、侧柏、圆柏、玉兰、小叶杨、杏、桃、垂柳、紫丁香、紫荆、核桃、牡丹、白蜡、苹果、桑、紫藤、构树、栓皮栎、刺槐、苦楝、枣、板栗、合欢、梧桐、木槿、国槐等。同一树种的不同品种开花早晚不同,有早花品种与晚花品种之分。不同部位枝条花序开放早晚不同。一般短花枝先开,长花枝和腋下花后开;向阳面比背阳面的外围枝先开;伞形总状花序的顶花先开;伞房花序基部的花先开;柔荑花序基部花先开。

2)开花的类别

(1)先花后叶类 此类树木在春季萌动前已完成花器分化。花芽萌动不久即开花,先开花后长叶。如连翘、迎春花、梅、紫荆、玉兰等。

(2)花叶同放类 开花和展叶几乎同时,如桃与紫藤中某些开花较晚的品种与类型。多数能在短枝上形成混合芽的树种也属于此类,如苹果、海棠等。

(3)先叶后花类 此类树木是由上一年形成的混合芽抽生相当长的新梢,在新梢上开花。此类多数树木花器是在当年生长的新梢上形成并完成分化。一般于夏秋开花,在树木中属于开花中最迟的一类,如木槿、紫藤、凌霄、桂花等。

3)花期延续时间

(1)因树种与类别不同而不同 由于园林树木种类繁多,几乎包括各种花器分化类型的树木,加上同种花木品种多,同地区树木花期延续时间差别很大。例如杭州地区,金橘、银桂为7天;茉莉为112天;六月雪为117天;月季为240天。一般春天开花的树,花期相对短而整齐;夏秋开花的树,花期不一致,持续时间长。

(2)因树种树体营养环境而异 青壮年树的开花期长而整齐,延续时间长;老龄树由于树体营养水平低,开花不整齐,单朵花期也短。冷冻潮湿的天气花期比干旱高温天气要长;阴处比阳处的花期要长;高山地区随地势增加花期可延长。

4)每年开花的次数

园林树木每年开花的次数,因树种与品种而异。多数每年只开一次花,也有一年内多次开花的,如茉莉、月季、四季桂、紫玉兰的一些变异类型等。再度开花可分为两种情况。一种是花芽发育不完全或因树体营养不良,部分花芽延迟到春末夏初才开花;另一种是在秋季发生再次开花现象,这是典型的再度开花,往往

由"不良条件"而引起,也可以由"条件的改善"而引起。例如:秋季病虫危害伤叶从而促进花芽萌发;过旱后又突遇大雨引起落叶从而促进花芽萌发再度开花。树木再度开花不如春天繁茂,原因是树木花芽分化的不一致性,有些尚未分化或分化不完善。因观赏需要可以人为促成一些树木再度开花。如丁香,在北京可于8月下旬至9月初摘去全部叶子并追施肥水,至国庆节前就可开花。二度开花消耗大量养分,不利于越冬,会影响第二年的开花结果。

3. 花期控制与养护

花期控制对于杂交育种,适时观花,防止低温对花器官的危害,都具有重要的作用。花期的提前和推后,一般可以通过调节条件环境温度和阻滞树体升温而加以控制。用于杂交育种的亲本,往往因花期的不同而难以授粉,可以通过调节温度促花进行人工杂交。如用于人工授粉的梨树花粉,可以在梨萌芽期,从授粉树2~3年生枝条上剪取花枝,插在温室播床上,白天最高气温35℃,夜间最低气温5℃,这样处理后梨树花期明显提前,能够收集花粉,满足杂交所需。对于花期易受冻害的树种,如在早春萌芽前用7%~10%石灰液对全株进行喷白处理,可减缓树体升温,使花期推迟3~5天。对早春开花的露地花木,为了防止晚霜的危害,在萌芽前可用灌水、喷白、喷生长抑制剂 B_9、青鲜素来延迟花期。对盆栽花木,可根据不同树种、品种习性,采取适当遮光、降低温度、增加湿度,能够延长花期。

1.4.3 坐果与果实的生长发育

园林绿化中常应用多种观果树木,丰富景观。主要观果的"奇"(奇特、奇趣之果)、"丰"(给人以丰收的景象)、"巨"(果大给人以惊异)、"色"(果色多样而艳丽)。了解果实的生长发育规律,可通过栽植养护来实现这些观赏价值。

1. 授粉和受精

树木开花、花药开裂、成熟的花粉通过媒介到达雌蕊柱头上的过程叫授粉。授粉后,花粉萌发形成花粉管深入到达胚囊与卵子结合的过程称为受精。绝大多数树木的开花要经过授粉和受精才能结实,少数树木可以不经授粉受精,果实和种子都能正常发育,这种现象叫孤雌生殖。另一些树木,不需授粉受精,子房即可发育成果实,但无种子,这种现象叫单性结实。影响授

粉和受精的因素有以下4个方面。

(1)授粉媒介　树种不同,授粉媒介不同。有的是风媒花,如松柏类、核桃、悬铃木、榆树、杨柳科树木等;有的是虫媒花,大多数花木属于此类。但是风媒和虫媒并不是绝对的,有些虫媒树种也可以借风力传播,如椴树、白蜡。

(2)授粉适应　在长期自然选择过程中,树木对传粉有不同的适应性。某些树种的花粉不能使同种的卵子受精,造成自交不孕。栽培时应配植花粉多、花期一致、亲和力强的其他品种作为授粉树。经异花授粉后,产量更高,后代生命力强。若自花授粉并结实,如大多数的桃、杏品种,部分李、樱桃品种,称为自花结实。除了少数能在花蕾中闭花受精的树木外,许多树木有异花授粉的习性,包括雌雄异株(如银杏、杨、柳、杜仲等)、雌雄异熟(如核桃、柑橘等)、雌雄虽同花但不等长(如杏、李等)以及柱头分泌液对不同花粉刺激萌发有选择性等。

(3)营养条件对授粉受精的影响　亲本树体的营养状况是影响花粉发芽、花粉管伸长速度、胚囊寿命以及柱头接受花粉时间的重要内因。花粉粒所含的物质,包括蛋白质、碳水化合物、生长激素、矿物质元素,都是花粉管萌发伸长、胚囊发育的必需营养物质,若营养不足,容易引起花粉或胚囊的发育停止,造成败育。对衰弱树,由于树体氮素不足,喷施尿素可以明显提高坐果率。硼对花粉萌发和受精有良好的作用,有利于花粉管生长。钙也有利于花粉管的生长。磷可提高坐果率,缺磷的树会发芽迟,花序出现晚造成异花授粉难,从而降低了坐果率。

(4)环境条件对授粉受精的影响　温度、大风、降水、大气污染等环境条件均会影响花粉或胚囊的发育。温度是影响授粉受精的重要因素,不同树种花粉生长所需的最适温度不同,温度不足,花粉管伸长慢,甚至无法受精;低温不但限制花叶的生长速度,消耗大量的营养,而且限制昆虫的传粉活动;温度过低时,会导致花粉、胚囊冻死。花期遇大风,不利于花粉萌发及昆虫活动。干旱、阴雨潮湿和大气污染都直接影响传粉,使花粉不易散发或易失去活力,造成坐果率低。

2. 坐果与落花落果

经授粉受精后,子房膨大发育成果实,在生产上称为坐果。不是由于外力造成落花落果的现象统称为生理落果,也有的是由于果实大,结实多,而果柄短,常因互挤发生落果。因此开花数并不等于坐果数,坐果数也不等于成熟的果实数。落果的直接原因是生长素的不足或器官间生长素的不平衡而引起果柄形成离层。授粉受精不完全,花器官发育不全、水分过多、土壤缺氧、营养不良、水分不足、缺锌、高温干旱、日照不足、久旱后大雨、不良栽培技术(如施肥过多、栽种过密、修剪不当、通风透光不好等)都会引起落花落果。

可通过以下方法防止落花落果。

(1)改善树体营养　加强土、肥、水管理和树体的管理与保护。通过改良土壤、分期追肥、合理浇水,为花芽的分化提供营养。合理修剪,调整树木生长和结实的关系,改善树冠的通风透光条件,从而促进花器官的发育,利于受精坐果。

(2)创造授粉的良好条件　配置适当的授粉树,保证异花授粉,从而提高坐果率。对于授粉困难的树种,可进行人工辅助授粉。

(3)生长调节剂和微量元素的利用　植物生长素可以防止形成离层从而减少落果,特别是对于采前落果习性的树种和品种效果显著。

3. 果实的生长发育

从花谢后至果实达到生理成熟时止,需经过一系列的生理生化过程,称为果实的生长发育。果实的生长要经过2个时期:生长期和成熟期。果实的生长主要靠果实细胞分裂和增大而进行。果实先伸长生长,后横向生长。不同树种果实的生长,具体还可以细分。成熟期即果实内含物的变化,最明显的是果实的着色变化。决定果实色泽的色素主要有叶绿素、胡萝卜素、花青素和黄酮素等。一般果色随着果实的发育,绿色减退,花青素增多,但也有随果实发育接近成熟而果皮内花青素下降的,如菠萝。凡有利于提高叶片光合能力,有利于碳水化合物积累的因素,都利于果实的着色。

生长发育期长短因品种不同差异较大,榆树、柳树等最短;桑、杏次之。一般早熟品种发育期短于晚熟品种;高温干燥早熟期短,反之长;产地条件好的地方成熟期短。树木果实成熟时在外表上表现出成熟颜色的特征,此时称为"形态成熟期"。早熟期与种熟期有的一致,有的不一致,有些种子须经过后熟,个别的种熟要早于果熟。

为满足果实发育的条件,应从根本上提高树种内贮藏营养成分的水平。花前应多施追肥,多灌水;开花期应防病虫害;花后应用根外追肥、环状剥皮、生长激素等措施来提高坐果率;也可适当疏花疏果以获得大果实;果实生长前期多施 N 肥,后期多施 P、K 肥等。根据观果要求,为观"巨""奇",可适当疏幼果;结合生产者,应保证果实的数量;为观色,应注意通风透光。

1.5　树木的整体性及各器官生长发育的相关性

植物体各部分之间,存在相互联系,相互促进或相互抑制的关系,即某一部位或器官的生长发育常影响到另外部位与器官的形成和生长发育,这种现象称为"相关性"。相关性主要源于树体内营养供求关系和激素等调节物质的作用。这种相关性,也是植物有机体整体性的表现,是制定栽培措施的重要依据之一。

1.5.1　营养物质的合成与利用

1. 植株的营养类型和年周期营养习性

1)营养代谢类型

树木生活在一定的立地条件下,受生境的影响极大,因而植株也形成了与之相适应的类型。表现在树体营养水平、组织结构、生长动态及生理机能等方面存在明显的差异。从植株形态和生理上可划分为 4 种营养代谢类型。

(1)瘠饿型　一般是生长在贫瘠干旱的土地上,树体的生长缓慢,叶片少而小,光合能力低,容易早衰脱落;枝条纤细,质薄而硬,易干枯;根系浅,分生能力弱,抗逆性差。这种树木只要改善土壤的肥水,就可恢复树势,正常生长。

(2)早衰型　多生长在贫瘠干旱、板结严重、通透性差的立地上,其生理、形态都呈现未老先衰。这种树树形杂乱,主干弯曲,易生弱小萌条;枝叶枯黄,平顶结实;花果瘦小并易脱落;树体营养水平低,生长缓慢,抗逆性差。这种类型的树木树势恢复缓慢,对肥水不敏感,因此需要刺激再生,使其复壮。

(3)强旺型　生长在氮肥过多、肥水充足的地方。其枝叶旺盛、易发秋梢和徒长枝,节间长,枝条基部芽不充实;叶片光合能力强,但是积累水平不高,营养生长占优势,生殖生长差,植物各器官间生长节奏交错干扰、花芽不易分化。这类型的树木,应合理控制水肥,采用轻剪、缓放、适当切根的方法,增加营养物质的积累,促进花芽分化。

(4)丰硕型　这类植物的综合营养水平高而稳定,树体各部分各类营养物质分配合理,开花结果的数量比较均衡,质量好,生长节奏稳定,生长与发育协调。这类树木是经过合理的肥培和修剪培育起来的。

2)年周期营养习性

树木根系吸收合成的营养与叶片同化合成的营养是植物两大营养来源,并将它贮藏在各级枝干和根系中。树木的年周期中,在营养生长前期,根的营养合成作用强,进行枝叶建造;此期消耗营养多,积累少,对肥、水要求高。随新梢由快长趋于缓长,当大部分枝叶建成,以叶片合成营养为主,进入了积累营养为主的时期,表现为贮藏型的代谢。这两种代谢关系密切互为基础,当两类代谢失调时常有以下两种表现:一是枝条旺长,消耗多,不利于花芽分化;另一种是枝叶生长衰弱,整体营养水平低下,也不利于分化。

2. 树木营养物质的运输和分配规律

(1)运输途径　根系吸收的水分与无机营养主要通过木质部中的导管向上运输,碳水化合物等有机物通过树皮内韧皮部的筛管运输。有机物的运输既可由上而下又可由下而上。在早春,贮藏于根、枝干中的营养经水解由下而上运输。据此特点,欲使枝干某处发枝,可于潜伏芽的上方(0.5 cm 处)横刻一刀,以截留来自根部的有机养分,刺激萌枝。在生长季,枝叶制造的有机物主要由上而下运输,欲使其成花或提高坐果率,可于枝基行环状剥皮或"倒贴皮",用来截留养分,促枝条成花。

(2)养分运输分配特性　树体营养物质运输分配的总趋势是由制造营养的器官向需要营养的器官运送。树体营养运送到各个部分的量是不均衡的,一般向处在优势位置、代谢活动强(竞争力强)的器官运得多,使之生长更旺;而向处在劣势位置、代谢活动弱的部分运送少,使之生长受到抑制。这种集中运送和分配营养物质的现象与这一时期的旺盛生长中心相一致,这一中心又叫"营养分配中心"。这一中心会随物候变化而转移。如先花后叶类的果木,春季萌芽开花为第一个营养分配中心;此后向新梢生长第二中心转移;然后依次向花芽分化—果实发育—贮藏组织(器官)转移。

3. 营养物质的消耗与积累

当新梢的叶片以及花、果的生长量未达到应有大小时,促进生长是有利的;当其已达到后再继续生长,不但会消耗养分,而且会打破生长发育节奏协调,引起相互间的竞争,影响来年生长发育。树体营养物质的积累,主要决定于已经停止生长的健全叶片同化功能的强弱和各器官消耗养分的多少。秋季其他器官的生长发育已趋停止,而叶片的光合效能仍能保持较高水平,此时养分积累也多,此期如能保护好叶片,进行深翻并施以基肥,促发新根增加吸收,结合防病、根外追肥等栽培措施就能提高树体贮藏养分的水平。

1.5.2 树木各器官生长发育的相关性

1. 地上部分与地下部分的相关

根系能合成许多促进枝条生长的物质,根系生命活动所必需的营养物质与一些特殊物质又来自地上部的同化作用,两者相辅相成,经常进行上下的物质交换。

(1)地上部与根系间存在动态平衡　树的冠幅与根系的分布范围有密切关系。在青壮龄期,根的水平分布超过冠幅,根的深度小于树高,树冠与根系在生长量上保持一定比例称为根冠比。比值大,根的机能强。根冠比常随土壤等环境条件而变化。

当地上部遭自然灾害或重修剪后,表现出新器官的再生和局部生长转旺,以建立新的平衡。树木移植时,为保证成活,多对树冠行较重修剪,以求在较低水平上保持与根系的平衡。地上部或地下部任何一方过分受损,都会削弱另一方,从而影响整体。

(2)枝、根的对应　树冠的同一方向,如地上部枝叶量多,则相对应的根也多,这是因为同方向的根系与枝叶在营养交换上有对应关系的缘故。主干矮的树,这种对应尤为明显。

(3)地上部与根系生长节奏交替　地上部与根系间存在着养分相互供应与相互竞争的关系。树体能通过各生长高峰的错开来自动调节这种矛盾。

2. 营养生长与生殖生长的相关

这种生长主要表现在枝叶生长,果实发育和花芽分化与产量之间的相关。因为树木的营养器官和生殖器官虽然生理上不同,但是他们都需要大量的光合产物。生殖器官所需的营养物质是由营养器官提供的,因此生殖生长与营养生长关系密切。营养生长的正常发育表现为树高的增加、干周的增粗、枝叶的增加

等。生殖生长的正常发育表现为花芽分化的数量及质量,花、果的数量及质量。在一定范围内,树体的增长与产量呈现正相关。因此,良好的营养生长能够为生殖生长提供充分的营养物质,是其正常发育的基础。反之,开花结实过量,消耗营养物质过多,削弱营养器官的生长,使树体衰弱,影响花芽分化和开花。

3. 各器官间的相关

(1)顶芽与侧芽　幼青年树木的顶芽通常生长较旺,侧芽相对较弱,顶端优势明显。除去顶芽,优势位置下移,并促使较多侧芽的萌发,修剪时用短截来削弱顶端优势,以促进分枝。

(2)根端与侧根　根的顶端生长对侧根的形成有抑制作用,剪断主根先端,有利于促发侧根;断侧生根,则可多发些侧生须根。对实生苗多次移植有利于出圃栽植的成活;对壮老龄树深翻改土,切断一定粗度的根,有利于促发吸收根,增强树势,更新复壮。

(3)果与枝　正在发育的果实,争夺养分多,对营养枝生长、花芽分化有抑制作用。结实过多,会对全树的长势与花芽分化起抑制作用,并出现开花结实的"大小年"现象,可适当进行人工调节避免不良循环。

(4)营养器官与生殖器官　营养器官的扩大发展是开花结实的前提,但营养器官的扩大本身也要消耗大量养分,常与生殖器官竞争养分。这二者在养分供求上表现出很复杂的关系。

【知识拓展】

http://www.jijiugushu.com/h-nd-185.html#fai_12_top(处于衰老期树木古树名木复壮技术)

http://amuseum.cdstm.cn/AMuseum/agricul/6_7_7_jungdzy.html(菌根的作用)

【复习思考题】

1.试述树木生命周期中个体发育的概念、特点及发育阶段划分的依据和标志。

2.试述树木衰老的机理、复壮的可能性与栽培技术措施。

3.试述落叶树的主要物候期及各个物候期应采取的主要栽培措施。

4.试述树木根系的生长习性、类型及与栽植养护的关系。

5.试述花芽分化的一般规律、影响因素及控制与养护途径。

6.试述落花落果的原因及防治措施。

第2章 //
苗木培育

【知识要点】本章主要介绍苗木培育基本原理、基本方法,苗圃的建立,播种苗的培育过程及技术,营养繁殖苗培育的方法及相关技术要点,大苗的培育技术,苗木移植的意义,苗木移植的次数与密度,移植的方法与抚育,容器育苗技术要点,苗木的调查方法、苗木质量评价标准、苗木出圃。

2.1 苗圃的建立

2.1.1 苗圃地的选择

在选择苗圃地时,要全面考虑当地的自然条件和经营条件等因素。苗圃地选择得当,有利于创造良好的经营管理条件,提高经营管理水平。在影响苗圃地选择的各种因素中,应主要考虑位置及经营条件,地形、地势及坡向,水源及地下水位,土壤条件,气象条件,土地原用途,生产潜力,土地可获性及价格等因子。精细的苗圃地选择和规划,加上适宜的管理措施是建立经济、高产、优质苗木所必不可少的。苗圃地选择时应对每块候选地进行调查,评价其优缺点,最后作出决定。

1. 位置及经营条件

适当的苗圃位置和良好的经营管理条件,有利于提高经营管理水平和经济效益。其一,苗圃地应选择交通方便的地方,即靠近铁路、公路或水运便利的地方。以利于苗木的出圃和苗圃所需物资的运入。其二,育苗期间,经常需要进行一些抚育管理工作,因此,苗圃地应该具有足够的活动空间。其三,苗圃地设在靠近村镇的地方,有利于解决劳力、畜力、电力等

问题,尤其是在春、秋苗圃工作繁忙的时候,便于招收季节工(临时工)。其四,如能在靠近有关的科研单位、大专院校等地方建立苗圃,则有利于先进技术的指导。同时也要注意远离污染源,即离污染严重的工矿企业远些。

2. 园林苗圃的自然条件

(1)地形、地势及坡向 选择排水良好、地势较高、地形平坦的开阔地或坡度为 1°～3° 的缓坡地为宜。既宜灌水又宜排水,也便于机械化作业。容易积水的低洼地、重盐碱地、寒流汇集地、风害严重的风口等地,都不宜选作苗圃地。

如果地形起伏较大,由于坡向不同,直接影响到光照、温度、湿度,土层的厚薄等因素也不同。因此,对苗木的生长发育有很大的影响。在北方,由于干旱寒冷、西北风危害,选择东南坡为最好。如果一个苗圃内有不同的坡向,则应根据植物种类的不同习性.进行合理安排。如北坡培育耐寒、喜阴的种类;南坡培育耐旱、喜光的种类等。这样就可以减轻不利因素对苗木的危害。一般情况下,在低山区尽量不要选择阳坡,而选择阴坡较好。因为,阳坡光照长,温度高,水分蒸发量大,土壤水分少,干旱、地被物少、有机质也就少,因此肥力低。阴坡则有充足的水分和养分。在高山区,阳坡条件就比阴坡好,所以,就选阳坡。至于多高为界,应因地制宜,但始终不能忘记水、气、热这几个条件。

(2)水源及地下水位 水源可分为天然水源(地表水)和地下水源。苗圃地应设在江、河、湖、塘、水库等天然水源附近,便于引水灌溉。如无天然水源或水源不足,则应选择地下水源充足,能打井提水灌溉的地方

作为苗圃。苗圃灌溉用水的水质要求为淡水,含盐量不超过 0.1%～0.15%。来自土壤、降水或地表径流的水分进入灌溉系统可能带来化学污染物质。例如,钙、硼等矿物质污染,通常发生在井水。但在江、河、湖、沟渠等也可能发生矿质污染,须对苗圃候选地水源的矿物质含量及浓度进行评价。来自江、河、湖、沟渠等开放水源的水易遭受草籽的污染,如浓度过高,会导致苗床草荒。用特殊设计的筛子(过滤装置)可减轻其危害。水生病原可能会感染根系和叶,必要时应用化学药剂处理。地下水位对土壤性状的影响也是必须考虑的一个因素。适宜的地下水位应该为 2 m 左右,但不同的土壤质地,有不同的地下水临界深度,沙壤土为 1～1.5 m,沙壤土-中壤土为 2.5 m 左右,中壤土-黏土为 2.5～4.5 m。地下水位高于临界水位容易造成土壤盐渍化。

(3)土壤条件　土层深厚、土壤孔隙状况良好的壤质土(尤其是沙壤土、轻壤土、中壤土等),具有良好的持水、保肥和透气性能,适宜苗木生长。沙质壤土肥力低,保水力差,土壤结构疏松,在夏季日光强烈时表土温度高,易灼伤幼苗。带土球移植苗木时,因土质疏松,土球易松散。黏质土壤结构紧密,透气性和排水性能较差,不利于根系生长,水分过多易板结,土壤干旱易龟裂,实施精细的育苗管理作业有一定的困难。因此,选择适宜苗木生长的土壤,是建立园林苗圃,培育优良苗木必备的条件之一。根据多种苗木生长状况来看,适宜的土层厚度应在 50 cm 以上,土壤中黏粒和粉粒含量(颗粒直径小于 0.5 mm)介于 15%～25%,含盐量应低于 0.2%,有机质含量应不低于 2.5%。土壤的酸碱度是影响苗木生长的重要因素之一,一般要求园林苗圃土壤的 pH 在 6.0～7.5。

(4)气象条件及其他条件　园林苗圃应选择气象条件比较稳定、灾害性天气很少发生的地区。土地的原使用情况对苗圃地有影响。调查前茬作物,主要调查感染病虫害情况,重点是根、叶病虫害感染;原杀虫剂使用情况及对土壤的可能污染。一般菜地不易做苗圃地,容易得根腐病,尤其是原种植茄科、十字花科、土豆的菜地等不能选。调查地被植物。理想的苗圃地应该没有或有很少一年生及两年生杂草或草籽。选择苗圃地时还应考虑苗圃将来的发展规划。如果将来要扩大面积,应对苗圃地周边地区情况也进行调查。

3. 评价并确定苗圃地

应该意识到一个十全十美的苗圃是不存在的,所以,要对所有的候选立地按照条件进行比较筛选,最终确定苗圃地。

2.1.2　建立苗圃的方法

在建立园林苗圃时,要对苗圃地的各种环境条件进行全面调查、综合分析,归纳说明其主要的特点,结合苗圃类型、规模以及培育目标、苗木的特性,对苗圃区划、育苗技术以及相关内容提出可行的方案,具体以规划说明书的形式提交,在经过相关的论证与批准后,作为苗圃建设的依据。

1. 准备工作

根据上级部门或委托单位对拟建园林苗圃的要求与苗圃的任务,进行有关自然与技术条件资料与图表的收集,地形地貌踏勘及调查方案确定,为规划与设计奠定基础。包括踏勘、测绘地形图、土壤调查、病虫害调查及气象资料的收集等工作。

2. 苗圃规划设计的主要内容

园林苗圃用地一般包括生产用地和辅助用地两部分。

(1)生产用地的区划　生产用地是指苗圃中可进行育苗的耕作区域。生产用地面积占苗圃总面积的 80% 左右,为了方便耕作,通常将生产用地划分为若干个作业区。其长度依使用的机械化程度而定。宽度依苗圃地的土壤质地和地形是否有利于排水而定,排水良好者可宽,排水不良时要窄,一般宽 40～100 m,方向应根据苗圃地的地形地势、坡向、主风向和苗圃地形状等因素综合考虑,一般情况下长边最好采用南北向,苗木受光均匀,对生长有利。苗圃生产用地包括展览区、播种繁殖区、营养繁殖区、苗木移植区、采种母树区、引种驯化区(实验区)、设施育苗区等,有些综合性苗圃还设立标本区、果苗区、假植区、积肥场等。还可根据城市绿化美化的需要,在园林苗圃内设立草本花卉繁殖区,占地面积较大时,则称其为"花圃",主要是繁殖和培育各种类型(1～2 年生草本花卉、宿根花卉、球根花卉和多年生花卉等)的草本花卉。

(2)辅助用地的设置　主要包括道路系统、排灌系统、防护林带、管理区建筑用房、各种场地等,一般占苗圃总面积 20% 左右。

(3)园林苗圃的建设施工　主要指兴建苗圃的一

些基本建设工作,其主要项目有房屋、温室、大棚、路、沟渠的修建,水电、通信设施的引入,土地平整和防护林带及防护设施的修建等。

2.1.3 苗圃技术档案

苗圃技术档案是育苗生产和科学实验的历史记录,从苗圃开始建立起,作为苗圃生产经营内容之一,就应建立苗圃技术档案。

1. 园林苗圃技术档案的主要内容

(1)苗圃基本情况档案 记载苗圃的位置、面积、经营条件、自然条件、地形图、土壤分布图、苗圃区划图、固定资产、人员及组织结构等。

(2)苗圃土地利用档案。

(3)育苗技术措施档案 每一年内把苗圃各种苗木的整个培育过程,从种子或插条处理开始,直到起苗包装为止的一系列技术措施,用表格形式分树种填表登记,以便分析总结育苗经验,提高育苗技术。

(4)苗木生长调查档案 是对苗木生长的观察记录。用表格形式记载出各树种苗木的生长过程,以便掌握其生长周期与自然条件和人为因素对苗木生长的影响,确定适时的培育措施。

(5)气象观测档案 记载气象的变化,可以分析气象与苗木生长和病虫害发生发展之间的关系,并确定适宜的措施及实施的时间,利用有利的气象因素,避免和防止自然灾害,确保苗木优质高产。在一般情况下气象资料可以从附近气象站抄录,必要时可自行观测,按气象记载的统一表式填写。

(6)苗圃作业日记 记录苗圃每日工作,它不仅可以了解苗圃每天所做的工作,便于检查总结,而且可以根据作业日记,统计各树种的用工量和物料的使用情况,核算成本,制定合理定额,更好地组织生产,提高劳动生产率。

2. 建立苗圃技术档案的要求

苗圃技术档案对提高苗木生产、促进科学技术的应用和提高苗圃经营管理水平意义重大。要充分发挥苗圃技术档案的作用就必须做到。

(1)要真正落实,长期坚持,不能间断,以保持技术档案的连续性、完整性。

(2)要设专职或兼职管理人员。多数苗圃由技术员兼管,人员应尽量保持稳定,工作调动时,要及时另配人员并做好交接工作。

(3)观察记载要认真负责,实事求是,及时准确。要做到边观察边记载,务求简明、全面、清晰。

(4)一个生产周期结束后,有关人员必须对观察记载材料及时进行汇总整理,按照材料形成时间的先后或重要程度,连同总结等分类整理装订、登记造册,归档、长期妥善保管。最好将归档的材料,输入计算机中贮存。

表 2-1、表 2-2、表 2-3、表 2-4 是建立苗圃技术档案时常用的表格。

表 2-1 育苗技术措施记录表

树种			苗龄		育苗年度	
育苗面积		种条来源			繁殖方法	
种子消毒催芽方法					前茬作物	
整地	耕地日期		耕地深度		使用工具和方法	
	做床日期		苗床面积			
项目	时间		种类		用量	方法
施基肥						
土壤消毒						
追肥	1. 2. 3. 4. 5.					

播种(扦插)	播量(扦插密度)：		时间：		方法：		覆土厚度：	
覆盖	覆盖物			覆盖起止时间				
遮阳	遮阳物			遮阳起止时间				
间苗	时间		留苗密度		时间		留苗密度	
灌水	时间							
	灌溉量							
中耕	时间							
	深度							
病虫害防治	名称	发生时间	防治日期	药剂名称	浓度	施用方法		
出圃	日期		起苗方法			贮藏方法		
包装运输					其他			
填表人								

表 2-2 苗木生长发育记录表

树种			苗木种类		育苗年度	
开始出苗			大量出苗			
芽膨胀			芽展开			
真叶出现			顶芽形成			
叶展开			开始落叶			
叶变色			完全落叶			
项目	生长量											
	月	月	月	月	月	月	月	月	月	月	月	月
	日	日	日	日	日	日	日	日	日	日	日	日
苗高												
地径												
根系												

出圃	级别		分级标准			亩产量		总产量	
	Ⅰ级	高							
		径							
		根系							
	Ⅱ级	高							
		径							
		根系							
	Ⅲ级	高							
		径							
		根系							
其他						填表人：			

表 2-3　苗圃作业日记

年　　月　　日　　星期　　　　　　　　　　　　　　　　　　　　　　　　　　　　　　填表人：

树种	作业区号	育苗方法	育苗方式	作业项目	人工			高工			机工			作业量		物料使用量			工作质量说明	备注
					小计	长工	临工	小计	长工	临工	小计	机工	临工	单位	数量	名称（规格）	单位	数量		
总计																				
记事																				
其他																				

表 2-4　苗木生长总表(年度)

播种类别		播种期			土壤		
施业类别		播种量	kg/亩、株/m		土层厚度		
耕作方式		发芽日期	自　月　日至　月　日		酸碱度		
播种期		发芽最盛期	自　月　日至　月　日		坡度及坡向		
施肥种类		施肥数量			施肥数量		

调查次序	调查月日	标准地	前次调查各点合计株数	损失株数		现存株数	生长情况			灾害发生情况简记
							苗高	苗粗	苗根	

注：此表填调查平均值。

2.2　播种苗的培育

2.2.1　种实的采集、调制及贮藏

园林植物播种育苗所用种子的来源有二:一是地方种源自采;二是外购种子。生产上最好以地方种源自采为好,其优点是地方种子的适地性最好。种子新鲜,质量可靠,可减少陈种子因生产力低带来的损失,种子供应比较有保障且比外购种子便宜。当地方种子供不应求或地方品种品质需要改进时,应该外购种子。

1. 种实的采收

在种子成熟后,适期采收才能获得高质量的种子。采收过早,种子未充分成熟;采收过晚,种粒脱落、飞散或遭受鸟兽的危害,会降低种子的数量和质量。种子的形态成熟是指种胚发育完成,营养物质由易溶态转化为难溶的脂肪、蛋白质和淀粉,种子本身的重量不再增加或增加很少,呼吸作用微弱,种皮致密坚实,抗性增强,耐贮藏。

种子进入形态成熟期后,种实会逐渐脱落,应根据不同树种的种实脱落习性和时间进行适期采收。杨、柳、榆、桦、木麻黄等树种,形态成熟后果实开裂快,应在未开裂之前采种;杉木、马尾松、湿地松、桉树等,种粒较小,脱落后不易采集,应在脱落前采集;槐、刺槐、合欢、苦楝、悬铃木、女贞、樟树、楠木等,形态成熟后果实挂在树上长期不开裂,可延迟采集。

在采集前,对采种母株要进行鉴别与选择,以保证所采种子符合要求。采种母株要处于结实盛期且结实正常,生长健壮无病虫害,树形丰满,位于阳坡或半阳坡。不要在贫瘠的土地上或阴坡选择采种母株,也不要选择结果初期树和孤立分散生长的树作采种母株。采种应尽量在丰年进行。

2. 种实的调制

为了获得纯净的优良种子,对采集的种实要适期进行合理调制,避免发热、变霉,种子质量降低。调制的主要内容有脱粒、净种、干燥、分级等。

(1)干果类(包括蒴果类、翅果类、荚果类、坚果类等)　干果一般需清除果皮、果翅等杂物。含水量低的用阳干法,即在阳光下晒干,如蒴果类的丁香、溲疏、紫薇、木槿、醉鱼草、白鹃梅、金丝桃等;荚果类的刺槐、皂荚、紫荆、紫藤、合欢、锦鸡儿、金雀花等;蓇葖果类的

绣线菊等,一般用阳干法处理。含水量高的不能在阳光下晒干,要用阴干法,即在阴凉通风处晾干,如蓇葖果类的杨、柳;坚果类的栎类、板栗、榛子等;翅果类的杜仲、榆树;蓇葖果类的牡丹、玉兰等。

(2)肉质果类(包括核果、仁果、浆果和聚合果类等)　其果或花托为肉质,含有较多的果胶及糖类,容易腐烂,采后必须立即处理,否则种子品质降低。一般多浸水数日,或直接揉搓,再脱粒、净种。从肉质果取得的种子含水量较高,应立即于通风良好的室内或荫棚下晾干。在晾干过程中,注意翻动,防止发热、发霉。柑橘、枇杷和杧果等的种子,不能在太阳下晒干,因无休眠期限,最好洗净后在阴处晾1~2天进行播种。

(3)球果类　如油松、柳杉、云杉、侧柏、落叶松、金钱松、马尾松、樟子松等,采后把种子取出晒干即可,不需特别处理。

3. 净种和种子分级

净种和种子分级一般同时进行。

(1)净种　常用的方法有风选、筛选和水选。风选、筛选是根据种子的比重、大小的不同而进行净种和分级。水选多用于大而重的种子,漂浮者为空粒或发育不良种子,下沉者为优良种子。水选时间不宜太长,选后不能在太阳下暴晒,应在通风阴凉处阴干。

(2)种子分级　是按种子大小或重量进行分类。生产实践证明,同级种子播种后,发芽势和发芽率高,出苗速度一致,生长发育均匀,分化现象少,不合格苗率低。不同级种子播后,出苗不一致,分化严重,不合格苗率高,不便于抚育管理,出圃率也低。种子分级一般用筛选的方法,即用眼孔大小不同的筛子由小到大或由大到小逐级筛选。大粒种子,可用粒选法分级。

4. 种子的贮藏

大多数苗木的种子在秋季成熟,而播种则多在春季进行,所以采种实后需要进行贮藏。有些树种的种子在夏季成熟,且可以随采随播,但是为了使新萌发的幼苗能在当年有更长的生长期,同时也便于生产安排,同样需要进行种子贮藏,以备不同时期的播种需要。

(1)影响种子生命力的内部因素　凡种皮坚硬、致密,具蜡质,通透性差的种子寿命长;以脂肪和蛋白质为主要内含物的种子如松科、豆科等寿命较长;而含淀粉多的种子(如壳斗科)则寿命短。种子在安全含水量时既能维持生命活动又能保持最低的呼吸强度,新陈代谢处于最低水平,因此内含物质消耗最少,种子寿命

最长。未成熟种子不耐贮藏。

（2）影响种子生命力的外部因素　环境温度,环境湿度,通气条件,生物因子等。

（3）种子的贮藏方法　种子贮藏的目的是较长时间地保持种子的生命力。①干藏法:将种子置于一定的低温和干燥的条件下贮藏称为干藏。适合于安全含水量较低的种子。依据贮藏时间的长短和采用的具体措施不同,又可分为普通干藏法、低温干藏法、密封干藏法等。②湿藏法:是将种子置于湿润、适度低温（0～10℃）和通气的环境中贮藏。主要有室外坑藏、室内坑藏及流水贮藏等。

2.2.2　园林树木种子的品质检验

1. 种子质量检验概念

种子质量（品质）包括种子的遗传品质和播种品质两个方面。种子的遗传品质是指植株的生长特性、木材性质、发育特性及抗逆性等方面。这里所说的种子质量检验主要是指检验种子的播种品质,包括种子的净度、千粒重、发芽率、发芽势、含水量、生活力、优良度及病虫害感染程度等方面。

$$含水量=\frac{干燥前供检种子重量-干燥后供检种子重量}{干燥前供检种子重量}\times100\%$$

（4）种子发芽率检验　种子发芽率是指在最适宜发芽的环境条件下,在规定的期限内（3～42 天）,正常发芽的种子数占供检种子总数的百分比。它反映了种子的生命力强弱。在实验室内测定所得的发芽率称实验室发芽率,在场圃环境条件下测定的称为场圃发芽率。场圃发芽率一般都低于实验室发芽率,但在生产

（6）种子生活力检验　种子生活力是指种子发芽的潜在能力,一般用发芽试验法来测定。由于此种方法需要时间长,且对一些休眠期长的种子无效,现在生产上多用快速方法测定种子的生活力。常用的方法有染色法、光照射法和紫外线荧光法等,其中以染色法较为常用。种子生活力计算公式为:

$$生活力=\frac{有生活力种子粒数}{供检种子粒数}\times100\%$$

（7）种子优良度检验　种子优良度是指优良种子

2. 种子质量检验的内容

种子质量检验主要是对种子的净度、重量、含水量、发芽率、发芽势、生活力、优良度和病虫害感染程度等进行检验。

（1）种子净度检验　种子净度又称纯度,是纯净种子的重量占供检种子重量的百分比。它是种子播种品质的主要指标,计算播种量的必需条件,反映了种子品质和使用价值高低。

净度计算公式为:

$$净度=\frac{纯净种子重量}{供检种子重量}\times100\%$$

（2）种子重量检验　种子重量是指 1 000 粒纯净干种子的重量,即常说的千粒重,单位为 g。它反映种子的大小和饱满程度。同一树种,千粒重数值越大,说明种子内含的营养物质越丰富,播后发芽整齐,发芽率高,苗木生长健壮。千粒重也是计算播种量必不可少的条件。

（3）种子含水量检验　种子含水量是指种子所含水分的重量（即在一定时间内一定温度下种子中能消除的水分含量）与种子重量的百分比。它与种子的贮藏能力有密切关系是:

中更具有现实意义。发芽率计算公式为:

$$发芽率=\frac{供检种子发芽粒数}{供检种子粒数}\times100\%$$

（5）种子发芽势检验　发芽势指在发芽试验规定期限的最初 1/3 时间内,种子发芽数占供检种子数的百分比,它反映了种子发芽的整齐程度。计算公式是:

$$发芽势=\frac{种子发芽达到最高峰时种子发芽粒数（最初 1/3 时间内）}{供检种子粒数}\times100\%$$

粒数占供检种子粒数的百分比。是种子质量检验的最简易方法,可通过人为直接观察,从种子的形态、色泽、气味、硬度等来判断种子的质量。常用的方法是解剖法和挤压法。种子优良度的计算公式为:

$$优良度=\frac{优良种子粒数}{供检种子粒数}\times100\%$$

（8）病虫害感染程度检验　感染病虫害的种子不仅不耐贮藏,而且播种后发芽率低,影响产苗数量,还会将病菌传播到幼苗上,危害苗木的正常生长发育,从

而影响苗木质量,增加育苗投资。因此,贮藏或播种前应检验种子的病虫感染程度。

方法:从纯净种子中随机取样,以 100 粒为 1 组,共取 4 组。种粒大者取 50 粒或者 25 粒为 1 组。用形态观察结合解剖观察法分组测定,把种子分为优良、感染病害、感染虫害的,然后分别计算感染病害、虫害的种子占供检种子的百分比,其计算公式是:

$$感染病害程度 = \frac{感染病害种子粒数}{供检种子粒数} \times 100\%$$

3. 种子质量检验登记

种子质量检验完成以后,要进行检验登记,签发检验证。见表 2-5。

表 2-5　种子质量检验原始记录表

品种名称						产地				
送检日期						编号				
净度分析		净种子(%)					其他植物		杂质	
		其他植物种类						杂质		
千粒重测定			千粒重(g)							
发芽率测定	计数日期									合计
	发芽数量									
	检测样品数量(粒)									
	发芽率(%)									

2.2.3　播种前的准备工作

1. 种子精选

种子精选是指清除种子中的各种夹杂物,如种翅、鳞片、果皮、果柄、枝叶碎片、瘪粒、破碎粒、石块、土粒、废种子及异类种子等的过程。精选后提高了种子纯度,有利于贮藏和播种,播种后发芽迅速,出苗整齐,便于管理。

2. 种子消毒

种子消毒可杀死种子本身所带的病菌,保护种子免遭土壤中病虫侵害。这是育苗工作中一项重要的技术措施,多采用药剂拌种或浸种方法进行。

(1)浸种消毒　把种子浸入一定浓度的消毒溶液中,经过一定时间,杀死种子所带病菌,然后捞出阴干待播的过程称为浸种消毒。常用的消毒药剂有 0.3%～1%硫酸铜溶液、0.5%～3%高锰酸钾溶液、0.15%甲醛(福尔马林)溶液、0.1%升汞(氯化汞)溶液、1%～2%石灰水溶液、0.3%硼酸溶液和托布津 200 倍溶液等。消毒前先把种子浸入清水 5～6 h,然后再进行药剂浸种消毒适宜时间,最后捞出用清水冲洗。

(2)拌种消毒　把种子与混有一定比例药剂的园土或药液相互掺合在一起,以杀死种子所带病菌和防止土壤中病菌侵害种子,然后共同播入土壤。常用的药剂有赛力散(磷酸乙基汞)、西力生(氯化乙基汞)、五氯硝基苯与敌克松(对二甲胺基苯重氮磺酸钠)混合液、敌克松、呋喃丹、福美锌、退菌特、敌百虫、二氯苯醌等。

对耐强光的种子还可以用晒种的方法对其进行晒种消毒,激活种子,提高发芽率。种子消毒过程中,应该注意药剂浓度和操作安全,胚根已突破种皮的种子消毒易受害。

3. 土壤消毒

土壤是传播病虫害的主要媒介,也是病虫繁殖的主要场所,许多病菌、虫卵和害虫都在土壤中生存或越冬,而且土壤中还常有杂草种子。土壤消毒可控制土传病害、消灭土壤中的有害生物,为园林树木种子和幼苗生长发育创造有利的土壤环境。土壤常用的消毒方法如下。

(1)火焰消毒　在日本用特制的火焰土壤消毒机(汽油燃料),使土壤温度达到 79～87℃,既能杀死各种病原微生物和草籽,也可杀死害虫,而土壤有机质并不燃烧。在我国,一般采用燃烧消毒法,在露地苗床上,铺上干草,点燃可消灭表土中的病菌、害虫和虫卵,翻耕后还能增加一部分钾肥。

(2)蒸汽消毒　以前是利用 100℃蒸汽保持 10 min,会把有害微生物杀死,也会把有益微生物和硝

化菌等杀死。现在多用 100℃ 蒸汽通入土壤,保持 30 min,既可杀死土壤线虫和病原物,又能较好地保留有益菌。

（3）高锰酸钾消毒　整地后,如果土壤比较干,先用清水将表土浇湿,然后将稀释成 400～600 倍的高锰酸钾溶液,用喷雾器均匀喷于表土(图 2-1),后用塑料薄膜覆盖密封曝晒 1 周左右,即可揭膜播种。使用高锰酸钾需注意要用清洁的凉水随配随用,忌配后久放,浓度要精确。另外,高锰酸钾水溶液只能单独使用,不能与任何农药、化肥等混配混用,否则会严重影响高锰酸钾的作用。要与其他农药或化肥错开使用。

图 2-1　土壤消毒(来源:贵州大学林学院苗圃　韦小丽摄)

（4）甲醛消毒　40% 的甲醛溶液(称福尔马林),用 50 倍液浇灌土壤至湿润,用塑料薄膜覆盖,经两周后揭膜,待药液挥发后再使用。一般 1 m³ 培养土均匀撒施 50 倍的甲醛 400～500 mL。此药的缺点是对许多土传病害,如枯萎病、根癌病及线虫等效果较差。

（5）硫酸亚铁消毒　用硫酸亚铁粉按 2%～3% 的比例拌细土撒于苗床,每公顷用药土 150～200 kg。

（6）石灰粉消毒　石灰粉既可杀虫灭菌,又能中和土壤的酸性,每平方米床面用 30～40 g,或每立方米培养土施入 90～120 g。

（7）硫黄粉消毒　硫黄粉可杀死病菌,也能中和土壤中的盐碱量,每平方米床面用 25～30 g,或每立方米培养土施入 80～90 g。

（8）辐射消毒　以穿透力和能量极强的射线,如钴 60 的 γ 射线来灭菌消毒。

此外,还有很多药剂,如辛硫磷、代森锌、多菌灵、绿亭 1 号、五氯硝基苯、漂白粉等,也可用于土壤消毒。

2.2.4　播种

1. 播种期

育苗的播种期关系到苗木的生长期、出圃期、幼苗对环境的适应能力以及土地利用率,播种期的确定主要根据树种的生物学特性和育苗地的气候特点。我国南方,全年均可播种,在北方,因冬季寒冷,露地育苗则受到一定限制,确定播种期是以保证幼苗能安全越冬为前提。生产上,播种季节常在春夏秋 3 季,以春季和秋季为主。如果在设施内育苗,北方也可全年播种。

春季播种适用于绝大多数园艺植物,时间多在土壤解冻之后,越早越好,但以幼苗出土后不受晚霜和低温的危害为前提。

夏季播种适合那些种子在春夏成熟而又不宜贮藏或者生活力较差的种子,如杨、柳、榆、桑、桦木、蜡梅、玉兰等。播种后的遮阳和保湿工作是育苗能否成功的关键。为保证苗木冬前能充分木质化,应当尽量早播。

秋季播种适于种皮坚硬的大粒种子和休眠期长而又发芽困难的种子,如麻栎、杏、花椒、银杏、板栗、红松、水曲柳、白蜡、椴树、胡桃楸、文冠果、榆叶梅等。一般在土壤冻结以前,越晚越好。否则,播种太早,当年发芽,幼苗会受冻害。

冬季播种实际上是春播的提早,秋播的延续。适于南方育苗采用。

另外,有些树种如非洲菊、仙客来、报春、大岩桐、蜡梅、白玉兰、广玉兰等,因种子含水量大,失水后容易丧失发芽力或寿命缩短,采种后最好随即播种。

2. 播种量

播种量是指单位面积或长度上播种种子的重量。适宜的播种量既不浪费种子,也有利于提高苗木的产量和质量。播量过大,浪费种子,间苗也费工,苗子拥挤和竞争营养,易感病虫,苗质下降。播量过小,产苗量低,易生杂草,管理费工,也浪费土地。计算播种量的公式是:

$$X = CAW/Gp$$

式中:X 为单位面积或长度上育苗所需的播种量,kg; A 为单位面积或长度上产苗数量,株;W 为种子的千粒重,g;p 为种子的净度,%;G 为种子发芽率,%;C

为损耗系数。

损耗系数因自然条件、圃地条件、树种种粒大小和育苗技术水平而异。一般认为种粒越小,损耗越大,如大粒种子(千粒重在 700 g 以上),在 3～700 g,1<C<5;极小粒种子(千粒重在 3 g 以下)。

3.播种方法

生产上常用的播种方法有撒播、条播和点播。

(1)撒播 将种子均匀地撒于苗床上为撒播。小粒种子如杨、柳、一品红、万寿菊等,常用此法。为使播种均匀,可在种子里掺上细沙。由于出苗后不成条带,不便于进行锄草、松土、病虫防治等管理,且小苗长高后也相互遮光,最后起苗也不方便。因此,最好改撒播为条带撒播,播幅 10 cm 左右。

(2)条播 按一定的行距将种子均匀地撒在播种沟内为条播。中粒种子如刺槐、侧柏、松、海棠等,常用此法。播幅为 3～5 cm,行距 20～35 cm,采用南北行向。条播比撒播省种子,且行间距较大,便于抚育管理及机械化作业,同时苗木生长良好,起苗也方便。

(3)点播 对于大粒种子,如银杏、核桃、板栗、杏、桃、油桐、七叶树等,按一定的株行距逐粒将种子播于圃地上,称为点播。一般最小行距不小于 30 cm,株距不小于 10～15 cm。为了利于幼苗生长,种子应侧放,使种子的尖端与地面平行(图 2-2)。

图 2-2 点播(来源:贵州大学林学院苗圃,韦小丽摄)

4.播种密度与深度

适宜的播种密度能够保证苗木在苗床上有足够的生长空间,在移植前能得到较好的生长。因此,大粒种子播得稀些,小粒种子宜密些;阔叶树播得稀些,针叶树宜密些;苗龄长者播得稀些,苗龄短者宜密些;发芽率高者播得稀些,发芽率低者宜密些;土壤肥力高播得稀些,肥力低宜密些。

一般情况下,播种深度相当于种子直径的 2～3 倍为宜。具体播种深度取决于种子的发芽势、发芽方式和覆土厚度等因素。小粒种子和发芽势弱的种子覆土宜薄,大粒种子和发芽势强的种子覆土宜厚;黏质土壤覆土宜薄,沙质土壤覆土宜厚;春、夏播种覆土宜薄,秋播覆土可厚一些。如果有条件,覆盖土可用疏松的沙土、腐殖土、泥炭土、锯末等,有利于土壤保温、保湿、通气和幼苗出土。此外,播种深度要均匀一致,否则幼苗出土参差不齐,影响苗木质量。

2.2.5 播种苗木生长发育时期的划分及其育苗技术要点

播种苗从种子发芽到当年停止生长进入休眠期为止是其第一个生长周期。在此周期内,由于外界环境影响和自身各发育期的要求不同而表现出不同的特点。故此,可将播种苗的第一个生长周期划分出苗期、生长初期、速生期和生长后期 4 个时期。了解和掌握苗木的年生长发育特点和对外界环境条件的要求,才能采取切实有效的抚育措施,培育出优质壮苗。

1.出苗期

从播种开始到长出真叶、出现侧根为出苗期。此期长短因树种、播种期、当年气候等情况而不同。春播者需 3～7 周,夏播者需 1～2 周,秋播则需几个月。播种后种子在土壤中先吸水膨胀,酶的活性增强,贮藏物质被分解成能被种胚利用的简单有机物。接着胚根伸长,突破种皮,形成幼根扎入土壤。最后胚芽随着胚轴的伸长,破土而出,成为幼苗。此时幼苗生长所需的营养物质全部来源于种子本身。由于此期幼苗十分娇嫩,环境稍有不利都会严重影响其正常生长。此期主要的影响因子有土壤水分、温度、通透性和覆土厚度等。如果土壤水分不足,种子发芽迟或不发芽,水分太多,土壤温度降低,通气不良,也会推迟种子发芽,甚至造成种子腐烂。土壤温度以 20～26℃ 最为适宜出苗,太高或太低出苗时间都会延长。覆土太厚或表土过于紧实,幼苗难出土,出苗速度和出苗率降低。覆土太薄,种子带壳出土,土壤过干也不利于出土。

因此,这一时期育苗工作要点是采取有效措施,为种子发芽和幼苗出土创造良好的环境条件,满足种子发芽所需的水分、温度等条件,促进种子迅速萌发,出苗整齐,生长健壮。具体地说,就是要做到适期播种,提高播种技术,保持土壤湿度但不要大水漫灌,覆盖增

温保墒,加强播种地的管理等。

2. 生长初期

从幼苗出土后能够利用自己的侧根吸收营养和利用真叶进行光合作用维持生长,到苗木开始加速生长为止的时期为生长初期。

一般情况下,春播需5～7周,夏播需3～5周。苗子生长特点是地上部分的茎叶生长缓慢,而地下的根系生长较快。但是,由于幼根分布仍较浅,对炎热、低温、干旱、水涝、病虫等抵抗力较弱,易受害而死亡。

此期育苗工作的要点是采取一切有利于幼苗生长的措施,提高幼苗保存率。这一时期,水分是决定幼苗成活的关键因子。要保持土壤湿润,但又不能太湿,以免引起腐烂或徒长。要注意遮阳,避免温度过高或光照过强而引起烧苗伤害。同时还要加强间苗、蹲苗、松土除草、施肥(磷和氮)、病虫防治等工作,为将来苗木快速生长打下良好基础。

3. 速生期

从幼苗加速生长开始到生长速度下降为止的时期为速生期。大多数园林植物苗木的速生期是从6月中旬开始到9月初结束,持续70～90天。

此期幼苗生长的特点是生长速度最快,生长量最大,表现为苗高增长,茎粗增加,根系加粗、加深和延长等。有的树种出现两个速生阶段,一个在盛夏之前,一个在盛夏之后。盛夏期间,因高温和干旱,光合作用受抑制,生长速度下降,出现生长暂缓现象。幼苗在速生期的生长发育状况基本上决定了苗木的质量。

这一时期育苗的工作重点是在前期加强施肥、灌水、松土除草、病虫防治(食叶害虫)等工作,并运用新技术如生长调节剂、抗蒸腾剂等,促进幼苗迅速而健壮地生长。在速生期的末期,应停止施肥和灌溉,防止贪青徒长,使苗木充分木质化,以利于越冬。

4. 生长后期

从幼苗速生期结束到落叶进入休眠为止称为生长后期,又叫苗木硬化期或成熟期。此期一般持续1～2个月。

幼苗生长后期的生长特点是幼苗生长渐慢,地上部分生长量不大,但地下部分根系又出现一次生长高峰。形态上表现为叶片逐渐变红、变黄后脱落,枝条逐渐木质化,顶芽形成,营养物质转化为贮藏状态,越冬能力增强。

此期育苗工作的重点是,停止一切促进幼苗生长的管理措施,如不要追氮肥,减少灌水等,以控制生长,防止徒长,促进木质化,提高御寒能力。

2.2.6　育苗地的管理

1. 苗床管理

播种后的苗床管理主要内容有覆盖保墒、灌水、松土除草和防治病虫等。播种后出苗前,苗床应用稻草、麦草、芦苇、竹帘、苔藓、锯末、蕨类、水草或松枝等覆盖,以保持床土湿润,防止板结,利于出苗。但覆盖不能太厚,以免使土壤温度降低或土壤过湿,延迟发芽时间。出苗后,要及时稀疏或移去覆盖物,防止影响幼苗出土。

苗床干燥会妨碍种子萌发。因此,除灌足底水外,在播种后出苗前,应适当补充水分,保持土壤湿润,以促进种子萌发。灌水以不降低土壤温度,不造成土壤板结为标准。灌水最好采用喷水方法,少用地面灌溉,以防止种子被冲走或发生淤积现象。

松土除草也是苗床管理的一个重要内容,可使种子通气条件改善,减少土壤水分蒸发,削减出土的机械障碍。松土除草宜浅不宜深,以防伤及幼苗根系。当苗床上发生苗木病害如立枯病、猝倒病、根腐病时,要及时喷施杀菌剂防治。

2. 幼苗移栽

将种床上长出真叶的幼苗移植到新培育地点(苗床)的过程称为幼苗移栽。育苗初期,多在种床上集中培育,以便采取精细的抚育管理。但随着幼苗生长,相互之间挡风遮光,营养面积缩小,如不及时移栽分开,苗木就会生长不良,拥挤徒长,病虫害也会严重。幼苗移栽一般是在幼苗长出1～4片真叶,苗根尚未木质化时进行。移栽前,要小水灌溉,等水渗干后再起苗移栽。起苗移栽最好在早晨、傍晚或阴雨天进行。不论带土移栽或裸根移栽,起苗时决不能用手拔,一定要用小铲,在苗一侧呈45°入土,将主根切断。目的是控制主根生长,促进侧根、须根生长,提高苗木质量。裸根起苗后,最好将裸根蘸泥浆,以延长须根寿命。在拿提小苗时,捏着叶片而不要捏着苗茎。因为叶片伤后还可再发新叶,苗茎受伤后苗子就会死亡。栽植的深度与起苗前小苗的埋深一致,不可过深或过浅。栽后及时灌水,并注意遮阳2～3天。移栽量应考虑比计划产苗量要多5%～10%。

2.3 营养繁殖苗的培育

营养繁殖是利用植物的营养器官如枝、根、茎、叶等,在适宜的条件下,培养成一个独立个体的育苗方法。又称无性繁殖。园林苗木以无性繁殖为主。营养繁殖苗或无性繁殖苗是指用营养繁殖方法培育出来的苗木,包括扦插、嫁接、分株、埋条、压条等繁殖方法。

2.3.1 扦插苗的培育

扦插繁殖是利用离体的植物营养器官如根、茎(枝)、叶等的一部分,在一定的条件下插入土、沙或其他基质中,利用植物的再生能力,经过人工培育使之发育成一个完整新植株的繁殖方法。园林苗木繁殖中应用最普遍的是枝插,根插次之,而叶插多用在草本花卉繁殖中。扦插繁殖的优点是成苗快,苗木阶段发育老,能够保持母本优良性状,缺点是要求管理精细,比较费工。

1. 扦插季节及准备

一般一年四季均可扦插,但以春插为主。

(1)春季扦插 适宜大多数植物。利用前一年生休眠枝直接进行或经冬季低温贮藏后进行扦插。春插宜早,关键要提高地温。

(2)夏季扦插 利用当年旺盛生长的嫩枝(阔叶树)或半木质化枝条(针叶树)进行扦插。关键是提高空气的相对湿度,减少插穗叶面蒸腾强度,提高离体枝叶的存活率。

(3)秋季扦插 利用发育充实、营养物质丰富、生长已停止但未进入休眠期的枝条进行扦插。秋插宜早,以利物质转化完全,安全过冬。技术关键是采取措施提高地温。

(4)冬季扦插 利用打破休眠的休眠枝进行温床扦插。北方在塑料棚或温室进行,在基质内铺上电热线,以提高扦插基质的温度,南方可直接在苗圃地扦插。

2. 扦插种类及方法

植物扦插繁殖中,根据使用繁殖的材料不同,可分为枝插、根插、叶插、芽插、果实插等,园林苗木培育中,最常用的是枝插,其次是根插和叶插。

1)枝插

(1)硬枝扦插(休眠枝扦插) 是利用已木质化

(休眠)的枝条作插穗进行扦插。秋末冬初,在母株上选采1~2年生健壮枝剪取、断条、埋藏。剪条时注意选无病虫害、无机械损伤、芽体饱满、组织充实的枝条;断条时,上剪口应距第一个芽0.3~0.5 cm,上剪口平,下剪口马蹄形,长15~20 cm;插条(穗)按20根一捆,贮藏于深、宽各1 m沟内,芽向上直立,用湿润细壤土埋,层间覆土5~6 cm,每隔2 m插一树枝或草把通气。扦插苗床深耕、整平、作床。秋插随采随插,插4/5条长,浇透水,覆土;春插3~4月,插入2/3条长;斜向插入,入土一端朝南,地面一端朝北。灌足水,盖膜保湿,每5~7天灌水一次。

(2)嫩枝(软枝)扦插 在树木生长旺盛的雨季(6~7月),选当年生半木质化健壮枝,随采随插。插条10~15 cm长,留2片叶。插前整好插床,灌足水,待水渗下后扦插。株行距5 cm×15 cm,深1/2~2/3穗,斜45°。先用木橛做孔,再放插条摁实。插后喷水(图2-3)。蔷薇、月季此法成活率>80%。

图2-3 扦插育苗(来源:贵州大学林学院苗圃 韦小丽摄)

2)叶插

用叶片繁殖新植株。叶插穗应带芽原基(发育成苗的地上部分),落叶生根,如虎尾兰。基质用砂或硅石,不易积水腐烂;20~25℃;湿度80%~90%为宜。

3)根插

用根做扦插材料繁殖新个体的办法。适于易从根部发出新梢的树种,如泡桐、芍药、凌霄、紫藤、海棠。

3. 插条地的管理及苗木保护

扦插后应立即灌一次透水,并及时中耕除草保持土壤通气良好,及时采取遮阳和喷灌等措施。有些树种在幼苗期会生出几株嫩枝(蘖),当幼苗高度达15~30 cm时,留最优嫩枝一枝,余者除掉,减少营养消耗。抹芽即摘芽,即抹掉幼苗期后期和速生期由叶腋间生出的嫩侧枝芽。

2.3.2　嫁接苗的培育

1.嫁接繁殖概念及特点

嫁接繁殖是把一株植株的枝或芽,接在另一种植物的茎(枝)或根上,使之愈合生长在一起,形成一个独立植株的繁殖方法。接穗或接芽指供嫁接用的枝、芽。砧木指承受接穗或接芽的植株(根株、根段或枝段)。枝接是用枝条作接穗,芽接是用芽作接穗。嫁接苗是指通过嫁接繁殖所得的苗木,又称为"他根苗"。嫁接繁殖除具一般营养繁殖的优点外,还具有以下特点:①保持植物品质的优良特性,提高观赏价值。②增加抗性和适应性。③提早开花结果。④克服不易繁殖现象。⑤扩大繁殖系数。⑥培育新品种,利用"芽变"培育新品种、进行嫁接育种、进行无性接近为有性远缘杂交创造条件。⑦恢复树势、救治创伤、补充缺枝、更新品种。

2.砧木的准备

一般砧木需于1年或2~3年以前播种,木本植物芽接时,若土壤干燥,应在前一天灌水,增加树木组织内的水分,便于嫁接时撕开砧木接口的树皮。

3.接穗的准备

一般选择树冠外围中、上部生长充实、芽体饱满的新梢或1年生发育枝作为接穗。夏季采集的新梢应立即去掉叶片和生长不充实的新梢顶端,只保留叶柄,并及时用湿布包裹,减少水分蒸发。取回的接穗不能及时使用可将枝条下部浸入水中,放在阴凉处,每天换水1~2次,可短期保存4~5天。春季枝接和芽接采集穗条,最好结合冬剪进行,也可在春季树木萌芽前1~2周采集。

4.嫁接的准备工作

在选择好砧木和采集好接穗后,嫁接前应准备好嫁接所用的工具、包扎和覆盖材料等。

(1)嫁接工具　根据嫁接方法确定嫁接工具。嫁接工具主要有嫁接刀、剪、凿、锯、手锤等。嫁接刀可分为芽接刀、切接刀、劈接刀、单面刀片、双面刀片等。为了提高工作效率,并使嫁接伤口平滑、接面密接,有利于愈合和提高嫁接成活率,应正确使用工具,刀具要求锋利。

(2)涂抹和包扎材料　涂抹材料常为接蜡,用来涂抹接合处和刀口,防止水分蒸发和雨水进入接口。

接蜡可分为固体接蜡和液体接蜡。固体接蜡由松香、黄蜡、猪油(或植物油)按4:2:1比例配成,先将油加热至沸,再将其他两种物质倒入充分熔化,然后冷却凝固成块,用前加热熔化。液体接蜡由松香、猪油、酒精按16:1:18的比例配成。先将松香溶入酒精,随后加入猪油充分搅拌即成。液体接蜡使用方便,用毛笔蘸取涂于切口,酒精挥发后形成蜡膜。但液体接蜡易挥发,需用容器封闭保存。包扎材料以塑料薄膜应用最为广泛,其保温、保湿性能好且松紧适度。包扎材料用来绑缚嫁接部位,以防止水分蒸发和使砧木接穗能够密接紧贴,湿度低时可套塑料袋起保湿作用。

5.嫁接方法

嫁接方法多种多样,生产上最为常用的是枝接和芽接。

1)枝接

用枝条作接穗进行嫁接。时间一般在树木休眠期进行,以春季砧木树液开始流动,接穗尚未萌芽的时期最好(对伤流大的,可提前5天折断枝条)。多用于嫁接较粗的砧木或在大树上改换品种。其优点是成活率高,接后苗木生长快,健壮整齐,当年即可成苗,但需要接穗数量大,对砧木的粗度有一定的要求,且可供嫁接时间较短。枝接的方法很多,有劈接、切接、皮下接、靠接、腹接、舌接、根接、髓心形成层对接等。

(1)劈接　适于大部分落叶树种。通常在砧木较粗、接穗较小时使用。当砧木较粗时,可同时插入2或4个接穗。一般不必绑扎接口,但如果砧木过细,夹力不够,可用塑料薄膜条或麻绳绑扎,培土覆盖或用接蜡封口(图2-4)。"接炮捻"即嫁接插条法是劈接的一种。

(2)切接　切接法一般用于直径2 cm左右的小砧木,是枝接中最常用的一种方法(图2-5)。嫁接时先将砧木距地面5 cm左右处剪断、削平,选择较平滑的一面,用切接刀在砧木一侧(略带木质部,在横断面上约为直径的1/5~1/4)垂直向下切,深2~3 cm。接穗长10 cm左右,上端要留2~3个完整饱满的芽,接穗下端的一侧用刀削成长约3 cm的斜面,另一侧也削去1 cm左右斜面(呈楔形),然后将长削面向里插入砧木切口中,使双方形成层对准密接,接穗插入的深度以接穗削面上端露出0.2~0.5 cm为宜,俗称"露白",这样有利于愈合。

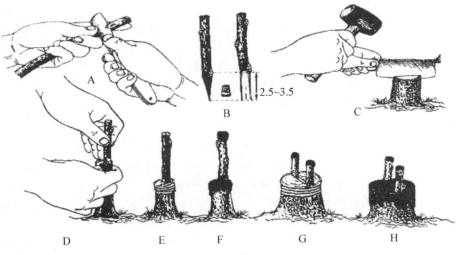

图 2-4 劈接示意图(单位:cm)

A,B. 削接穗　C. 劈砧木　D,E,F. 砧木与接穗粗度接近　G,H. 砧木较粗,接穗较细

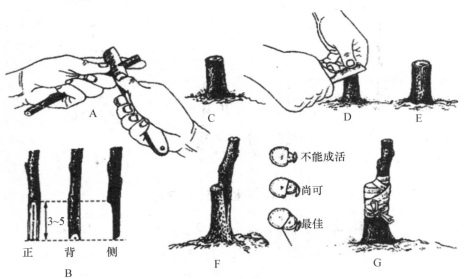

图 2-5 切接示意图(单位:cm)

A,B. 接穗切削　C,D,E. 砧木切削　F. 砧穗结合　G. 绑扎

（3）皮下接　皮下接是枝接中最易掌握,成活率最高,应用也较广泛的一种嫁接方式。

皮下接适于砧木较粗,并易剥皮的情况下使用。园林中采用此法高接和低接的都有。嫁接时,把接穗从砧木切口沿木质部与韧皮部中间插入,长削面面向木质部,并使接穗背面对准砧木切口正中,接穗上端注意“留白”。如果砧木较粗或皮层韧性较好,砧木也可不切口,直接将削好的接穗插入皮层即可。最后用塑料薄膜条(宽 1 cm 左右)绑扎(图 2-6)。

（4）靠接　是特殊的枝接。主要用于培育一般嫁接法难以成活的园林花木。要求砧木与接穗均为自根植株,而且粗度相近,在嫁接前应移植在一起(或采用盆栽,将盆放置在一起)。方法是将砧木和接穗相邻的光滑部位,各削一长 3~5 cm、大小相同、深达木质部的切口,对齐双方形成层后用塑料膜条绑缚严密。待愈合成活后,除去接口上方的砧木和接口下方的接穗部分,即成一株嫁接苗。

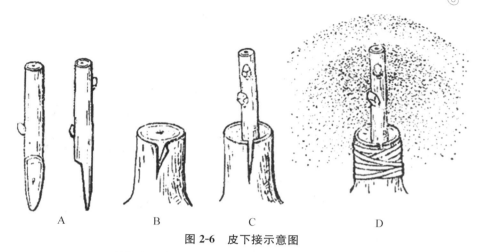

图 2-6　皮下接示意图

A. 削接穗的正侧面　B. 砧木削法　C. 插接穗　D. 绑扎及覆土

（5）腹接　是在砧木腹部进行的枝接。常用于针叶树的繁殖，砧木不去头，或仅剪去顶梢，待成活后再剪去接口以上的砧木枝干。分普通腹接和皮下腹接两种。

（6）舌接　多用于枝条较细软的树种，砧木和接穗的粗度最好接近。方法是将砧木、接穗各削成一长度为 3～5 cm 的斜削面，再于削面距顶端 1/3 处竖直向下一刀，深度为削面长度的 1/2 左右，呈舌状。将砧木、接穗各自的舌片插入对方的切口，使形成层对齐，用绑缚材料包扎即可。

（7）根接　以根为砧木的嫁接方法。将接穗直接接在根上，可采用各种枝接的方法，若砧木根比接穗粗，可把接穗削好插入砧木根内，进行绑缚，是为正接；若砧木根比接穗细，再切削接穗时可采用削砧木的削法，而将细的根削成接穗状，把砧木根插入接穗，是为倒接。

（8）髓心形成层对接　多用于针叶树嫁接。剪取 10 cm 左右带顶芽的 1 年生枝做接穗，从顶芽下 2 cm，逐渐向下过髓心平直切削 6 cm 左右削面，再在背面斜削一子斜面，砧木是主干顶端 1 年生枝，在略粗于接穗的部位摘掉针叶切削，并去掉切口的砧木皮层，将接穗长削面朝内，对准形成层，使短削面插入砧木之切口内，然后用塑料条绑紧。

枝接成活的关键：砧木和接穗的形成层必须对齐；接穗与砧木的削面越大，则结合面越大，嫁接成活率越高；嫁接时操作要快，避免削面暴露在空气中时间过长而氧化，影响愈合组织的形成而降低嫁接成活率。特别是枝芽中含单宁等物质较多的树种，应把接口用塑料薄膜条绑缚，并绑紧绑严，使砧穗形成层密接，并可保湿且增加结合部位温度，利于愈合组织的形成而促进成活。

2）芽接

芽接是苗木繁殖应用最广的嫁接方法。是用生长充实的当年生发育枝上的饱满芽做接芽，于春、夏、秋三季皮层容易剥离时嫁接，秋季是主要时期。根据取芽的形状和结合方式不同，芽接的具体方法有嵌芽接、丁字形芽接、方块芽接、环状芽接等。苗圃中较常用的为嵌芽接和丁字形芽接。

（1）嵌芽接　又叫带木质部芽接。此法不受树木离皮与否的季节限制，且嫁接后结合牢固，利于成活，已在生产实践中广泛应用。适用于大面积育苗。切削芽片时，自上而下切取，在芽的上部 1～1.5 cm 处稍带木质部往下切一刀，再在芽的下部 1.5 cm 处横向斜切一刀，即可取下芽片，长 2～3 cm。在选好的砧木部位自上向下稍带木质部削一与芽片长宽均相等的切面，将切开的稍带木质部的树皮上部切去，下部留有 0.5 cm 左右，将芽片插入切口使两者形成层对齐，再将留下部分贴到芽片上，用塑料条绑扎好即可（图 2-7）。

（2）丁字形芽接　又叫盾状芽接、"T"字形芽接，是芽接中最常用的方法。

砧木一般选用 1～2 年生的小苗，皮薄易于操作，且易成活。芽接前采当年生新鲜枝条为接穗，立即去掉叶片，留有叶柄。削芽片时先从芽上方 0.5 cm 左右横切一刀,刀口长 0.8~1 cm,深达木质部,再从芽片下方 1 cm 左右连同木质部向上切削到横切口处取下芽,芽片一般不带木质部,芽居芽片正中或稍偏上一点。砧木的切法是距地面 5 cm 左右,选光滑无疤部位横切一刀,深度以切断皮层为准,然后从横切口中央切一垂直口,使切口成"T"字形。把芽片放入切口,往下插入,使芽片上边与"T"字形切口的横切口对齐。然后用塑料条从下向上一圈压一圈地把切口包严,注意将芽和叶柄留在外面,以便检查成活(图 2-8)。

图 2-7　嵌芽接示意图

A. 切砧木　B. 取接芽　C. 插入芽片　D. 绑扎

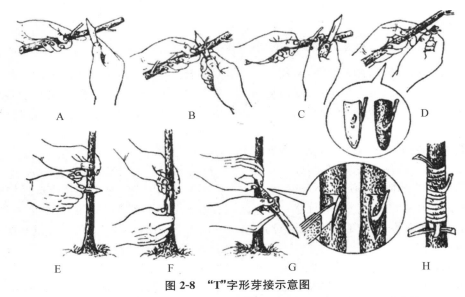

图 2-8　"T"字形芽接示意图

A,B,C,D. 取接芽片　E,F. 砧木切口　G. 撬开皮层嵌入芽片　H. 用塑料条绑扎

(3)方块芽接　又叫块状芽接。此法芽片与砧木形成层接触面积大,成活率高,多用于柿树、核桃等较难成活的树种。操作复杂,功效较低。取长方形芽片,再按芽片大小在砧木上切开皮层,嵌入芽片。砧木的切法有两种,一种是切成"]"形,称单开门芽接;一种是切成"I"形,称双开门芽接。嵌入芽片时,使芽片四周至少有三面与砧木切口皮层密接,嵌好后用塑料薄膜条绑扎即可。

芽接成活的关键:选择离皮容易的时间进行;接穗要新鲜,枝芽充实饱满,嫁接技术要迅速准确,接后立即绑缚避免失水;为使砧木和接穗离皮,嫁接前 2~3 天最好充分灌水。

6. 嫁接后的管理

(1)检查成活、解除绑缚物及补接　枝接和根接一般在接后 20~30 天可进行成活率的检查。成活后接穗上的芽新鲜、饱满,甚至已萌发生长;未成活的接穗干枯或变黑腐烂。

芽接一般 7~14 天可检查成活率,成活者的叶柄一触即掉,芽体与芽片呈新鲜状态;未成活的芽片干枯变黑。

发现绑缚物太紧,要松绑或解除绑缚物。一般当新芽长至 2~3 cm 时,即可全部解除绑缚物。生长快的树种,枝接最好在新梢长到 20~30 cm 长时解绑。

(2)剪砧、抹芽、除蘗　嫁接成活后,接口上方仍有砧木枝条的,要及时剪去,促进接穗生长。砧木萌发的蘗芽要及时抹除。

(3)立支柱　嫁接苗长出的新梢遇大风易被吹折或吹弯,在新梢长到 5~8 cm 时,紧贴砧木立一支柱,将新梢绑于支柱上。可通过降低接口、在新梢基部培

土、嫁接于砧木的主风方向来防止或减轻风折。

2.3.3　压条、埋条育苗

1. 压条繁殖

压条繁殖是将未脱离母体的枝条压入土内或空中包以湿润物,待生根后把枝条切离母体,成为独立新植株的一种繁殖方法。多用于扦插繁殖不容易生根的树种,如玉兰、蔷薇、桂花、樱桃、龙眼等。

2. 压条方法

(1)低压法　低压法又分为普通压条、堆土压条、波状压条和水平压条。普通压条是最常用的一种方法,适用于枝条离地面近,并易于弯曲的树种。方法是先挖 10～25 cm 深的浅沟,将一年生或二年生枝引入沟内覆土压埋,顶稍露出地面,并将埋入土中的枝条刻伤,以促生根。枝条弯曲时注意顺势,不要硬压。如果

用枝杈勾住枝条压入土中,效果较好。待其被压部位在土中生根后,再与母株分离。这种方法多用于母株四周有较大空间的情况下。对于枝条细长柔软的树种,可将整个枝条平压土内,使其各个节间都能形成新的植株,如迎春、连翘等常用此法。对于一些蔓生树种,可将枝条平压于地面,在各节间上压土成波浪形,可提高繁殖数量(图 2-9)。

(2)高压法　又叫空中压条法。凡枝条坚硬不易弯曲或树冠太高枝条不能弯到地面的树枝,可采用高压繁殖,如桂花、荔枝、山茶、米兰、龙眼等。一般在生长期进行。压条时先进行环剥或刻伤等处理,然后用疏松、肥沃土壤或苔藓、蛭石等湿润物敷于枝条上,外面用塑料袋或对开的竹筒等包扎好。注意保持袋内土壤湿度,适时浇水,生根成活后剪下定植(图 2-10)。

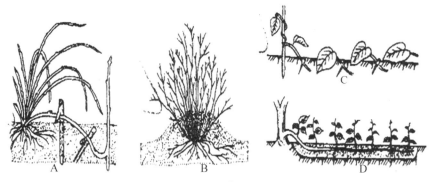

图 2-9　压条育苗

A. 普通压条　B. 堆土压条　C. 波状压条　D. 水平压条

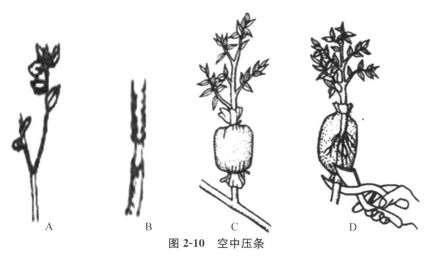

图 2-10　空中压条

A. 选枝条　B. 环状剥皮　C. 套上塑料袋并填充湿润物,两端扎紧　D. 待生根后剪下

3. 埋条繁殖

埋条繁殖是将剪下的 1 年生生长健壮的发育枝或徒长枝全部横埋于土中，使其生根发芽的一种繁殖方法。实际上就是枝条脱离母体的压条法。

埋条后应立即灌水，保持土壤湿润。生根前每隔 5～6 天灌一次水。生根之前，经常检查覆土情况，扒除厚土。埋入的枝条一般在条子基部较易生根，而中部以上生根较少但易发芽长枝，因而造成根上无苗、苗下无根的偏根现象。当幼苗长至 10～15 cm 高时，结合中耕除草，于幼苗基部培土，促使幼苗新茎基部发生新根。待苗高长至 30 cm 左右时，即进行间苗。当幼苗长至 40 cm 左右时，腋芽开始大量萌发，应及时除蘖，同时结合施肥、培垄，将肥料埋入土中，以后每隔 20 天左右追施人粪尿一次，直到雨季到来之前。后期停止追肥，促使枝条木质化，安全越冬。

2.3.4 分株繁殖育苗

1. 分株繁殖及其特点

分株是利用某些树种能够萌生根蘖或灌木丛生的特性，把根蘖或丛生枝从母株上分割下来，进行栽植，使之形成新植株的一种繁殖方法。臭椿、刺槐、黄刺玫、枣、珍珠梅、玫瑰、蜡梅、紫荆、紫玉兰、金丝桃等能在根部周围萌发许多小植株，本身带有根系，分割后栽植易成活。

2. 分株时间

主要在春、秋两季进行。此法多用于花灌木的繁殖，要考虑到分株对开花的影响。一般春季开花植物宜在秋季落叶后进行，秋季开花植物应在春季萌芽前进行。大丽菊、美人蕉、丁香、蜡梅、迎春等春季分株，芍药分株宜在 9 月中下旬至 10 月上中旬。

3. 分株方法

(1)灌丛分株　将母株一侧或两侧土挖开，露出根系，将带有一定茎干(一般 1～3 个)和根系的萌株带根挖出，另行栽植。

(2)根蘖分株　将母株的根蘖挖开，露出根系，用利斧或利铲将根蘖带根挖出，另行栽植。

(3)掘起分株　将母株全部带根挖起，用利斧或利刀将植株根部分成有较好根系的几份，每份地上部分均应有 1～3 个茎干。

2.3.5 植物组织培养育苗

1. 植物组织培养育苗的特点

园林植物的组织培养一般是指应用无菌培养的方法，在适当条件下，培养植物的一个离体部分(组织或细胞)而使其生长发育形成植株的技术。它有以下优点。

(1)无性繁殖　组织培养是通过体细胞分化增殖的，可以保持原有品种的优良性状，形成整齐一致的无性系。对一些生产上难以进行常规无性繁殖的植物或者至今完全不能进行无性繁殖的植物，在组织培养的特殊条件下能进行无性繁殖。

(2)扩繁速度快　组织培养是在人工控制的环境条件下进行的，植物生长发育、组织器官的分化与脱分化所需要的营养物质及生长激素都能得到满足。因此，比传统的无性繁殖要快得多。只要从优良母株上取下一小块组织，在合适的条件下，经过离体培养，在一年内就可以繁殖出成千上万的新植株，可以扩大和加速良种选育和鉴定的速度。

(3)节省土地　组织培养的材料是放在透明的容器中培养的，因此可以充分利用空间。通常 30 m² 培养室可以摆放 1 万多个培养容器，同时繁殖几万株苗，而且周期短，周转快，可以周年生产。

(4)脱毒　通过脱除病毒与快繁技术相结合，可以加速发展脱毒植株，减轻园林苗圃病害的危害程度。

缺点：操作繁杂，要求有一定设备条件及试验基础，试验阶段成本较高。

2. 组织培养的基本条件

园林植物组织培养技术的基本条件是在无菌状态下将植物组织培育成植株。因此要有相应的设施设备、药品，并需要专业技术人员。一般来讲，园林苗圃的植物组织培养室要达到年培养组培苗 30 万株左右的规模，其基本条件有以下 4 个方面。

(1)准备室　器具的洗涤、干燥、保存，培养基的配制和分装、消毒等作业都在准备室进行。因此水、气、电的装置都要便于作业的进行。准备室的面积一般在 30 m² 左右。

(2)无菌室　用于植物的分离、接种、培养体的移植等。无菌室要求能长时间维持无菌状态，并且能适于长时间工作。出入口要设置前室、双重门，室内空气的净化性能要高，室内能调节温度，出入口和通气口以外要保持密闭性。无菌室面积在 20 m² 左右，可安装超净工作台或接种箱，以及其他接种设备。

(3)培养室　是培养材料生长发育的场所。要充分考虑温度、湿度、光照和空气等因素对培养体生长的影响,并且要求在无菌条件下进行培养。培养室温度一般控制在 20～27℃,温度变化大而无规律易遭杂菌污染,相对湿度在 70%～80%,光源可使用荧光灯或普通日光灯,光强为 1 000～3 000 lx,光照时间大多是连续照光或 16 h 照明。

(4)培养基配制 组织培养和整体植物在营养上的主要区别是它的异养性,整体植物只需要无机营养,而组织培养则需另外供给 C 源和许多有机养料。各种植物以及同一植物的不同器官和材料进行培养时对无机养料的要求也略有区别,甚至在培养过程中也发生变化。因此,在培养过程中随着组织和细胞分化发育的进展,正确选用培养基,及时调整培养基中的某项成分(转换培养基)是成功的关键之一。

3. 培养基的配制

(1)材料的选用 一般常用作快速繁殖的材料有鳞茎、球茎、茎段、茎尖、花柄、花瓣、叶柄、叶尖、叶片等,它们的生理状态对培养时器官的分化有很大影响。一般来讲,发育年幼的实生苗比发育年龄老的成年树容易分化,顶芽比腋芽容易分化,萌动的芽比休眠的芽容易分化,采用大树基部的萌蘖有利于芽的诱导和分化。此外可以用未成熟的种子、子房、胚珠及成熟的种子为材料,剥去种皮经过胚胎培养,打破休眠得到试管苗后,再进行快速繁殖。

(2)外植体的消毒与接种 将接种材料用自来水冲洗干净,擦干。然后,在超净台上或接种箱内,将接种材料浸在饱和漂白粉上清液里,作表面灭菌 15～30 min,也可用 0.1%升汞溶液加适量吐温,作表面灭菌 8～12 min。灭菌时间快到时,即倾去灭菌溶液,用无菌水涮洗多次,然后用无菌纱布吸干接种材料外部的水分,最后在无菌的条件下接种在培养基上以待器官分化。

(3)芽的分化 接种后,要使材料分化出许多芽,必须对培养基及激素的种类和浓度进行严格筛选。在诱导芽的分化过程中,常用的基本培养基为 MS 培养基,适当降低 MS 培养基中无机盐的浓度,特别是降低氮素水平,对芽的分化和生长都是有利的。

另外,也可将接种材料置在含高浓度生长素的培养基上,先诱导材料脱分化形成愈伤组织,然后诱导愈伤组织再分化形成不定芽或胚状体,继续培养后萌发成为小植株。也可以将愈伤组织打散,再进行液体转化培养,促进胚状体、芽和原球茎的分化,这样可使愈伤组织细胞同时分化出大量的原球茎和胚状体,大大

加速无性系繁殖的速度。但是用这种方法所繁殖的植物,染色体倍性容易发生变化,影响无性系后代的一致性。

(4)根的诱导 要促使试管苗生根,常用的有两种方法:一种是把试管苗在无菌条件下从叶腋处剪下来,转移到生根培养基上。生根培养基和分化培养基的差别主要在于生长素和细胞分裂素的比例上,适当增加生长素的浓度,不用细胞分裂素或极少量的细胞分裂素,一般在茎的基部就能分化出根。但是不同的植物诱导生根时所需要的生长素的种类和浓度是不同的。一般常用的有吲哚乙酸、萘乙酸、吲哚丁酸 3 种。在生产实践中,生长素浓度过低不利于试管苗生根,而生长素浓度过高时,先在茎的基部形成一块愈伤组织,而后再从愈伤组织上分化出根,但是这样茎与根之间维管束往往连接不好,影响了物质和水分的吸收和运输,这种苗移栽不易成活,即使成活后生长速度也较慢,所以要求生长素的浓度以能使伤口处直接生长出根为合适。另一种方法是将无菌苗剪下后,浸泡在含有一定浓度生长素的无菌水中,几小时后再接种到无激素培养基上,一般 1 周后即开始分化出根原基,2～3 周后根生长良好即可移栽。

4. 接种及试管苗的管理

(1)接种 在超净工作台前将植物材料接入培养基中即可。具体做法:左手拿试管或三角瓶,用右手轻轻取下包头纸,将容器口靠近酒精灯火焰,瓶口倾斜,以防空气中的微生物落入瓶中,瓶口外部在火焰上燎数秒钟,固定瓶口灰尘,用右手的小指和无名指慢慢取出瓶塞(以防气流冲入瓶中造成污染),将瓶口在灯焰上旋转灼烧,然后用消毒的镊子将外植体送入瓶中,将瓶塞在火焰上旋转灼烧数秒钟,塞回瓶口,包好包头纸,做好标记即可。

植物组织培养受温度、光照、培养基的 pH 等各种环境条件的影响,培养基需置于严格控制的环境中,温度在(25±2)℃,湿度在 60%～80%,光照 10～16 h,光照强度,小苗要小,大苗要大,变动在 1 500～10 000 lx,必要时通风,但换入的空气需无菌。

(2)试管苗的管理 由外植体上生芽并使其增殖是快速繁育苗木的关键之一。为扩大增殖系数,当诱发的芽长度大于 1 cm 时,切下转入生根培养基中,对剩下的新梢切成若干段,转入增殖培养基中,培养一段时间,再选取大的进行生根培养,剩下的再切成小段转

入增殖培养。

5. 炼苗与移栽

当试管苗长出白根后尚未老化之前,应打开瓶塞放在散射光处锻炼 3～4 天,然后取出幼苗用温水将琼脂冲洗掉,移栽到无菌的沙性土壤中。组培苗对基质的要求较高,基质必须严格消毒。基质的成分一般以砻糠灰(炭化稻壳)、河沙、泥炭、珍珠岩或蛭石为材料,移苗应根据不同的园林苗木材料运用以上不同的基质材料的不同配比,制成无菌的基质。移栽时要注意别伤根并使其处于伸展状态,浇透水后,用塑料薄膜覆盖,保持空气的相对湿度在 90% 以上,温度在 25℃±5℃,勿使阳光直晒。过 1 周后,注意逐渐通气及浇灌适量的水,幼苗即能成活。试管苗成活后,再移至苗圃的幼苗池中进行培养,待壮苗后移至大田栽培。

2.4 大苗的培育

大苗是指经过移植、修剪整形和多年培育,达到园林绿化要求的大规格苗木。在苗圃中精心培育出的大苗,生长健壮、冠形好、根系发达。由于园林绿化环境复杂,选用大苗可收到立竿见影的效果,很快满足绿化防护、美化功能、观赏需要;并且大苗有利于抵抗一些不良影响(人为干扰破坏、土壤、空气、水源的严重污染、建筑密集拥挤等);大规格苗木本身抵抗自然灾害(严寒、干旱、风沙、水涝、盐碱等)能力较强。

2.4.1 苗木移植的意义

(1)扩大了苗木地上、地下的营养面积,改变了通风透光条件。

(2)移植能促进须根的发展,根系紧密集中,利于苗木生长,可提前达到苗木出圃规格。

(3)通过合理的整形修剪,人为调节了地上与地下生长平衡。淘汰了劣质苗,提高了苗木质量。苗木分级移植,使培育的苗木规格整齐,枝叶繁茂,树姿优美。

2.4.2 移植的次数与密度

1. 移植次数

园林苗圃培养成品大苗所需的移植次数,要视培育苗木的规格和树木生长速度而定。培育大规格苗木要经过多年多次移植,培育小苗则移植次数少;生长快

的苗木移植次数少,生长慢的苗木移植次数多。园林绿化的阔叶树种,一般苗龄满一年后进行移植,培育 2～3 年后,苗龄达 3～4 年,即可出圃。若对苗木规格要求更高,则要求进行 2～3 次移植,移植间隔通常 2～3 年。对于生长慢的树种,苗龄满 2 年后进行移植,以后每 3～5 年移植一次,苗龄达 8～10 年,甚至更长时间方可出圃。采用设施栽培密集扦插的扦插苗,根系发育较好后即进行第一次移植,移植次数比上述移植多一次。

2. 移植密度

移植密度主要取决于苗木生长速度、气候条件、土壤肥力、苗木年龄、培育年限以及抚育管理措施等。总的原则是在保证苗木有足够营养面积,能培育出良好干形和冠形的前提下,尽量合理密集,以提高产苗量,充分利用土地,减少抚育成本。因此,移植密度应重点考虑培育目的和培育年限。

2.4.3 移植的方法与抚育

1. 移植方法

(1)穴植法 人工挖穴栽植,成活率高,生长恢复快,但工作效率低,适用于大苗移植。条件允许可采用挖坑机。

(2)沟植法 按行距开沟,将苗木按照一定的株距,放入沟内,填土,踏实,顺行向浇水。适于移植小苗。

(3)孔植法 按行、株距画线定点,在点上用打孔器打孔,深度同原栽植相同或稍深一点,把苗放入孔中,覆土。要有专用的打孔机。及时浇水,扶直扶正苗木或采取一定措施固定,回填一些土。松土除草,追施少量肥料,及时防治病虫害,修剪一次定树形。

2. 抚育方法

(1)灌溉与排水 苗木移植初期,应及时进行灌溉。第一次浇水必须浇透,至坑内或沟内水不在下渗为止。第一次浇水后,隔 2～3 天再浇一次水,连灌 3 遍水,以保证苗木成活。苗圃灌水方式有漫灌、浸灌、喷灌、滴灌等,其中漫灌是苗圃地经常采用的浇水方法。灌水应掌握重点浇透、时干时湿的原则。一个生长季即将结束时,要选择适当的时期停止灌溉,停的过早影响苗木生长,过晚会降低苗木抗寒、抗旱性。适宜的停灌期,因地因树种而异,对多数苗木而言,以霜冻到来之前 6～8 周为宜。雨季排水是苗圃非常重要

的工作,培育大苗的地块一般较平整,在雨季容易受到水涝危害,尤其在南方降水量大的地方。排水首先要做好排水设施,提前挖好排水沟,使过量的水能够及时排走。

(2)喷水与遮阳 常绿树种移植时,为了保持其冠形,一般的地上部分较少修剪,这样就容易造成地上部分与地下部分的消耗与供给不平衡。移植时虽然已经尽可能多带和保留原有根系,但是要保持树冠对水分的需求,就必须经常往树冠上喷水,这样维持一段时间后,地上与地下部分才能逐渐平衡,使移植成功。

遮阳能降低日光对育苗地的辐射强度,使移植苗免遭日灼之害,降低死亡率;遮阳能减少土壤水分的蒸发,节省常绿树种移植苗树冠喷水次数。但是过多光照不足,会影响苗木光合作用强度,使苗木组织松软、含水量提高,降低苗木质量;遮阳过多还会使苗小细弱,根系生长差,容易引发病虫害。遮阳所需的费用往往会增加育苗成本,因此只在一些特使情况下才采用。常绿树种在生长季移植后,为了防止强烈的日光直射,一般在南、西方向采用搭遮阳网的方法来减少树冠水分蒸腾,待恢复到正常生长,逐渐去掉遮阳网;中小常绿苗成片移植可全部搭上遮阳网,浇足水,过渡一段时间后逐渐去掉,也可在阳光强的中午盖上,早晚打开。

(3)扶正与补植 移植苗第一次浇水或降雨后,容易倒伏露出根系。因此,移植后要经常到田间观察,出现倒伏及时扶正、培土踩实,不然会出现树冠长偏或死亡现象。扶苗时应视情况挖开土壤扶正,不能硬扶,以免损伤树体或根系。扶正后,整理好地面,培土踏实后立即浇水。苗木移植后,会有少量的苗木因为不同的原因而不能成活,因此,移植后一两个月要检查苗木成活状况,将不能成活的苗木挖走后补植,以有效利用土地。

(4)覆盖 苗圃管理可以采用覆盖的方式,主要有覆盖地膜或杂草、秸秆、割盖绿肥等。

(5)中耕除草 移植苗一般在大田中育苗,中耕是苗木生长期间对土壤进行的浅层耕作。每当灌溉或降雨后,待土壤稍干后就可以进行。杂草是影响苗木生长,同时也是病虫害发生的根源。除草工作是在苗木抚育管理工作中耗费时间最长,使用人工最多的一项工作。除草不能选在阴雨天进行,一般在晴天太阳直晒时为好。除草可以用人工除草、机械除草和化学除

草。中耕和除草往往结合进行,这样可以取得双重效果。

(6)施肥 苗圃施肥合适与否直接关系到苗木生长质量。苗圃中常用的肥料分为有机肥料、无机肥料、生物肥料。苗圃生产中,应在施足底肥的基础上,根据苗木生长的状况、不同阶段以及不同树种,使用不同的肥料。苗木随着苗龄的增加需肥量随之加大,一般来说苗木第二年需要的养分数量是第一年的2~5倍。阔叶树种容易生根,苗木在生长前期吸取的养分多一些,施肥应集中在前半段。针叶树与阔叶树相反,早施肥用途不大,施肥集中在后期利用率会较高。苗圃施肥分为基肥和追肥两种,基肥常由有机肥和部分化肥组成,追肥多以化肥为主。对于移植苗,追肥应该从成活期开始,为了提高苗木对低温和干旱的抗性,应当在霜冻来临前6~8周停止追肥。苗圃追肥常用方法有沟施、撒施、浇灌3种。

(7)病虫害防治 大苗培育的过程中,病虫害防治也是一项非常重要的工作。随着苗木种和品种的增多,栽培体系的多样化,病虫害的发生也逐渐呈现复杂化,给病虫害的防治带来了一定的困难。为了使移植苗圃地的病虫害得以及时控制、消灭,应在移植苗种植前对土壤进行消毒,种植后要加强田间管理,改善田间通风、透光条件,消除苗圃地杂草、杂物。经常巡察,一旦发现病虫害,及时诊断,合理用药。

(8)苗木越冬防寒 苗木移植后,在北方要做一些越冬防寒的工作,以防止冬季低温损伤苗木。苗木的越冬防寒应从提高苗木的抗寒能力和预防霜冻两方面着手。苗木入秋后应及早停止灌溉和追施氮肥,加施磷、钾肥,加强松土除草、通风透光等培育管理,使幼苗在寒冷到来之前能充分木质化,增强抗寒能力。在土壤冻结前浇一次冻水是苗木防寒常见的工作。对冬季风大的地方可设防风障,对一些较小的苗木可用土或草帘、塑料小拱棚等覆盖;较大的易冻死的苗木可缠草绳防冻。

2.4.4 容器育苗

容器育苗是指利用各种容器装入培养基质培育苗木。所得的苗称为容器苗。

1. 容器育苗的优缺点

(1)容器苗根系发育良好,起苗时不伤根,根系失水少,造林成活率高。

(2)可延长绿化植树的时间,不受植树季节的严格限制,便于劳动力的调配,尤适于恶劣环境地区的造林绿化。

(3)节省土地、劳力、种子。

(4)可提早播种,延长苗木生长期,利于壮苗培育。

(5)管理方便,结合塑料大棚育苗,可满足苗木的温、湿、光的需求,培育优质壮苗。

(6)便于机械化操作,不需占用肥力较好的土地。

(7)单位面积产苗量低。

(8)成本高。

(9)营养土的配置和处理等操作技术复杂。

(10)运输不便,运费高。

2. 育苗容器种类

育苗容器又称营养杯,种类很多,常用作营养杯的材料有:泥炭土、纸、塑料薄膜、其他塑料及木制、竹制等。基本分为3种类型。

(1)一次性有壁容器　容器虽有壁,但易于腐烂,填入营养土育苗,移栽时不需将苗木取出,连同容器一同栽植即可,如日本的蜂窝纸杯,也可用废旧报纸做成。

(2)重复使用有壁容器　容器有外壁,选用的材料不易腐烂,栽植时必须从容器中取出苗木,用完整的苗木根系栽植。容器可重复利用,如各种塑料制成的容器。

(3)无壁容器　此种容器本身既是育苗容器又是培养基质。又称营养钵或营养砖。栽植时苗与容器同栽。如稻草-泥浆营养杯(用稻草和泥浆或加入部分腐熟的有机肥做成);黏土营养杯(用含腐殖质的山林土、黄土和腐熟的有机肥制成);泥炭营养杯(用泥炭土加一定量的纸浆为黏合剂制成)。

育苗容器的形状多为六角形、四方形、圆形、圆锥形。我国目前多用塑料袋单体容器杯或蜂窝连体纸杯进行育苗。

3. 营养土的制备

营养土是装在容器里育苗的育苗基质,即培养基,是容器育苗成功与否的关键。材料一般用林中腐殖质土、泥炭土、未经耕种的山地土、磨碎的树皮、稻壳、珍珠岩等。一些国家采用1:1的泥炭和蛭石的混合物,国内营养土的配制多以综合性的肥沃土壤为主要原料,加入适量的有机肥和少量化肥。

通用的配方有。

(1)烧土78%～88%、完全腐熟的堆肥10%～20%,过磷酸钙2%;

(2)泥炭土、烧土、黄心土各1/3;

(3)烧土1/3～1/2,山坡土或黄心土1/2～2/3。

4. 容器的装土、排列与播种育苗

容器育苗的方法包括播种、扦插、移栽。必须使用良种,播种前进行消毒、催芽。要求出苗2～3株。种子播在容器中央,可用沙子、泥炭、营养土进行覆土。播种后先用碎稻草覆盖,再用整稻草覆盖,撤除稻草时仅把上面整的撤掉。

5. 容器苗的灌水与管理

灌水是容器育苗成功与否的关键环节之一,一般使用喷灌。幼苗期水量要足,速生期控制灌溉,促进木质化。喷水与适当干燥交替促进苗木生根,同时进行追肥。灌水不宜过急,水滴不宜过大,灌水方法常采用滴灌或喷灌。

2.5　苗木调查及出圃

2.5.1　苗木调查

1. 苗木调查的目的和要求

为得到精确的苗木数量和质量,需在苗木地上部分停止生长后,落叶树种落叶前,按树种或品种、育苗方法、苗木年龄分别调查苗木产量、质量,为做好生长、调拨、供销计划提供依据。苗木调查要求有90%的可靠性。产量精度要达到90%以上,质量精度要达到95%以上。

2. 调查区的划分

凡是树种或品种、育苗方法、苗木年龄以及育苗的主要技术措施(如播种方法、施肥、灌溉等)都相同的育苗地可划分为一个调查区。同一调查区的苗木要统一编号。

3. 抽样方法

苗木调查一般是抽取有代表性的、小面积的地段作为调查单元,这些小面积地段称为样地。样地按形状分为:方形、线形、圆形,通常又称为样方、样段和样圆。样地的大小取决于苗木密度、育苗方法和要求测量苗木质量和株数的条件。苗木密植的宜小,苗木稀植的宜大;播种育苗宜小,扦插和移植苗宜大;精度要求高或苗木不整齐的宜大,反之宜小。苗木调查所得

到的产量与质量数据,是否代表苗木的实际情况,主要取决于抽样方法和苗木测定的准确程度。目前苗木调查采用的抽样方法有机械抽样法、随机抽样法和分层抽样法。最常用的是机械抽样法。

1)主要调查方法

(1)机械抽样法 先随机确定起始点,然后以相等距离均匀分布各样地。

(2)随机抽样法 自始至终利用随机数表决定样地的位置。

(3)分层抽样法 将调查区根据苗木粗细、高矮、密度等分层因子,分成几个类型组,再分别抽样调查。

2)主要调查方法的优点

(1)调查工作量小。

(2)调查的可靠性大,精度高。

(3)外业结束后很快能计算出调查的精度,精度不够能计算出需补测的样地数量。

4. 苗木产量和质量的调查方法

统计样地的全部苗木数量,同时将有病虫害、机械损伤、畸形、双顶芽等苗木分别记载。园林生产上用的苗木质量分级指标以苗高、地径、根幅、长于5 cm的Ⅰ级侧根数等为主。苗木调查必须用游标卡尺、直尺、钢卷尺测量样地内苗木的地径或胸径、苗高、冠幅、枝下高,记载入表;并对苗木受病虫害、机械损伤程度及干形状况登记备注栏中(表2-6)。

表2-6 苗木调查统计表

调查日期: 年 月

作业区号	树种	苗龄	质量				株数	面积	备注
			苗高	主干高	胸径/地径	冠幅			

调查人:

2.5.2 苗木质量要求及苗龄的表示方法

1. 苗木质量要求

苗木出圃前要进行严格选择,保证苗木质量。选苗时,除根据设计图纸提出的规格要求外,所选苗木还应满足生长健壮、无机械损伤、树形优美和根系发达等壮苗要求。壮苗即优良苗木,表现出生命力旺盛,抗性强,栽植成活率高,生长较快。过去对苗木质量的评价主要是根据苗高、地径和根系状况等形态指标。自20世纪80年代以来,苗木质量评价研究有了较快发展,苗木生理指标和苗木活力的表现指标也是评价苗木质量的重要方面。对于园林苗木,观赏价值也被作为质量评价指标。

1)形态指标

形态指标直观,易操作,生产上应用较多。但只能反映苗木的外部特征,难以说明内在生命力的强弱。壮苗应具备以下形态特征。

(1)根系 根系发达,有较多的侧根和须根,根系有一定长度。

(2)苗干苗冠 苗干粗而直,有与粗度相称的高度,枝条充分木质化,枝叶繁茂,色泽正常,上下均匀。

(3)茎根比 苗木茎根比值较小,高径比值较小,重量大。

(4)外伤 无病虫害和机械损伤。

(5)顶芽 针叶树有发育正常而饱满的顶芽。

2)生理指标

(1)苗木水势 定植后苗木死亡的一个重要原因是苗木水分失调。过去主要以含水量来反映苗木水分状况。目前采用水势评价苗木水分状况。

(2)碳水化合物贮量 苗木栽植后能否迅速长出新根是园林苗木成活及生长表现的关键之一。根的萌发及生长需消耗大量碳水化合物。尤其当苗木碳水化合物贮量不足时,碳水化合物与苗木栽植后的生长表现关系十分密切,成为苗木正常生长的限制因素。

(3)导电能力 植物组织的水分状况以及植物细胞膜的受损情况与组织的导电能力紧密相关。导电能力强,细胞破坏严重。(干旱以及其他任何环境胁迫都会造成植物细胞膜的破坏,从而使细胞膜透性增大,对

水和离子交换控制能力下降，K$^+$离子自由外渗，从而增加其外渗液的导电能力。)通过对苗木导电能力的测定，可在一定程度上反映苗木的水分状况和细胞受害情况，以起到指示苗木活力的作用，也可对越冬贮藏休眠苗木进行苗木病腐和死活的鉴定。

3)根生长活力

其是评价苗木活力最可靠的方法。形态和生理上的各种变化都会在 RGP 上反映出来，从而预测出苗木的成活潜力，准确评价苗木质量。RGP 不仅能反映苗木的死活，更重要的是能指示不同季节苗木活力的变化情况，对于种苗活力大小、抗逆性强弱，选择最佳起苗和绿化时期有重要意义。不足之处在于测定时间较长，一般需 2～4 周。但作为苗木活力测定的基准方法，用于科研及生产上仲裁苗木质量纠纷非常有用。

2. 苗木年龄表示方法

一般以苗木主干的年生长周期为计算单位。即每年以地上部分开始生长到生长结束为止，完成 1 个生长周期为 1 龄，称 1 年生。完成 2 个生长周期为 2 年生。依此类推。移植苗的年龄包括移植前的年龄。

(1)播种苗　用 2 个数字表示，中间用"—"分开，前一个数字表示总年龄，后一数字表示移植次数。例如:雪松苗(1—0)，即雪松 1 年生播种苗，未移植。

(2)扦插苗　用 2 个数字表示，如毛白杨插条苗(2—1)，即 2 年生毛白杨扦插移植苗，移植 1 次。

(3)截干苗　用分数式表示，分子为苗干的年龄，分母为苗根的年龄。如毛白杨埋条苗(1/2—1)，即毛白杨埋条移植苗，1 年生的干，2 年生的根，移植 1 次。

(4)嫁接苗　用分数表示，分子为接穗年龄，分母为砧木年龄。如广玉兰嫁接苗(2/3—1)，即广玉兰嫁接移植苗，接穗为 2 年生，砧木为 3 年生，移植 1 次

2.5.3　苗木出圃

掘苗时要保证苗木根系范围约为树木胸径的 10 倍左右，灌木根系为树高 1/3 左右。掘苗时间要与植苗绿化季节、劳力配备及越冬安全等情况相配合。除雨季绿化用苗随起随栽外，多在秋季苗木停止生长后和春季苗木萌动前起苗。掘苗方法及土球打包方式参见第 4 章。

【知识拓展】

1. 花木繁殖技术

http://www.xbmiaomu.com/miaomuzhishi/list.php? catid=876

2. 压条繁殖

http://www.xbmiaomu.com/zaipeizhishi47101/

3. 容器育苗技术

http://www.xbmiaomu.com/miaomuzhishi/list.php? catid=1062

【复习思考题】

一、名词解释

播种繁殖　营养繁殖　形态成熟　播种量　分株繁殖　压条繁殖

二、简答题:

1. 如何选择苗圃地?

2. 试简述不同种类种子的调制方法。

3. 在种子贮藏期间，影响种子生活力的因素有哪些?

4. 简述种子检验的内容与方法。

5. 播种繁殖的优缺点有哪些?

6. 如何做好播种幼苗的管理?

7. 组织培养育苗的基本条件是什么?

8. 营养繁殖有哪几类? 各自有何特点?

9. 园林育苗中常用的芽接方法有哪些? 各有何特点?

10. 园林育苗中常用的枝接方法有哪些? 各有何特点?

11. 怎样做好嫁接苗的嫁接后管理?

12. 如何提高嫩枝扦插成活率?

13. 压条繁殖有哪些方法?

14. 容器育苗的优缺点有哪些?

15. 苗木移植的意义是什么? 移植的方法有哪些?

16. 苗木调查的方法和意义有哪些?

17. 掘苗的技术要求有哪些?

【知识要点】本章主要介绍园林树种的选择与配置的基本理论，园林树木生长的局部环境类型及特征，适地适树的原理及意义，园林树种的选择基本原理，园林树木种植点的配置方式，栽植密度与树种组成。

3.1 树木生长的局部环境类型

城市的热量平衡与水分平衡特征是城市气候形成的物理基础。城市土壤条件的差异受自然地理因素的影响外，主要受土建、交通运输、废物排放及其他人为活动的严重干扰。因此，由于城市各种因素的特性和分布的不均匀性，使城市的不同区域和部位形成了明显差异的局部环境条件。因城市绿地多种多样，环境也多样，依绿地规模及生态因子对树木生长的影响，可概略地分为以下几种不同的环境类型。

3.1.1 高层建筑中的狭窄街巷绿地

多位于城区的新老商业中心，街道狭窄，建筑物相互遮蔽，接受直射辐射量少，日照时间短；夏季气温偏低，冬季因受周围建筑物热辐射的影响，气温偏高，温差较小；风速一般偏低，但是高层建筑和街道有时会产生狭管效应，使风速增大；街道走向也会影响光照条件。

这些地方裸露土面极少，多为水泥铺装，严重阻碍了土壤与大气的水、气交换，且存在一定程度的环境污染。它是自然环境破坏最彻底的一种人工环境。在这种绿地中，树种多采用窄冠耐阴、抗污染、抵抗多种不良条件又耐粗放管理的小乔木、灌木。如女贞、元宝枫、三角枫、海桐、八仙花、桃叶珊瑚、八角金盘、棣棠、杜鹃等等。

效果良好的高层建筑中绿地能够有效地缓冲、平衡、中和周边大型建筑群形成的风、光、热污染，净化空气，提升整个区域的环境品质。作为"钢筋混凝土森林"中宝贵的"绿洲"(图 3-1)，能够满足公众渴望亲近自然的心理需求。

图 3-1　高层建筑中的狭窄街巷绿地

以融创北京·壹号院项目为例，由于项目基地不大，容积率高，该项目采用非常规整的植物种植手法，植物配置遵循极简主义原则，将小空间分解成不同花园空间，用不同高低的修剪灌木做植床，再将直线条灌木搭配不同叶片形态的宿根花卉，丰富的颜色对比，从而在中高层空间用丛生小乔木丰富中下层空间，如此通过植物高低层次，给高层建筑中的狭窄街巷绿地创造一片清新的环境，给观赏者带来不同的竖向景观视觉感受(图 3-2)。

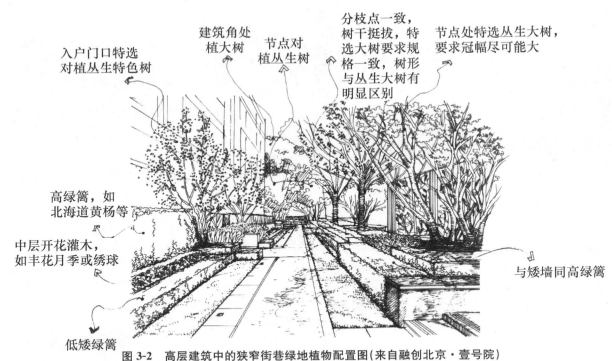

入户门口特选
对植丛生特色树

建筑角处
植大树

节点对
植丛生树

分枝点一致，
树干挺拔，特
选大树要求规
格一致，树形
与丛生大树有
明显区别

节点处特选丛生大树，
要求冠幅尽可能大

高绿篱，如
北海道黄杨等

中层开花灌木，
如丰花月季或绣球

与矮墙同高绿篱

低矮绿篱

图 3-2　高层建筑中的狭窄街巷绿地植物配置图（来自融创北京·壹号院）

3.1.2　宽阔的街道与广场绿地

主要位于街道两旁的绿地、街心花园、广场、林荫道、装饰绿地、桥头绿地，以及一些未绿化而覆盖沥青、水泥、砖石的公共绿地和停车场等（图 3-3）。这类绿地内气温要比其他类型的绿地高、相对湿度小；阳光充足，蒸发蒸腾耗能少，储热量大，在盛夏温度最高；风速与邻区近似或略小。这些地段裸露的土壤表面少，通透性差；有一定程度的烟尘污染。其自然环境破坏较严重。这类绿地应选择耐旱耐高温的树种，做到乔、灌、草相结合，并在抚育管理上注意抗旱、防日灼等。

行道树作为街道绿地中重要的绿化形式能够很好地发挥道路绿地减噪、降低有害气体浓度等生态功能以及其他功能。由于街道绿地的土壤贫瘠，再加上汽车尾气中各种有害的气体，种种人为的机械损伤和上下管网线的限制等，均不利于植物的生长。因此必须选择能在此环境下正常生长的树木。选择中应注意以下几点。

（1）选择生长稳定、观赏价值高和环境效益好的植物种类。即选用地带性、适应性和抗病虫害能力强、树龄长、成活率高的树种。

图 3-3　宽阔的街道与广场绿地

（2）选择深根系、树干通直、分枝点高、树姿端正、冠大荫浓、生长健壮、耐修剪的树种，且花果无异味、无飞絮、无毛，落果不会对行人造成危害的树种。

（3）花灌木选择花繁叶茂、花期长、生长健壮便于管理的树种。绿篱植物和观叶灌木选用萌芽力强、枝繁叶茂、耐修剪的树种。

（4）地被植物选择茎叶茂密、生长势强、病虫害少和管理省工的木本和草本观叶、观花植物。

3.1.3　建筑绿地

建筑绿地一般为房屋建筑之间的小块绿地，包括工厂、机关、文教、卫生、房屋建筑附近的小游园、小公园、公共庭院等（图 3-4）。这类绿地因有建筑及部分地面铺装等，日照时间较短，光照条件较差，接受直接辐射较少；夏季气温偏低，冬季气温受周围建筑辐射热的影响而偏高，年温差较小；其风速也有所减弱。这类绿地因暴露的土壤面积较大，通透性稍好，但因建筑垃圾、灰渣较多，土壤污染，pH 一般偏高。同时由于行人踩踏，地基较深，土壤排水有时不畅。这种绿地应选择耐土壤紧实，有一定抗污染能力的树种。

3.1.4　公共绿地

公共绿地是城市中向公众开放的、以游憩为主要功能，有一定的游憩设施和服务设施，同时兼有健全生态、美化城市、防灾减灾等综合作用的绿化用地。它是城市建设用地、城市绿化系统和城市市政公用设施的重要组成部分，是表示城市整体环境水平和居民生活质量的重要指标。包括综合公园、社会公园、专类公园、带状公园和街旁绿地（图 3-5）。公共绿地一般有较多的植物覆盖、睡眠和裸露的土面。这些地区面积大小不一，这类绿地的光照条件较好，蒸发量与蒸腾量较大；裸露的土面较大，土壤条件较好；空气湿度较高；因建筑辐射少，冬夏温度偏低。但因游人踩踏，土壤仍比较结实，环境也受污染的影响，自净能力较弱，基本上属于半自然状态。这类绿地树种选择较多，但仍要注意选择耐土壤紧实、抗污染的树种。

图 3-4　建筑绿地植物

图 3-5　公共绿地

3.1.5　特用绿地

此类绿地一般指防护绿地，是指城市中具有卫生、隔离和安全防护功能的绿地。包括卫生隔离带、道路防护绿地、城市高压走廊绿地、防风林、城市组团隔离带、水土保持林、水源涵养林等（图 3-6）。此类用地的功能是对自然灾害和城市公害起到一定的防护或减弱作用。此类绿地内的光照条件好，蒸发蒸腾作用强，空气湿度较大，土壤侵入体较少，基本上属于自然化的土壤，适生的树种较多。

图 3-6　特用绿地

3.1.6　风景区或森林公园

　　此类绿地一般位于郊区,是受城市影响很小,生态、景观、旅游和娱乐条件较好或亟待改善的区域,植物覆盖较好、山水地貌较好的区域(图 3-7)。这些绿地对城市生态环境质量、居民休闲生活、城市景观与生物多样性保护有直接影响。风景区或森林公园交通方便,多为风景名胜和疗养胜地,具有大面积风景优美的森林和开阔的水面,无论是热量平衡还是水分循环都表现出自然环境的特点。这类绿地的气温明显低于市区;空气湿度较大;土壤层次清楚,腐殖质丰富,结构与通透性较好,在较大程度上保留了天然植被。这类绿地适生树种较多,可根据园林景观的需要决定取舍。

图 3-7　风景区或森林公园

3.2　园林树种的选择

3.2.1　树种选择的意义与原则

1. 树种选择的意义

　　在园林绿化事业中,树种选择适当与否是造景成败的关键之一。树种选择得当,立地或生境条件能够满足它的生态要求,树木就能旺盛生长,稳定长寿,不断发挥其功能效益;反之,如树种选择不当,栽不活或成活率低且生长不良,价值低劣,浪费人力和资金。如果选择树种正确,配合必要的栽培管理措施,就会基本获得成功;如果选择不当,其栽培管理措施没有及时跟上,结果就是年年造林不见林,岁岁栽树难见树。残存下来的树木,不是枝枯叶黄,就是未老先衰,落花落果,不能满足景观要求。园林树木栽植与养护是一项长期性的工作,树木是多年生木本植物,不像一、二年生植物可以随时更换,也不像树木和果树栽培那样,只占其生命周期的一个有限阶段,而是要长期发挥效益。在某种意义上讲,树木越老,价值越高。因此,栽培树种的选择,可以说是"百年大计",甚至是"千年大计"的开端,必须予以认真对待。

2. 园林树种选择的主要原则

园林树种的选择,一方面要考虑树种的生态习性,另一方面要使栽培树种最大限度地满足生态与观赏效应的需要。前者是树种的适地选择,后者则是树种的功能选择。这两个方面的紧密结合,体现了"生物与效应兼顾"的精神。园林树种选择的主要原则为以下4种。

1)适地适树原则

即所选的树种要最能适应栽植地点的立地条件(包括气候、地形、土壤、水文、生物、人为因子等)。各种园林树木在生长发育过程中,对光照、水分、温度、土壤等环境因子都有不同的要求。在进行园林树木配置时,只有满足园林树木的这些生态要求,才能使其正常生长、健壮和保持较长时间的稳定,才能充分地表现出设计意图。根据园林绿地的生态环境条件,选择与之相适应的园林树木种类,使园林树木所要求的生态习性与栽植地点的环境条件一致或基本一致,做到因地制宜、适地适树。只有做到适地适树,才能创造出相对稳定的人工植被群落。

2)目的性原则

所选择的树种要满足主要栽植目的(如观赏、防风、遮荫、净化等要求)。在进行园林树木配置时,还应从园林绿地的性质和功能来考虑。如为了体现烈士陵园的纪念性质,就要营造一种庄严肃穆的氛围,在选择园林树木种类时,应选用冠形整齐、寓意万古流芳的青松翠柏。在街道绿化中行道树的主要功能是庇荫减尘、组织交通和美化市容。为满足这一具体功能要求,在选择树种时,应选用冠形优美、枝叶浓密的树种。城市综合性公园,从其多种功能出发,应选择浓荫蔽日、姿态优美的孤植树和花香果佳、色彩艳丽的花灌丛,还要有供集体活动的大草坪,以及为满足安静休息需要的疏林草地和密林等。总之,园林中的树木花草都要最大限度的满足园林绿地的实用功能和防护功能上的要求。

3)经济性原则

应考虑以最经济的手段获得最大的效果(如考虑苗木的来源和成本等)。在园林树木中很难找到完美

的树种,几乎每个树种在一个特定的环境及管理条件下都有它的优点和缺点,因此选择树种时要考虑它的预期功能与管护成本的关系。例如,有些树种生长过快需频繁修剪;有些树种对水分要求过高,需经常灌溉;有些树种极易遭受病虫害的危害而防治工作量大;而有些树种其木质部强度较低,容易受到损伤而必须加强管护等。因此不同种类的组合与今后必须投入的养护费用有密切的关系,如果经费上不能保证,那么宁可舍弃那些今后必须投入大量人力来进行养护管理的树种,而改选具有相似美学特性的易护理树种,如此才能确保园林群落的稳定、并发挥预期的功能。可以适当选用一些经济价值高的树种,如果品、药材、油料、香料等产品。

4)艺术性原则

园林融自然美、建筑美、绘画美、文学美等于一体,是以自然美为特征的一种空间环境艺术。在园林树种选择时,不仅仅要满足园林绿地实用功能上的要求,取得"绿"的效果,而且应按照艺术规律的要求,给人以美的享受,在植物树种的种类选择时,应注重确定基调树种和配调树种,以获得多样统一的艺术效果。

应首先确定1~2种树种作为基调树种,使之广泛分布于整个绿地。同时,还应选择各分区的主调树种,以形成不同分区的不同风景主体。如杭州花港观鱼公园,按景色分为五个景区,在树种选择时,牡丹园景区以牡丹为主调树种,杜鹃等为配调树种;鱼池景区以海棠、樱花为主调树种;大草坪景区以合欢、雪松为主调树种;花港景区以紫薇、红枫为主调树种等;而全园又广泛分布着广玉兰为基调树种。这样,全园因各景区主调树种不同而丰富多彩,又因基调树种一致而协调统一(图3-8)。

(1)注意选择不同季节的观赏植物构成具有季相变化的时序景观。植物是园林绿地中具有生命活力的构成要素,随着植物物候的变化,其形态、色彩、景象等表现各异,从而引起园林风景的季相变化。因此,在树种选择时,要充分利用植物物候的变化,通过合理的布局,组成富有四季特色的园林艺术景观(图3-9)。在主要景区或重点地段,应做到四季有景可赏;在某一季节景观为主的区域,也应考虑配置其他季节植物,以避免一季过后景色单调或无景可赏。如扬州个园利用不同季节的观赏植物,配以假山,构成具有季相变化的时序景观。在扬州个园中春梅翠竹,

配以笋石寓意春景；夏种国槐、广玉兰，配以太湖石构成夏景；秋栽枫树、梧桐，配以黄石构成秋景；冬植蜡梅、南天竹，配以雪石和冰纹铺地构成冬景。这样不仅

春、夏、秋、冬四季景观分明，并把四季景观分别布置在游览路线的四个角落，从而在尺咫庭院中创造了四季变化的景观序列。

图 3-8　植物配置的多样统一效果图

①柔性 LED 灯带　②鹤望兰　③鸡蛋花　④防腐木　⑤护岸石

图 3-9　植物配置季相变化图

①毛杜鹃　②樟树　③园中方塔

（2）注意选择在观形、闻香、赏色、听声等方面的有特殊观赏效果的树种植物，以满足游人不同感官的审美要求。人们对植物景观的欣赏，往往要求五官都获得不同的感受，而能同时满足五官愉悦要求的植物树种是极少的。因此，应注意将在姿态、体形、色彩、芳香、声响等方面各具特色的植物树种，合理的予以配置，以达到满足不同感官欣赏要求的需要（图3-10）。如雪松、龙柏、龙爪槐、垂柳等主要是观其形；樱花、紫荆、紫叶李、红枫等主要是赏其色；丁香、蜡梅、桂花、郁香忍冬等主要是闻其香；"万壑松风""雨打芭蕉"以及响叶杨等主要是听其声；而"疏影""暗香"的梅花则兼有观形、赏色、闻香等多种观赏效果，巧妙地将这些植物树种配置于一园，可同时满足人们五官的愉悦要求。

（3）注意选择我国传统园林植物树种，使人们产生比拟联想，形成意境深远的景观效果。自古以来，诗人画家常把松、竹、梅喻为"岁寒三友"，把梅、兰、竹、菊比为"四君子"，这些都是利用园林植物的姿态、气质、特性给人们的不同感受而产生的比拟联想，即将植物人格化了，从而在有限的园林空间中创造出无限的意境（图3-11）。如扬州个园，是因竹子的叶形似"个"而得名。在园中遍植竹，以示主人清逸高雅、虚心有节、刚直不阿的品格。我国有些传统植物树种还寓意吉祥、如意。如个园中将白玉兰、海棠、牡丹、桂花分别栽植于园中，以显示主人的财力，寓意"金玉满堂春富贵"；在夏山鹤亭旁配置古柏，寓意"松鹤延年"等。在进行园林植物树木配置时，我们还可以利用古诗景语中的诗情画意来造景，以形成具有深远意义且大众化的景观效果。如苏州北寺塔公园的梅圃的设计则取自宋代诗人林和靖咏梅诗句"疏影横斜水清浅，暗香浮动月黄昏"的意境，在园中挖池筑山，临池植梅，并且借白塔寺的倒影入池，将古诗意境再现，让人们进入诗情画意之中。

图3-10 植物配置效果图

①变叶木 ②巴西鸢尾 ③防腐木

图 3-11 传统植物配置图
①斩假面处理的中式门边框门 ②中式门洞 ③芭蕉 ④春羽 ⑤鸭脚木 ⑥汀步

3.2.2 适地适树

1. 概念

适地适树就是使栽植树种的特性,主要是生态学特性和栽植地的立地条件相适应,达到在当前技术,经济条件下的较高水平,以充分发挥所选树种在相应立地上的最大生长潜力,以及生态效益与观赏功能。这是园林树木栽培工作的一项基本原则,是其他一切管理工作的基础。在现代植物造景工作中,不但要求栽植立地条件与所选树种相适应,而且要求栽植立地条件与特定树种的一定类型(地理条件、生态型)或品种相适应,所以适地适树的概念也包括适地适类型在内。但是在园林树木栽培中,"树"与"地"的统一是相对的,能动的,"树"与"地"既不可能有绝对的融洽,也不可能永久的平衡。由于环境条件受人类活动的影响,树与地适应程度会发生演变。因此,适地适树是相对的,可变的,"树"与"地"之间的不适应性则是长期存在的。掌握适地适树原则,主要是在树木栽培过程中相互协调"树"与"地"之间的相互关系,变不适为适,变较适为最适,使树木的生长发育沿着稳定的方向发展。如果栽培方法不当,很难发挥树木的生物学与生态学的潜能,甚至导致栽培的失败。

2. 衡量适地适树的标准

(1)生物学标准 即在栽植后能够成活,正常生长发育和开花结果,对栽植地段不良环境因子有较强的抗性,具有相应的稳定性。它是"树"与"地"的适应程度在树木生长发育上的集中表现,一般可用立地指数和其他生长指标进行评价。

(2)功能标准 包括生态效益、观赏效益和经济效益等栽培目的要求得到较大程度的满足。只有在树木正常生长发育的前提下,该标准才适用。如果树木栽植不活,长势弱、根本无法考虑功能效益;相反,若功能标准达不到要求,就失去了园林树木栽培的意义。

3. 适地适树的途径与方法

为了使"地"和"树"基本相适,可以通过两条基本途径。第一是选择,既包括选树适地,也包括选地适树;第二是改造,它包括"改地适树"和"改树适地"。"改地适树"是指通过整地、施肥、混交、客土等措施改变栽培地环境;而"改树适地"是指通过育种改良的方法改变树种的某些特性,使树木与其生长的立地相适应,当然后者是一个长期的过程。

(1)选树适地 基本点是必须充分了解"地"和"树"的特性,即全面分析栽植地的立地条件,尤其是极端限制因子;同时了解候选树种的生物学、生理学、生态学特性,除依靠树木学基本知识外,还可通过一系列调查研究来获得。例如,研究树种的天然分布范围,在野外或树木园观察树种在不同生境的生长表现,有条件的还可进行生理学及生理生态学的研究,以判断树种对特定环境的适应性及抗逆性。在给定了绿化规划区的基础上选择最适于该施工地段的园林树木,而乡土树种应该是首选的对象,另外应注意选择当地的地带性植被组成种类可构筑稳定的群落。

(2)选地适树 在充分调查了解树种生态学特性及立地条件的基础上,充分利用栽植地存在的生态梯度,选择适宜所选树种生长的特定小生境,即树种的生态位与立地环境相符。如对于忌水的树种,可选栽在地势相对较高、地下水位较低的地段;对于南树北移,极低气温是限制因子的树种,可选背风向阳的南坡或冬季主风向有天然屏障的地形处栽植。

(3)改地适树 如果要求在特定的区域栽植具有某特殊性状的树种,而该立地的生态因子又限制了该树种的生长,则可根据树种的要求来改造立地环境。一般通过施肥改变土壤的pH,客引土壤改变原土壤的持水通透性,改造地形来降低或提高地下水位,增设灌排水设施调节水分,或与其他树种混交改变光照条件等措施,来使树种能正常生长。

应该指出的是,改地适树适合用于小规模的绿地建设;除非特别重要的景观,一般园林绿化项目不宜动用大量的投入来改地适树,因为可供选择的树种很多,必然能发现替代的树种从而减少不必要的投资。

(4)改树适地 这是"选树适地"的延伸,属于育种改良的范畴,如通过育种工作增强树种的耐寒性、耐旱性或抗盐性,以适应在寒冷、干旱或盐渍化的栽植地上生长,这是一个漫长的过程,不是某一项园林工程可以实现的。

(5)应用乡土树种 所谓"乡土树种"是指未经人类作用引进的那些树种,乡土树种最适应当地的气候及土壤条件,在各地的乡土树种中都具有较高观赏价值的树种,它们一般无需对土壤做特殊处理。更重要的是"乡土树种"能很好地显示地方特色,从而具有特

殊的栽培价值。应用乡土树种更有利于在城市中创造自然或半自然的绿化景观。

3.3 种植点的配置方式

树木种植点的配置方式多种多样,变化无穷,分类方法上不尽统一。

3.3.1 按种植点的平面配置

1. 规则式配置

这种方式的特点是有中轴对称,株行距固定,同向可以反复延伸,排列整齐一致,表现严谨规整。

(1)中心式配置 多在某一空间中心栽植,如在广场、花坛等地的中心位置种植单株或整体感的单丛。

(2)对称式配置 一般是在某一空间的进出口、建筑物前或纪念物两侧对称的栽植,一对或多对,两边呼应,大小一致,整齐美观。

(3)行状配置 树木保持一定株行距成行状排列,有单行、双行或多行等方式,也称列植。一般用于行道树、树篱、林带、隔障等。这种方式便于机械化管理。列植形成的景观比较整齐、单纯、气势大。列植是规则式园林绿地应用最多的基本栽植形式。列植具有施工、管理方便的优点。

(4)三角形配置 有正三角形或等腰三角形等配置方式。两行或成片种植,实际上就是多行列植。正三角形方式有利于树冠和根系的平衡发展,可充分利用空间。

(5)正方形配置 株、行距相等的成片种植,实际上就是两行或多行配置。树冠和根系发育比较均衡,空间利用较好,便于机械作业。

(6)长方形配置 株行距不等,其特点是正方形配置的变形。

(7)圆形配置 按一定的株行距将植株种植成圆环。这种方式又可分成圆形、半圆形、全环形、半环形、弧形及双环、多环、双弧等多种变化方式。

(8)多边形配置 按一定株行距沿多边形种植。它可以是单行的,也可以是多行的,可以是连续的,也可以是不连续的多边形。

(9)多角形配置 包括单形、复形、多角形、非连续多角形等。

2. 不规则式配置

不规则式配置也称自然式配置,不要求株距或行距一定,不按中轴对称排列,不论组成树木的株数或种类多少,均要求搭配自然。其中又有不等边三角形配置和镶嵌式配置的区别。

3. 混合式配置

在某一植物造景中同时采用规则式和不规则式相结合的配置方式,称为混合式配置。在实践中,一般以某一种方式为主而以另一种方式为辅结合使用。要求因地制宜,融洽协调,注意过渡转化自然,强调整体的相关性。

3.3.2 按种植效果的景观配置

1. 孤植(单株配置)

单株配置的孤立树,无论是以遮阳为主,还是以观赏为主,都是为了突出显示树木的个体美,但必须考虑其与环境间的对比及烘托关系。由于孤植树受光强烈,温、湿变化大,易遭灾害因子的袭击,因此孤植树应以喜光和生态幅度较宽的中性树种为主,一般情况下很少用耐阴树种。

(1)孤植树表现的是树木的个体美,树木的个体美表现在以下几方面。①体型巨大,树冠伸展,给人以雄伟、浑厚的艺术感染,如古银杏、香樟、广玉兰、枫杨、楝树、国槐等。②姿态优美、奇特,如油松、白皮松、华山松、雪松、桧柏、合欢、垂柳、龙爪槐等。③开花繁茂,果实累累,花色艳丽,给人以绚烂缤纷的艺术感染,如梅花、樱花、碧桃、紫薇、山楂、柿树、木瓜、海棠等。④芳香馥郁,给人沁人心脾的美感,如白玉兰、广玉兰、桂花、刺槐等。⑤彩叶醒目,使游人感受色彩丰富的艺术氛围,如乌桕、枫香、红叶李、槭树、银杏等。

(2)孤植树按其功能,有两种类型。①庇荫与艺术构图相结合的孤植树,要求有巨大开展而浓郁的树冠,速生健壮,以乡土树种为好,体姿优美。②纯艺术构图作用的孤植树,体形与树冠大小要求不严格,枝叶分布疏密均可,如水杉、雪松等窄行树冠者也可应用。

孤植树往往是园林植物构图中的主景,在园林中规划位置要突出(图3-12),一般多布置在开朗的大草坪或林中空地的构图重心上;开朗水边或眺望远景的山顶、山坡;桥头、自然园路或溪流转弯处;建筑院落或广场中心等处。

2. 丛植(丛状配置)

由2～3株至10～20株同种可异种的树种较紧密地种植在一起,其树冠线彼此密接而形成一个整体外轮廓线的称为丛植(图3-13)。丛植有较强的整体感,少量株数的丛植也有单独观赏的价值,树丛欣赏的是植物的群体美,所以还要注意植物的个体美。以观赏为主的树丛可将不同种类的乔木和灌木混交,还可以与宿根花卉搭配。树丛还有蔽荫作用,可做主景,可做诱导,也可做配景。蔽荫用的树丛最好采用单纯树丛形式,一般不用灌木或少用灌木配植,通常以树冠开展的高大乔木为宜。而作为构图艺术上主景,诱导与配景用的树丛,则多采用乔灌木混交树丛。

图 3-12 孤植配置图

偶数布置易分割

奇数布置易统一

图 3-13　丛植配置图

树丛配置有以下 4 个基本形式。

(1)2 株配合　树木的配置在构图上应该符合多样统一的原理。两树应既有变化,又能组成不可分割的整体;树木的大小、姿态、动势可以不同,但树种要相同,或同为乔木、灌木、常绿树,动势呼应,距离不大于两树冠直径的 1/2。

(2)3 株配合　3 株配合最好选用同一树种,但大小、姿态可以不同,栽植点不在同一直线上,如果选用两个树种,最好同为乔木、灌木、常绿树、落叶树,其中大中者为一种树,中者距离稍远,小者为另一种树,与大者靠近。

(3)4 株配合　4 株树可分为 3∶1 两组,组成不等边三角形或四边形,单株为一组者选中偏大者为好。若选用两个树种,应一种树 3 株,另一种树 1 株,1 株者为中、小号树,配置于 3 株一组中。

(4)5 株配合　5 株树可以分为 3∶2 或 4∶1 两组,任何 3 株树栽植点都不能在同一直线上。若用两种树,株数少的 2 株树应分植于两组中。

3. 群植(群状配置)

由 20～30 株以上至数百株左右的乔、灌木按一定的生态要求和构图方式栽植在一起称为群植(图 3-14),这个群体称为树群。树群可由单一树种组成亦可由数个树种组成。树群外缘轮廓的垂直投影,长度一般不大于 60 m,长宽比一般不大于 3∶1。树群所表现的是植物的群体美,林冠部分只表现出树冠的部分美,林缘的树木只表现其外缘部分的个体美。因此,对单株树木的个体美要求不严格,但要求从群体外貌上,个体树木要起到应有的作用。树群应选择有足够面积的开阔场地上,如靠近林缘开朗的大草坪上,小山坡上,小土丘上,小岛及有宽广水面的水滨。其观赏视距至少为树高的 4 倍,树群宽的 1.5 倍以上。树群在园林植物配置中,常作为主景或邻界空间的隔离,其内不允许有园路经过。

图 3-14　群植配置图

树群分为两种类型。

(1)单纯树群　由一个树种组成,为丰富其景观效果,树下可用耐阴宿根花卉如萱草、金银花等作地被植物。

(2)混交树群　具有多层结构,水平与垂直郁闭度均高的植物群体。其组成层次至少 3 层,多至 6 层,即乔木层、亚乔木层、大灌木层、小灌木层、高宿根草本层、低宿根草本层。

树群不但有形成景观的艺术效果,而且有改善环境的较大效应。在配置时应注意树群的整体轮廓以及色相和季相效果,更应注意种内与种间的生态关系,必须在较长时期内保持相对的稳定性。群体组合要符合

单体植物的生理生态要求,第一层的乔木应为阳性树;第二层的亚乔木层应为半阴性或阳性树;乔木之下或北面的灌木应为半阴或全阴性的植物;处于林缘的花灌木,有呈不同宽度的自然凹凸环状配置的,但一般多呈丛状配置,自然错落。

4. 篱植(篱垣式配置)

篱垣式配置所形成的条带状树群是由灌木或小乔木密集栽植而形成的篱式或墙式结构,称之为绿篱或绿墙(图3-15)。一般由单行、双行或多行树木构成,虽然行距较小且不太严格,但整体轮廓鲜明而整齐。绿篱宽度或厚度较小,长度不定且可曲可直,变型较多。高度为20~160 cm,甚至210 cm。绿篱的主要功能是组合空间,阻挡视线,阻止通行,隔音防尘,美化装饰

等。但无论以什么功能为主,都应体现绿篱的整体美、线条美、色彩美。绿篱一般由单一树种组成,常绿、落叶或观花、观果树种均可,但必须具有耐修剪、易萌芽、更新等特性。如圆柏、侧柏、紫杉、黄杨、冬青、珊瑚树等。高度在人的视线以下的绿篱一般可以与露地花卉结合成各种花纹,如果是常绿绿篱,冬季也避免荒凉,在欧洲的古典园林中曾大量应用,也可作为花坛的背景或者在边缘起到栏杆的作用。绿篱高度在人的视线以上,则可起到围墙的作用,具有遮蔽功能,在园林中也可以围合出园中园。用开花灌木可种成花篱,如连翘、木槿等,开花时非常显目。用秋色叶的种类做成绿篱,在秋季变成黄色或红色,具有很好的装饰效果。

图3-15　篱植配置图

5. 带状配置(林带即带状树群)

带状配置是较大面积、多株树成长带状的种植。工矿场区的防护带,城市外围的绿化带等均常采用此种配植方式(图3-16)。带状配置所形成的林带,实际上就是带状树群,但垂直投影的长轴比短轴长得多。林带种植点的平面布置可以是规则式或自然式。目前多采用正方形、长方形或等腰三角形的规则式配置。带状配置树种的选择以乔木为主,可单一树种配置,也可乔木、亚乔木或灌木等多种树种混交配置。对树种特性的要求与树群相似。林带的功能主要是防风、滞尘、减噪声和分隔空间、阻挡视线及作为河流和道路两侧的配景,但城郊林带的配置也须注意园林艺术布局,兼有

图3-16　生态防护林

观赏、游憩作用。林带的结构有通风型、疏透型和紧密型。具体采用哪种类型，依其功能需求而定。具有防尘、隔音等为主要目的的林带，应采用紧密结构的林带；若以防风、遮阳为主要目的的林带，则应采用疏透或通风结构的林带。

6. 林植（林分式配置）

林植是较大面积、多株树成片林状的种植，是一种比树群面积大的自然式人工林。一般用于风景区、疗养区、森林公园中配置（图 3-17）。这种配置方式，树木株数较多，可以以不同群落搭配成大的风景林。虽然每个群落的树种组成可以是单一的或者是多样的，层次结构可以是单层的，也可以是多层的，年龄结构可以是同龄的或异龄的，但是在配置时要特别注意系统的生态关系以及养护上的要求。在自然风景区进行林分式配置时，应以营造风景林为主，注意林冠线与林相的变化，林木疏密的变化，林下植物的选择与搭配，种群与种群、种群与环境之间的关系，并应按照园林休憩游览的要求，留出一定大小的林间空地。树种的种植首先要选择当地生长稳定的树种，能做到既不会过早更新，又具有地方特色。树木的密度要根据树种本身情况和当地气候、地形、土壤等条件而定，不可只考虑近期效果而增加以后的养护负担。

图 3-17　林植配置图

7. 散点植

散点植是以单株在一定面积上进行有韵律、节奏的散点种植，有时也可以双株或三株的丛植作为一个点来进行疏密有致的扩展。对每个点不是像独赏树给以强调，而是着重点与点间有呼应的动态联系。这种配置可以形成疏林广场或稀树草地（图 3-18）。若面积较大，树木在相应的面积上疏疏落落，断断续续，有过渡转换，疏散起伏，既能表现树木个体的特性，又能表现其整体韵律，是人们进行观赏、游憩及空气浴和日光浴的理想场所。散点植方式在建筑、广场、湖面、草坪的周围，也有的在自然式道路两侧，庭园的边缘或是某个园林中单独的角落。其造景效果比较自然、松散、潇洒，虽然有时几株树木，也会出现奇妙的景观，给人以深刻的印象，关键是所选择的种类、栽植环境和布局形式。

图 3-18　散点植配置图

3.4 栽植密度与树种组成

3.4.1 栽植密度

在城市绿地中,为了提高景观效果和生态效果,需要有一定的树群和片林分布。每棵树生长的好坏,不但取决于树木本身的生长习性、生态特性,而且取决于种植地条件的变化。在大自然条件、土壤条件处在同等基础时,造成树木在生长过程中光能量吸收、水分的需求、土壤营养获取量的多少,与单位面积土壤上树木株数有关,与树木之间距离远近有关。单位土地面积上栽植树木株数的多少称之为栽植密度。栽植密度同配置方式一样,直接影响树木营养空间的分配和树冠的发育程度。树丛、树群或森林各组成部分的空间布局格局,是树木和环境之间以及树木彼此之间相互作用的表现形式。一定结构的群体都有其本身的形成和发展规律。在各个不同的发展阶段,这种群体结构在外部形态和生理生态上都表现出不同的特征。密度是形成群体结构的最主要因素之一。研究栽植密度的意义在于充分了解由各种密度所形成的群体以及组成该群体的个体之间的相互作用规律,从而进行合理地配置,使它们在群体生长发育过程中能够通过人为措施,形成一个稳定而理想的结构,既能使每一个体有充分的发育条件,又能较大限度地利用空间,使之达到生物、生态与艺术的统一,以满足栽植主要目的的要求。

1. 密度对树木生长发育的影响

树木在不同生长阶段,其生长发育的性状不同,构成的树冠、外冠形态及树群整体外貌均有变化,除去栽培措施、立地环境影响外,栽植密度的变化影响很大。幼树在绿化初期,多处于个体孤立、个体扩展阶段,植株之间的联系不密切,每株树木有自己的营养空间。而随着树龄的增加,植株树冠范围的加速扩展,在栽植密度大的群体中,树木之间的枝条相交或重叠相接,树木之间的部分树冠因光照条件受影响造成冠幅受抑制,树木冠顶因争光出现竞争,同时在竞争中,一部分树木生长因受到抑制,形成林中弱势,而栽植密度小的树群中,相邻树木之间的枝条相交或重叠较晚,枝条伸展有较大的余地,形成的冠幅也较大,叶片量大,光合产物量大,树体生长快。因此,栽植密度不同的群体,树木的平均冠幅就出现了随密度增加而递减的趋势。

密度愈大,树群个体发育停滞愈早,单株个体树冠幅愈小,并处于停滞状态,自然疏枝现象严重,叶幕厚度小,单株叶面积指数由于疏枝而降低。成熟阶段的树木则因为单株生长质量差,影响发育,开花结果量少。密度较小时,冠幅受抑制较小,树冠生长衰退较迟,但群体效益较差,一些树木则由于林冠郁闭晚而失去树高生长的机会。一些林地不规则配置中,树木之间的距离差异大,造成株间距大的一侧树冠大,株间距小的一侧树冠小,形成偏冠。密度适中,既可以促进林分中个体的生长,也有利于发育、开花结果。栽植密度大,树木之间枝叶参差其间,能很好观赏个体效果,多以外貌观赏,而有些树种采取疏植,不但能看到强烈的整体效果,甚至在林分中还能欣赏一些树木的个体美。因此,在人为措施下,控制栽植密度,使树群形成所需要的空间结构,形成既可以满足树木较充分的发育环境条件,同时也能达到树木在绿化、景观及生态上的综合效果。

2. 确定栽植密度的原则

由于密度对树木的作用规律因树种习性、生态环境等变化而变化,因此在配置中确定密度时应考虑以下几条原则。

(1)根据栽植目的确定密度 在园林绿化中,即使同一树种,由于栽植目的不同或发挥的栽植功能不同,往往需要采用不同的栽植密度,形成不同的群体结构。观花、观果类树种的应用中,既有以个体美观赏为主,也有以群体美观赏为主,有时两者结合在一起。一些观花、观果树种在应用以个体美为主时,栽植密度不宜过大,以成年树形的冠径确定栽植密度(满足树冠的最大发育程度),使树冠得到充分的光照条件而展现出花、果的"丰、色、香"及个体树形美的景观效果;以群体美为主时,主要以外貌、色调为主,通过密植,加大密度,也利于林冠轮廓的展现。以防护为主的林分,密度取决于防护目的及防护效果。如防风林带密度要以林带结构的防风效益为依据,要形成无风区,林带宜密,林冠宜密;要形成较大面积的弱风区,以疏透型结构为宜。林带栽植密度不宜过大,枝下高要低些,树冠枝条分布要均匀稍稀。水土保持作用的林群密度要大,因树木生长迅速,覆盖林地,并产生较厚的枯落物层,能起到涵养水源、防止侵蚀的作用。

(2)根据树种的生长、生态习性确定栽植密度 由于树木生物习性不同,影响栽植密度的因素主要有树木生长速度、枝条开展程度及树木对光照需求等因素。树木生长量大，枝条开展，树冠的冠幅大，则栽植密度小，若密度大，会抑制个体的生长，如泡桐、加杨树冠宽大的树形。而树木生长量小，枝条不开展，成抱冠形，树冠的冠幅小，则栽植密度大，若密度小，则造成空间利用不足，如钻天杨、圆柏等窄冠型树木。喜光型树种要求强光型，光照不足会增加树高的徒长，导致树木冠内自然疏枝，叶幕变薄，因此，加杨、柳树、泡桐、悬铃木等树种栽植密度宜小，保证个体的营养空间。耐阴树种要求遮荫条件，密度宜大。若以多树种配置时，宜生长快、大树冠树种与生长慢、窄冠型树种配置，密度可大于单一性阳性树种，小于单一性阴性树种。具体密度视树种本身的生物学、生态学特性决定。

（3）根据栽植环境状况设计栽植密度　栽植环境是影响树木生长快慢的重要因素，好的环境条件有利于树木生长，给树木提供充足的光照、水分、营养，树木生长快，栽植密度宜小；相反，不好的环境条件造成水肥供给不足，树木生长缓慢，栽植密度宜大。

（4）根据绿化经营状况确定栽植密度　在绿化过程中，栽植密度取决于工程效果与经营需求。在施工过程中，为了能够立即获得设计的意图，施工时以加大密度获得景观效果。待密度太大影响抑制树木生长时及时移植或间伐。一些绿化地为贮存苗木，适当密植，待其他地区需要苗木时及时移植。

3.4.2　树种组成

树种组成是指树木群集栽培中构成群体的树种成分及其所占比例。由一个树种组成的群体称为单纯树群或单纯林；由两个或两个以上的树种组成的群体称为混交林。园林树木的群集多为混交树群或混交林。

树种组成不同，形成的群落结构也不同。如以生态特性或生活型（生长型）不一的多种树混交，它们都以在地面以上的不同高度出现，具有明显的分层现象，构成复层林，有时也为单层；而由同一树种组成的单纯树群或单纯林，除少数耐阴树种外，多为单层树群或单层林。此外树种组成不同，同一群体的年龄结构也不相同。由喜光树种组成的群体多为相对同龄树群或同龄林，当然也会因此而表现出不同的层次。具体可分为单层树群或单层林、复层林、同龄树群或同龄林、异龄树群或异龄林。

1. 混交树群或混交林的特点

（1）充分利用空间和营养面积　通过合理的设计，按照不同树种的生物学习性混交，可以利用不同树种的耐阴性、嗜肥性、根性和生长特点达到合理搭配，充分利用结构空间、环境气候、光照条件等，更好地满足不同树木的生长要求，进而充分吸收生态环境营养。

（2）改善立地环境　混交林的冠层厚，叶面积指数大，内部光照条件弱、气温和湿度变化小、风速低，可以形成优于相同条件下的纯林小气候。并且有利于腐生细菌的繁育，特别是混交林枯枝和落叶较多，成分丰富，在细菌的作用下能改良土壤结构和理化性质，调节水分、有效提高林地肥力，改善立地条件。不同树种在混交林中不但能够充分利用外界条件，而且有助于合成作用时的相互促进，使同一时间、相同面积内的林地产生更高的蓄积量和更高产量的有机物质。

（3）提高防护效益　根据实际经验，人工林防护效益很大程度上取决于林分结构，在混交林中林冠茂密、林间灌木繁盛、枯落物丰富、林木根系深广，整体上结构合理，既有利于混交林成材，又有利于涵养水源、防风固沙。

（4）提高抵御灾害的能力　混交林中树种分布合理，生态结构完整，阻断了害虫或病菌的繁殖链条，同时混交林中的寄生性昆虫、菌类和鸟类等病虫害天敌较多，可以抑制病虫害的发生和发展。混交林中温度低、湿度大、风速低，火险性小。混交林中地下根系相互交叉有利于减轻风害和雪灾对树木的影响。

（5）提高观赏效果　混交林组成与结构复杂，只要配置适当就能产生较好的艺术效果。例如，乔木与灌木树种混交，常绿与落叶树种混交以及叶色与花色或物候进程不同的树种混交，一方面可以丰富景观的层次感，包括空间、时间、色彩和明暗层次；另一方面也因生物成分增加，表现出景观的勃勃生机，凡此种种都增加了群体栽植的艺术感染力，提高观赏效果。

2. 常见混交林的类型

根据混交林内树种的地位、生物习性、栽培方式的不同，混交林主要分为乔木混交林、乔灌混交林、综合混交林。乔木混交林是两种以上的乔木进行混交，这样能充分利用地表及营养面积，可以占有较大的地上、地下空间，提高土地生态利用效能。乔灌混交林主要是乔木和灌木的混交，初期由灌木为乔木营造良好的生长环境，如侧方庇荫，改良土壤；后期由于乔木的生

长逐渐扩大，树冠下光照不足，灌木便逐渐衰老，直至死亡。综合混交林是主要林木和次要林木及灌木的混交，综合混交类型兼有上述混交类型的特点。

3. 种间关系

园林树木配置，不仅要根据树形、树姿、群体艺术美的构图来搭配树种，还应做到使群体中的个体处于适合于树木生长的环境，并使个体与个体之间、种群与种群之间相互协调、互益生存。只有根据树种的生理生态特点，在符合生态学基础上的合理配置，才能使不同树种在同一立地中良好生长，发挥应用的功能，保持长期稳定的景观效果。组成一个树群的各个成员长时间里处在相同的环境中，包括不同的种类及个体在它们的生长过程中不可避免地会产生相互影响，具体表现在不同树种的种间关系。

1）树种种间关系的实质

不同树种之间的相互关系是一种生态关系，实际存在着互助、竞争、偏利、偏害、无利又无害等多种情况。可以理解为生物有机体与其外界环境条件之间的关系。也就是说，每个树木的个体与其周围的外界环境条件发生联系，同时它们又彼此以对方作为生态条件，以其自身的生长改变群落空间结构的同时，改变着周围的物理环境，通过对物质利用、分配和能量转换的形式而对其他个体产生影响。通常群体中树木间的主要矛盾，与树木与外界环境间的主要矛盾有相对一致性。例如当外界水分供应不足是妨碍树木正常生长的主要矛盾时，各树种间乃至同一树种不同个体间的关系也主要表现为对水分的激烈竞争。

2）树种种间关系的表现形式

种间关系的表现形式，是指任何两个以上的树种相邻时都会相互影响、相互依赖、相互制约，只是这种作用的程度因树种对生态条件的要求而不同。理论上讲，群落中两个物种之间的关系及相互作用的基本形式有三种，即无作用、正作用（有利）、副作用（有害）。一般两个树种的生态要求差别大，如极喜肥或极耐贫瘠、极喜光和极耐阴等，或要求都不高，如均耐贫瘠和均耐阴，种间关系常表现为互助为主。相反，当两个树种的生态习性相似或生态要求严格、生态幅度狭窄的树种混交，种间多显现出以竞争、抑制为主的关系。有利和有害的作用有时候可能随着时间和条件的变化向相反的方向转化。如喜光树种和中性树种混交，在幼年期，喜光树种遮阳有利于中性树种生长；但随着年龄

的增长，中性树种对光照条件的要求逐渐提高，喜光树的过度遮阳不利于中性树的生长。树种种间关系的表现，就生物学特性而言，速生树种与慢生树种，高大乔木与低矮灌木，宽冠树与窄冠树，深根树种与浅根树种混交，从空间上可减少接触、降低竞争程度。

3）树种种间关系的作用方式

（1）生理生态作用方式　指一树种通过改变小气候和土壤等条件而对另一树种产生影响的作用方式。如生长迅速的树种可以较快地形成稠密的冠层，使群落内光量减少、光质异度，对下层耐阴树种的生长有利，而对不适应低水平光照条件的阳性树种的生长产生不利影响。另外由于树冠迅速增长，可能在较短时间内占据更多的生长空间造成对侧旁树木的遮挡，促使人工群落发生分化，结果影响了原来的设计效果。当然，也存在着一个树种的枯落物归还土壤，或一个树种的固氮作用给另一树种创造较好的营养条件的情况。生理生态作用方式是不同树种间相互作用的主要方式，也是当前选择搭配树种及混交比例的重要依据。

（2）生物化学作用方式　是一树种地上部分和根系在生命活动中向外界分泌或挥发某些化学物质（如醌、单宁、酚、苯甲酸、生物碱、类黄酮和烯萜类等），改变了周围环境的化学成分，进而对相邻的其他树种产生影响的作用方式，称为生物的他感作用。如皂荚、白蜡与七里香混交，黑果红瑞木与白蜡混交，相互间都有明显促进生长的作用；榆属与栎属，白桦与松树混交，对双方都有抑制作用。植物分泌物的作用具有选择性，因而不同树种对其的反应也有差异，这是种间关系的一个重要特征。虽然生物化学作用在种间关系中不是最主要的方式，但是有些时候必须根据树种分泌物毒性的大小与反应，做好树种的搭配。随着这方面研究的深入，在进行不同树种的配置混交时，应用生化相克或生化相济的原理能够促进不同树种的生长和发育。

（3）机械作用方式　指一树种对另一树种造成的物理性伤害，如树冠、树干的撞击或摩擦，根系的挤压，藤本或蔓生植物的缠绕和绞杀等。机械关系只是在特定的条件下发生，如密度过大或以乔木树种为依附的藤本造景等，才会发生明显的作用。

（4）生物作用方式　指不同树种通过天然授粉杂交、根系连生以及寄生、枝连生等发生的一种种间关系。亲缘关系较近的树种根系连生后，强势树种会夺走较弱树种的水分、养分，导致后者死亡。

4)树种种间关系的动态变化

群落中不同树种的种间关系,是随着时间、环境、个体分布和其他条件的改变而发展变化的。首先,随着树龄增长,树木生长量增加、个体增大,需要的营养空间也增加,种间或不同的个体间的关系发生变化,主要表现在因受环境资源的限制而发生竞争。其次,种间关系因立地条件的不同而表现不同的发展方向,如油松与元宝枫混植,在海拔较高处,油松生长速度超过元宝枫,它们可形成较稳定群体;而在海拔低处,油松生长不及元宝枫,油松生长受压,油松因元宝枫树冠的遮蔽而不能获得足够的光照最终死亡。此外,树种种间关系也随采用的混交方式、混交比例、栽植及管护措施不同而不同,如有的树种行间和株间混交,其中一树种会因处于被压状态而枯梢,失去观赏价值,但采用带状或块状混交,两树种都能生长良好并构成比较稳定的群落。

4. 树种的选择与培育技术

1)树种的选择与搭配

在树种混交配置造景中,树种的选择与搭配,必须根据树种的生物学特性、生态学特性及造景要求来进行。特别是树种的生态学特性及种间关系的性质与变化是树种选择的重要基础。首先应重视主要(基调或主调)树种的选择,特别是乡土树种、市树市花(木本),使它的生态学特性与栽植地点的立地条件处于最适的状态。其次是要为已经确定的主要树种选择好混交树种。这是调节种间关系的重要手段,是保证群体稳定性,迅速实现景观与环境效益的重要措施。选择混交树种,一般根据以下条件。

(1)有良好的配景作用和生态效益,能够给主要树种创造有利的生长环境,提高群体的稳定性,充分发挥其综合效益。

(2)与主要树种的生态学特性有较多的差异,对环境资源的利用可以互补。理想的混交树种应生长缓慢,较耐阴,对水肥的需求与主要树种有一定的差别。

(3)树种之间没有共同的病虫害。主要树种和混交树种选定以后,要根据各个树种的生态学习性,特别是树种的耐阴性与未来所处的垂直层次进行合理搭配。在成熟的混交林中,光照、温度和湿度都有一定的梯度变化,从垂直的层次来看,上层、外缘的光照强于下层和内部,那么上层可配置喜光树种,下层配置耐阴树种;从水平层次来看,南侧外缘可种植喜光树种,背面种植耐阴树种。

2)树种的培育技术

栽植和培育多树种混交的园林树木群体,关键在于正确处理好不同树种的种间关系,使主要树种尽可能多受益、少受害。因此在种植和以后的养护过程中,每项技术措施都应围绕这个主题。栽植前,在慎重选择主要树种的基础上,确定合适的树种比例和配置方式,避免不利作用的发生。栽植时,通过控制栽植时间、苗木年龄,合理安排株行距来调节种间关系。实践证明,选用生长速度悬殊、对光的需求差异大的树种,以及采用分期栽植方法,可以取得良好的效果。在树木生长过程中,各树种种间关系渐趋复杂,对空间及营养争夺也日渐激烈。为了避免或消除这种对资源的竞争可能造成的不利影响,需要及时采取人为措施进行定向干扰以实现对结构的调控。如当次要树种生长速度过快,其树高、冠幅过大造成主要树种光照不足时,可以采取平茬、修枝、疏伐等措施调节,也可以采用环剥、去顶、断根和化学药剂抑制等方法来控制次要树种的生长。当次要树种与主要树种对土壤养分、水分竞争激烈时,可以采取施肥、灌溉、松土等措施,缓和推迟矛盾的发生。

【知识拓展】

1.植物空间设计汇总

http://www.sohu.com/a/258792732_749904

2.植物配置方法

http://www.sohu.com/a/164369308_796243

3.常用的植物配置原理

http://www.sohu.com/a/206807279_781497

4.植物设计与空间营造关系

http://www.sohu.com/a/257454797_187391

5.养老空间植物设计实例

http://www.sohu.com/a/228162172_663589

6.园林植物配置

http://360doc.com/content/17/1224/08/1568929_

7.彩色植物营造空间意境

http://www.sohu.com/a/242791975_99992266

【复习思考题】

1.依生态因子可以将绿地分为哪几种环境类型?

2.何为适地适树?简述园林树种选择的主要原则。

3.按种植效果,可以将植物的配置方式分为哪几种?

4.如何确定树种的栽植密度?

第 4 章

园林树木的栽植技术

【知识要点】本章主要介绍园林树木栽植的成活原理,树木的栽植季节特点,树木的栽植技术要点,大树移栽工程相关理论及技术;同时介绍了竹类与棕榈类的移栽,特殊立地环境植物的栽植与养护,成活期的养护管理。

4.1 树木栽植的概念及其成活原理

4.1.1 园林树木栽植的概念

园林树木栽植,指根据园林设计所选定的树种,由苗木出圃(或起苗)开始,经过运输,定植到栽植地成活、生长过程中人们所进行的一系列实践活动。它是一个系统的、动态的操作过程,包括 4 个环节。将要移植的树木从生长地连根(裸根或带土团)掘起,叫起挖(俗称起树);将起出的树木运到栽植地点的过程,叫运输;按规范要求将树体栽入目的地树穴内,叫定植;树木运到目的地后因诸多原因不能及时定植而将树木根系用湿润土壤进行临时性埋植,叫"假植";对定植后的树木进行水分、温度、土壤等方面的管理以保证其健康生长的过程称为"养护"。

4.1.2 园林树木栽植成活的原理

正常生长的园林树木的地上与地下部分,存在着一定比例的平衡关系,根系与土壤的密切结合,使树体的养分和水分代谢的平衡得以维持。植株经挖(掘)起,大量的吸收根因此受损,根系脱离了原有的土壤环境,受风吹日晒和搬运损伤等影响,降低了对水分和营养物质的吸收能力,而由于蒸腾作用和生理活动,树体

营养和水分在不断地消耗,生理平衡遭到破坏,严重时树木会因失水而死亡。因此,栽植过程中,维持和恢复树体以水分代谢为主的平衡是栽植成活的关键。

这种平衡与起苗搬运、种植栽后管理技术有直接关系,同时也与树种习性、年龄时期,物候状况以及影响生根和蒸腾的外界因素等有密切关系。因此,园林树木栽植成活的原理,就是要遵循树体生长发育的规律,注意树体水分代谢的平衡,提供相应的栽植条件和管护措施,促进根系的再生和生理代谢功能的恢复,协调树体地上部分和地下部分的生长发育矛盾,使之在新的生长环境尽早尽好地恢复健康生长,达到园林绿化设计所要求的生态指标和景观效果。园林树木栽植应遵循如下原则。

1. 适树适栽原则

适树适栽,指根据树种的不同特性采用相应的栽培方法。因此,首先必须了解规划设计树种的生态习性以及对栽植地区生态环境的适应能力。其次可充分利用栽植地的局部特殊小气候条件,突破当地生态环境条件的局限性,满足新引入树种的生长发育要求,达到适树适栽的要求。

2. 适时适栽原则

园林树木栽植应根据各种树木的不同生长特性和栽植地区的特定气候条件而决定其最适宜的栽植时期。如落叶树种因冬季休眠,生理代谢活动滞缓,移植成活率高,而选择秋末春初进行栽植。常绿树种则选择在新梢停止生长期栽植。

3. 适法适栽原则

依据树种的生长特性、树体的生长发育状态、树木栽植时期以及栽植地点的环境条件等,可分别采用裸

根栽植和带土球栽植。

4.2 树木的栽植季节

树木水分的消耗取决于环境条件、树木的类型及其从土壤吸收水分的速度。树木在生长的年周期中,树体生长状况、外界环境状况均对树木栽植的成活率有着重要的影响。一般在树液流动最旺盛的时期不宜栽植。其次,树木根系的生长具有波动的周期性生长规律。一般在新芽开放之前数日至数周,根群开始迅速生长,因此在新芽开始膨大前1～2周进行栽植容易成功;而夏季高温干旱,树木的根系常常停止生长;10月以后,根系活动又开始加强,其中落叶阔叶树种的根系生长比针叶树种更旺,并可持续到晚秋,故落叶阔叶树种更适合于秋植。因此,为了提高树木栽植的成活率,必须根据当地气候和土壤条件的季节变化,以及栽植树种的特性与状况,进行综合考虑,确定适宜的栽植季节。

我国地域辽阔,树种繁多,自然条件相差悬殊。在四季分明的温带地区,树木栽植一般以秋冬落叶后到春季发芽前的休眠时期最好。就多数地区和大部分树种来说,以晚秋和早春为最好。晚秋是指木落叶后到土壤结冻前的时期;早春是指土壤刚解冻,而枝芽还没萌发之前。一般来说,冬季寒冷地区和在当地不耐寒的树种适宜春栽;冬季比较温暖地区和在当地耐寒的树种适宜秋栽。在当地抗寒性很强的树种冬季也是可以栽植的。如果夏季正值雨季地区,也可以栽植,但必须选择春梢停长的树木,抓紧连阴雨时期进行,或配合其他减少失水的措施(如遮阳、喷水等)才能保证成活。至于具体到一个地区的栽植季节,应根据当地的气候特点、树种类别和任务大小以及技术力量(劳力、机械条件等)而定。不同的栽植季节,也有不同的技术要点。

4.2.1 春季栽植

春季是树体结束休眠开始生长的发育时期,且多数地区土壤水分较充足,是我国大部地区的主要植树季节,且以早春为主,持续时间较短,一般为2～4周。

春天栽植应早,最好的时期是在新芽开始萌动之前两周或数周。此时幼根开始活动,地上部分仍然处于休眠状态,先生根后发芽,树木容易恢复生长。尤其

是落叶树种,必须在新芽开始膨大或新叶开放之前栽植。常绿树种植则可偏晚,萌芽后栽植的成活率比同样情况下栽植的落叶树种高,但最好在新梢生长开始之前完成栽植。一些具肉质根的树木,如木兰属树种、鹅掌楸、楝木、山茱萸等春天栽植比秋天好。

我国东北大部和西北、华北冬季严寒,时间较长,有2～3个月的土壤封冻期,且雪少风多,适宜春栽。但在春旱严重的地方,气温回升快,栽后不久地上部分萌动,地温回升慢,根系活动难以及时恢复,春栽成活率低。在冬季温暖多雨的南方地区,春季气温回升,水分条件好,地温转暖,春栽有利于树木成活。

4.2.2 夏季栽植

夏季栽植为反季节栽植,由于城市园林建设需要,夏季栽植越来越多。夏季树木生长最旺,蒸腾量大,水分需求大。夏季栽植,特别是非雨季的反季节栽植,应注意的几个问题。首先,带土球,保证根系吸水。其次是抓住适栽时机,在下第一场透雨并有较多降雨天气时立即栽植,不能强栽等雨。第三是要掌握不同树种的适栽特性,主要适用于某些常绿树种,如松、柏等萌芽力较强的树种。同时还要注意适当采取修枝、剪叶、遮阳、保持树体和土壤湿润的措施。第四是高温干旱栽植,除一般性的水分与树体管理外,还要特别注意树冠喷水和树体遮阳。

在冬季、春季雨水少,夏季又恰逢雨季的地方,如华南及西南等地,应掌握有利时机进行栽植(实为雨季栽植),可获得较高的成活率。

4.2.3 秋季栽植

秋季树体落叶后进入生理性休眠,对水分的需求量减少,气温下降,地温较高,根部尚未完全休眠,栽植后根系伤口容易愈合,其至当年可发出少量新根,翌年春天发芽早,有利于恢复生长。

南方气候温暖地区,适宜秋季栽植。春季严重干旱、风沙大或春季较短的地区,秋季栽植比较适宜。但易发生冻害和兽害的地区则不宜采用秋植。秋季栽植的时期较长,从落叶盛期以后至土壤冻结之前都可进行。但是带叶栽植不能太早,而且要在大量落叶时开始,否则会降低成活率。

一般认为落叶树种适合秋植,早春开花的树种,则应在11月之前种植。常绿阔叶树和竹类植物,应提早

至 9～10 月进行。针叶树虽在春、秋两季都可以栽植，但以秋植为好。

4.2.4 冬季栽植

在冬天土壤不结冻或结冻时间短的温暖地区，可以进行冬季栽植。在北方或高海拔地区，土壤封冻，天气寒冷，一般不宜冬天栽植。而在冬季严寒的华北北部、东北大部，土壤冻结较深，也可采用带冻土球的方法栽植。一般说来，冬季栽植主要适合于落叶树种，它们的根系冬季休眠时期很短，栽后仍能愈合生根，有利于第二年的萌芽和生长。

4.3　树木的栽植技术

树木栽植要经历场地准备、起（挖）、运、栽及栽后管理 4 个重要环节（图 4-1）。为了提高栽植成活率，应紧紧抓住树木的保湿保鲜、促发新根和保证土壤有充足的水分供应等 3 个关键，保持和尽快恢复地上与地下部分的水分平衡，使 4 个环节密切配合，尽量缩短操作时间，做到随起、随运、随栽和适时管理，使各个环节的具体措施真正落实。

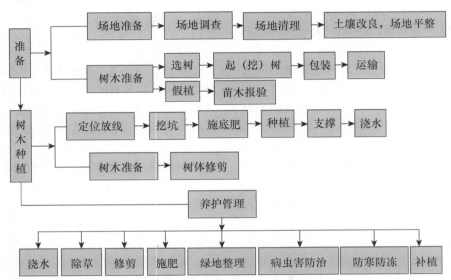

图 4-1　树木种植过程

4.3.1 栽植前的准备

园林树木栽植是一项时效性很强的系统工程，其准备工作及时与否，直接影响到栽植进度和质量，影响树木的栽植成活率及其后的树体生长发育，影响设计景观效果的表达和生态效益的发挥，必须给予充分的认识和重视。

1. 了解设计意图与工程概况

首先应了解设计意图。通过查阅设计材料和与设计人员交流了解设计所想表达的意境和需要达到的效果。其次，了解工程概况，如施工范围、期限、施工现场概况和工程特殊要求等，充分考虑可能有的影响，提前做好应对准备。最后，做好技术交底工作，使参加栽植的每个人都能服从专业人员的具体指导，掌握要领，按

种植规范认真进行操作。

2. 现场踏勘与调查

现场踏勘与调查，应了解 3 个方面事项。

（1）施工范围内的现有地物的去留和需重点保护的地物，如房屋、古树名木、市政设施或农田设施等。

（2）现场三通情况，即交通、水源、电源是否能够正常使用。

（3）施工地段的土壤调查，以确定是否换土，并估算客土量及其来源等。

3. 编制施工组织方案

对一些规模较大的工程，应根据前期的了解和调查，组织相关人员，针对绿化工程单独制定施工组织方案（图 4-2）。主要包括：施工组织领导和机构；施工程序及进度；机械及运输车辆使用计划及进度表；工程所

需的材料、工具及提供材料工具的进度表;栽植工程的技术措施和安全、质量要求;施工现场平面图,在图上标出树木假植、运输路线和灌溉设备等的位置等。

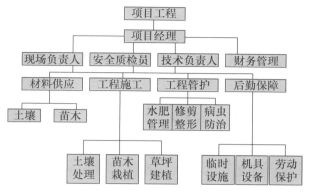

图 4-2 施工组织方案

4. 施工现场的准备

(1)地形准备 对栽植工程现场进行清理,拆迁或清除有碍树木栽植和植后树体生长的建筑垃圾和其他杂物,然后依据设计图纸进行种植现场的地形处理,注意使栽植地与周边道路、设施等的标高合理衔接,排水良好。

(2)土壤准备 园林场所的土壤在物化条件上与树木原生环境迥异,当土壤条件不适时,会影响树木的成活和后期的长势。因此,保持良好土壤理化特性就显得尤为重要。所以,栽植前对土壤进行测试分析,明确栽植地点的土壤特性、排水性能是否符合栽植树种的要求,必要的时候进行土壤改良或客土措施。

5. 树木的准备

为保证栽植成活率和表达景观设计效果,必须对拟栽植树木进行调集准备。一般情况下,树木调集应遵循就近采购的原则,以满足土壤和气候生态条件的相对一致性。对从苗圃购入或从外地引种的树木,应要求供货方在树木上挂牌、列出种名,必要时提供树木原产地及主要栽培特点等相关资料,以便了解树木的生长特性。同时,应加强植物检疫,杜绝重大病虫害的蔓延和扩散,特别是从外省市或境外引进树木,更应注意树木检疫、消毒。

关于栽植的树种及其年龄与规格,除符合设计要求的指标外,应选择树形优美、长势优良、无病虫害的树木。对于选中的树木应进行提前断根处理,或购买苗圃栽植的经过多次断根的熟苗或容器苗。

4.3.2 栽植的程序与技术

栽植的具体程序包括:栽植穴的准备,树木的起挖、包装、运输、栽植、修剪、栽后管理与现场清理等。

1. 栽植穴的准备

1)定点放线

依据施工图进行定点测量放线,是关系到设计景观效果表达的基础。对设计图纸上无精确定植点的树木栽植,特别是树丛、树群,可先划出栽植范围,具体定植位置可根据设计思想、树体规格和场地现状等综合考虑确定。树木配置方式不同,定点放线的方法也不同,常用的有以下两种。

(1)自然式配置放线法

①坐标定点(网格)法:根据植物配置的密度,先按一定的比例在设计图及现场分别打好等距离方格,然后在图上量出树木在某方格的纵横坐标尺寸,再按此方法量出在现场的相应方格位置。此方法适用于范围大、地势平坦而树木配置复杂的绿地。

②仪器测量法:用经纬仪或小平板仪依据地上原有基点或建筑、道路,将树群或孤植树按照设计图上的位置依次定出每株位置。此法适用于范围较大、测量基点准确而植株较稀的绿地。

③交会法:由两个地物或建筑平面边上两个点的位置到种植点的距离,以直线相交的方法定出种植交点。此法适用于范围小、现场建筑物或其他标志与设计图相符的绿地。

(2)规则式配置(行列式)放线法 对于成片整齐式种植或行道树的放线,可以以绿地的边界、园路、广场和小建筑物、路牙或道路中线等的平面位置为依据,按设计定出位置,进行放线。

此外,对孤赏树、列植树,应定出单株种植位置,并用石灰标记和钉木桩,写明树种、挖穴规格;对树丛和自然式片林定点时,依图按比例测出其范围,并用石灰标画出范围的边线,精确标明主景树的位置;其他次要的树种可用目测定点,但要注意自然,切忌呆板、平直,可统一写明树种、株数和挖穴规格等。

2)栽植穴的准备

乔木类栽植树穴的开挖,以预先进行为好,提前挖好有利于基肥的分解和栽植土的风化,可有效提高栽植成活率。树穴的平面形状没有硬性规定,多以圆形、方形为主,以便于操作为准,可根据具体情况灵活掌握。

树穴的大小和深浅应根据树木规格、根系分布特点、土层厚薄、肥力状况、坡度大小、地下水位高低及土壤墒情而定。坑的直径与深度一般比根的幅度与深度或土球大 20～40 cm（表 4-1）。在贫瘠的土壤中，栽植穴则应更大更深些。在绿篱等栽植距离很近的情况下应挖槽整地（表 4-2）。穴或槽周壁上下大体垂直，而不应成为"锅底"形或"V"形。挖穴时应将表土和心土分边堆放，如有妨碍根系生长的建筑垃圾，特别是大块的混凝土或石灰下脚等，应予以清除。情况严重的需更换种植土，如下层为白干土的土层，就必须换土改良，否则树体根系发育受抑。地下水位较高的南方水网地区和多雨季节，应有排除坑内积水或降低地下水位的有效措施，如采用导流沟引水或深沟降渍等。

表 4-1 乔、灌木栽植穴的规格

乔木胸径(cm)		3～5	5～7	7～10	10～12
落叶灌木高度(m)		1.2～1.5	1.5～1.8	1.8～2	2.0～2.5
常绿树高度(m)	1.0～1.5	1.5～2.0	2.0～2.5	2.5～3.0	3.0～3.5
穴径（cm）×穴深（cm）	(50～60)×40	(60～70)×(40～50)	(70～80)×(50～60)	(80～100)×(60～70)	(100～120)×(70～90)

备注：1. 乔木包括落叶和常绿分枝单干乔木；
2. 落叶灌木包括丛生或单干分枝落叶灌木；
3. 常绿树指低分枝常绿乔、灌木。

表 4-2 栽植绿篱抽槽规格

绿篱苗高度(m)	抽槽规格（宽深）	
	单行式(cm)	双行式(cm)
0.5～0.8	40×30	60×30
1.0～1.2	50×30	80×40
1.2～1.5	60×40	100×40
1.5～2.0	100×50	120×50

2. 树木的挖掘与包装

起挖是园林树木栽植过程中的重要技术环节，也是影响栽植成活率的首要因素。挖掘前可先将树冠捆扎收紧，既可保护树冠，也便于操作。根据树木根系暴露的状况，可以分为裸根挖掘和带土挖掘。

1）裸根起挖

落叶树可以裸根或带土栽植。干径不超过 8 cm 或 10 cm 的多数落叶树种，都可裸根栽植。乔木树种挖掘范围一般是树木胸径的 6～12 倍，其中树木规格越小，比例越大；反之，越小。树木起挖保留根系范围大小，因树木种类、树木规格和移栽季节而定，在实践中应在保证树木成活的前提下灵活掌握（表 4-3）。

表 4-3 乔木树种土球挖掘的最小规格 cm

地径	3～5	5～7	7～10	10～12	12～15
土球直径	40～50	50～60	60～75	75～85	85～100

对规格较大的树木，当挖掘到较粗的骨干根时，应用手锯锯断，并保持切口平整，坚决禁止用铁锹去硬铲。对有主根的树木，在最后切断时要做到操作干净利落，防止发生主根劈裂。

2）土球苗的挖掘与包装

一般常绿树、名贵树木、花灌木和直径超过 8 cm 或 10 cm 的落叶树，应带土球移栽。土球的直径、深（或高）度在很大程度上取决于土壤的类型、根的习性及树木的种类等因素。落叶树土球的直径，像裸根挖掘一样，为树干直径的 8～12 倍；常绿树可以稍小，一般为树干直径的 6～10 倍。土球纵径通常为横径的 2/3；灌木的土球直径为冠幅的 1/3～1/2。

挖掘时先将树木周围无根生长的表层土壤铲去，然后在应带土球直径外侧挖一条操作沟，沟深与土球高度相等，沟壁应垂直，并切除露出的根系，使之紧贴土球。伤口要平滑，较大切面要消毒防腐。挖至规定深度，用锹将土球表面及周边修平，使土球上大下小呈苹果形，主根较深的树种土球呈倒卵形。土球的上表面，宜中部稍高，逐渐向外倾斜，其肩部应圆滑、不留棱角，这样包扎时比较牢固，扎绳不易滑脱。

土球是否需要包扎，视土球大小、质地松紧及运输距离的远近而定。一般近距离运输土质紧实、土球较小的树木时，不必包扎。土球直径在 30 cm 以上一律要包扎，以确保土球不散。土球直径在 50 cm 以下且土质不松散，可先将稻草、蒲包、草包、粗麻布或塑料布等软质材料在穴外铺平,然后将土球挖起修好后放在包装材料上,再将其向上翻起绕干基扎牢(图4-3);也可用草绳沿土球径向绕几道,再在土球中部横向扎一道,使径向草绳固定即可(图4-4)。如果土球较松,应在坑内包扎,并考虑要在掏底包扎前系数道腰箍。较复杂的还有井字式(五星式或橘包式)等。

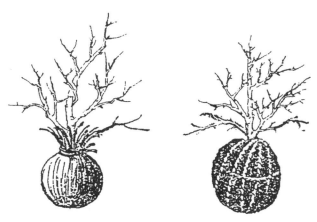

图4-3　土球包扎

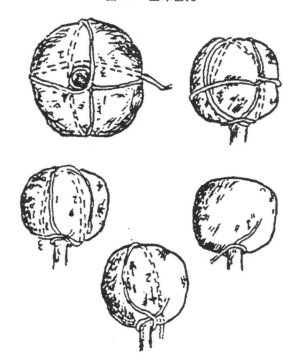

图4-4　土球简易包扎法

不同土球包扎方法有所不同,主要有以下几种。

(1)扎腰箍　大土球包扎,土球修整完毕后,先用1~1.5 cm粗的草绳(若草绳较细时可并成双股)在土球的中上部打上若干道,使土球不易松散,避免挖掘、扎缚时碎裂,称为扎腰箍。草绳最好事先浸湿以增加韧性,届时草绳干后收缩,使土球扎得更紧。扎腰箍应在土球挖至一半高度时进行,2人操作,1人将草绳在土球腰部位缠绕并拉紧,另1人用木槌轻轻拍打,令草绳略嵌入土球内以防松散。待整个土球挖好后再行扎缚,每圈草绳应按顺序一道道地紧密排列,不留空隙,不使重叠。到最后一圈时可将绳头压在该圈的下面,收紧后切断。腰箍的圈数(即宽度)视土球的高度而定,一般为土球高度的1/4~1/3。

腰箍扎好后,在腰箍以下由四周向土球内侧铲土掏空,直至土球底部中心尚有土球直径1/4左右的土连接时停止,开始扎花箍。花箍扎毕,最后切断主根。

(2)扎花箍　扎花箍的形式主要有井字包(又叫古钱包)、五星包和橘子包(又叫网络包)3种扎式。运输距离较近、土壤又较黏重条件下,常采用井字包或五星包的扎式;比较贵重的树木,运输距离较远或土壤的沙性较大时,则常用橘子包扎式。

①井字包扎法:先将草绳一端结在腰箍或主干上,然后按照图4-5所示的次序包扎,先由1拉到2,绕过土球的底部拉到3,再拉到4,而后绕过土球的底部拉到5,如此顺序地扎下去,最后成图4-5扎样。

②五星包扎法:先将草绳一端结在腰箍或主干上,然后按照图4-6所示的次序包扎,先由1拉到2,绕过土球的底,由3向上拉到土球面4,再绕过土球的底部,由5拉到6,如此包扎拉紧,最后成图4-6的扎形。

③橘子包扎法:先将草绳一端结在腰箍或主干上,再拉到土球边,依图4-7的次序,由土球面拉到土球底,如此继续包扎拉紧,直到整个土球均被密实包扎,最后成图4-7所示。有时对名贵或规格特大的树木进行包扎,为保险见,可以用两层、甚至三层包扎,里层可选用强度较大的麻绳,以防止在起吊过程中扎绳松断,土球破碎。

(3)简易包扎　对直径规格小于30 cm的土球,可采用简易包扎法。如将一束稻草(或草片)摊平,把土球放上,再由底向上翻包,然后在树干基部扎牢。也可在土球径向用草绳扎几道后,再在土球中部横向扎一道,将径向草绳固定即可。简易包扎法也有用编织布和塑料薄膜为扎材的,但栽植时需将其解除,以免影响根系发育。

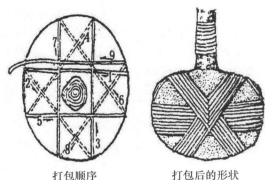

打包顺序　　　　　　打包后的形状

图 4-5　井字包扎法

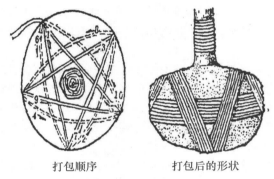

打包顺序　　　　　　打包后的形状

图 4-6　五星包扎法

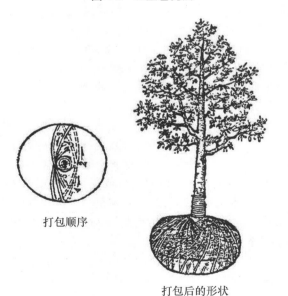

打包顺序

打包后的形状

图 4-7　橘子包扎法

3. 运输

树木挖好后,应执行"随挖、随运、随栽"的原则,即尽量在最短的时间内将其运至目的地栽植。树木装运

过程中,最重要的是在装车和卸车时如何保护好树体,避免因方法不当或贪图方便而带来的损伤,如造成土球破碎、根系失水、枝叶萎蔫、枝干断裂和树皮磨损等现象。车厢内应先垫上草袋等物,以防车板磨损树木。较大的树木装车时应根系向前,树梢向后,顺序码放,不要压得太紧,做到上不超高、梢端不拖地(必要时垫蒲包用绳吊起),根部应用苫布盖严,并用绳捆好。

运距较远或有特殊要求的树木,运输时宜用包装,包装运输时注意不可过分压紧挤实,内部不可过湿,以免腐烂发热。包装方法主要有 2 种。

(1)卷包　适宜规格较小的裸根树木远途运输时使用。将枝梢向外、根部向内,以蒲包片或草席等为包装材料,再用湿润的苔藓或锯末填充树木根部空隙。将树木卷起捆好后,再用冷水浸渍卷包,然后启运。

(2)装箱　若运距较远、运输条件较差,或规格较小、树体需特殊保护的珍贵树木,使用此法较为适宜。在定制好的木箱内,先铺好一层湿润苔藓或湿锯末,再把待运送的树木分层放好,在每一层树木根部中间,需放湿润苔藓(或湿锯末等)以做保护。为了提高包装箱内保存湿度的能力,可在箱底铺以塑料薄膜。

4. 假植与寄植

假植与寄植都是在定植之前,按要求将树木的根系埋入湿润的土壤中,以防风吹日晒失水,保持根系活力,促进根系恢复与生长的方法。树木运到现场后,不能及时栽植或未栽完的,应视距栽植时间长短分别采取"假植"和寄植措施。

(1)假植　假植地点,应选择靠近栽植地点、排水良好、阴凉背风处。裸根苗的临时放置,可用苫布或草袋盖好。如需较长时间假植,开一条横沟,其深度和宽度可根据树木的高度来决定,一般为 40～60 cm。将树木逐株单行挨紧斜排在沟内,倾斜角度可掌握在 30°～45°,使树梢向南倾斜,然后逐层覆土,将根部埋实。掩土完毕后,浇水保湿。假植期间注意检查,及时给树体补湿,发现积水要及时排除。假植的裸根树木在挖取种植前,如发现根部过干,应浸泡一次泥浆水后再植,以提高成活率。

带土球的树木如果在 1～2 天内能够栽完就不必假植。1～2 天内栽不完的,应尽量集中,树体直立,将土球垫稳、码严,周围用土培好。如假植时间较长,同样应注意树冠适量喷水,以增加空气湿度,保持枝叶鲜挺。临时假植时间不宜过长,一般不超过1个月。

（2）寄植　寄植比假植的要求高。一般是在早春树木发芽之前,按规定挖好土球苗或裸根苗,在施工现场附近进行相对集中的培育。寄植场应设在交通方便、水源充足而不易积水的地方。容器摆放应便于搬运和集中管理。

裸根苗应先造土球再行寄植。造土球的方法,在地上挖一个与根系大小相当,向下略小的圆形土坑,坑中垫一层草包、蒲包等包装材料,按正常方法将树木植入坑中,将湿润细土填入根区,使根、土密接,不留任何大孔隙,也不要损伤根系。然后将包装材料收拢,捆在根颈以上的树干上,取出假土球,加固包装,即完成了造球的工作。

土球苗可用竹筐、藤筐、柳筐及箱、桶或缸等容器,其直径应略大于土球,并应比土球高20～30 cm,先在容器底部放些栽培土,再将土球放在正中,四周填土,分层压实,直至离容器上沿10 cm时筑堰浇水。按树木的种类、容器的大小及一定的株行距在寄植场挖相当于容器高1/3深的置穴。将容器放入穴中,四周培土至容器高度的一半,拍实。

寄植期间适当施肥、浇水、修剪和防治病虫害。待需移植前,停止浇水,提前将容器外培的土扒开,待竹木等吸湿容器稍微风干坚固以后,立即移栽。

5. 栽植修剪

树木栽植之前进行修剪,是保障其成活的重要措施。修剪可以减少蒸腾面积,减少水分散失,确保树体水分,尽量地满足树木生长供需平衡。

修剪量依不同树种及景观要求有所不同。一般对常绿针叶树以及用于绿篱的灌木不多修剪,只是剪去枯、病、伤枝即可。对于较大的落叶乔木,尤其是生长势较强,容易抽出新枝的树木如杨、柳、槐的可以进行强剪,树冠可减少至1/2以上或截干。这样可以减轻根系的负担,维持树木体内的水分平衡,也使树木栽植后稳定,不至招风动摇。灌木的修剪要保持其自然树形,短截时应保持外低内高。对于花灌木及生长较慢的树木可以进行疏枝,截掉部分树叶或者全部树叶,去除枯、病、伤、密枝条,对于过长的枝条可以截掉30%～50%。对于容易流胶的针叶树,应在树木栽植前一周进行修剪,并做好伤口修平、消毒并涂刷愈伤膏促进伤口愈合处理。对于较名贵的树木,应稍做枝叶修剪,并在起挖时增大土球,使树木尽量少受伤,并要达到地上

地下的供需平衡,保证名贵树种的成活率。此外,树木定植前,还应对根系进行适当的修剪,主要是将断根、劈裂根、病虫根和过长根进行修剪。修剪时注意切口要平滑,并及时涂抹防腐剂以防止水分蒸发,造成干旱或者冻伤等状况发生。

6. 定植

1）栽植深度

定植前要检查树穴的规格,并根据树体的实际情况,给以必要的修整。树穴深浅的标准,以定植新土下沉后树体根颈部平于或略高于地表面为宜,切忌因栽植太深而导致根颈部埋入土中(图4-8),影响树体栽植成活和其后的正常生长发育。

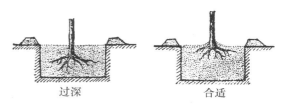

图4-8　栽植深度

树木栽植深度也因树木种类、土壤质地、地下水位和地形地势而异。一般雪松、广玉兰等忌水湿树种,常行露球种植,露球高度为土球竖径的1/4～1/3。生根能力强的树种,如杨、柳、杉木等和穿透力强的树种,如悬铃木、樟树等可适当深栽。土壤黏重、板结应浅栽,质地轻松可深栽。土壤排水不良或地下水位过高应浅栽,土壤干旱、地下水位低应深栽;坡地可深栽,平地和底洼地应浅栽,甚至需抬高栽植。

2）栽植过程

（1）裸根栽植　定植时将混好肥料的表土,取其一半填入坑中,在植穴底部做成锥形土堆,裸根树木放入坑内时,务必使根系均匀分布在坑底的土丘上,校正位置,使根颈部高于地面5～10 cm。其后将另一半掺肥表土分层填入坑内,每填20～30 cm土踏实一次,并同时将树体稍稍上下提动,使根系与土壤密切接触。最后将心土填入植穴,直至填土略高于地表面。

栽植前如果发现裸根树木失水过多,应将植株根系放入水中浸泡10～20 h充分吸水后栽植。对于小规格乔灌木,无论失水与否,都可在起苗后或栽植前进行沾浆处理。

（2）土球栽植　带土球树木必须踏实穴底土层(图4-9)。如果土球没有破碎的危险,应将包扎物拆除干

净。拆除包装后不应再推动树干或转动土球。如果拆除困难或防止土球破碎，可剪断包装，松开蒲包或草袋，然后尽可能地去掉包装物。如果是容器苗，必须从容器中脱出以后栽植。然后填土踏实。在假山或岩缝

间种植，应在种植土中掺入苔藓、泥炭等保湿透气材料。绿篱成块状模纹群植时，应由中心向外顺序退植。坡式种植时应由上向下种植。大型块植或不同彩色丛植时，宜分区分块种植。

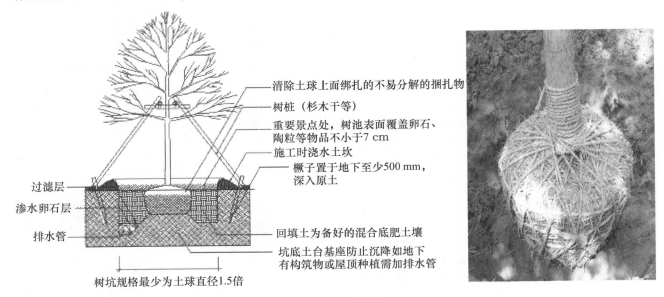

清除土球上面绑扎的不易分解的捆扎物

树桩（杉木干等）

重要景点处，树池表面覆盖卵石、陶粒等物品不小于7 cm

施工时浇水土坎

箅子置于地下至少500 mm，深入原土

过滤层

渗水卵石层

排水管

回填土为备好的混合底肥土壤

坑底土台基座防止沉降如地下有构筑物或屋顶种植需加排水管

树坑规格最少为土球直径1.5倍

图 4-9　土球栽植

3）固定支撑

大树栽植后应立即支撑固定，预防歪斜。正三角支撑最有利于树体固定，支撑点在树体高度 2/3 处为好，支柱根部应入土中 50 cm 以上，方能固着稳定。支撑方式有如下两类。

（1）桩杆式支架　桩杆式支架的支点一般低于牵索式支架。

直立式：指将 1~2 根支柱，垂直固定在地里，并用

连接材料与树干固定在一起，起到支撑作用。直立支架又有单立式、双立式和多立式之分。若采用双立式或多立式，相对立柱可用横杆呈水平状紧靠树干连接起来，连接材料可用软管、粗麻布、粗帆布、蒲包等，有条件的地方还可采用专用支架进行支撑。

斜撑式：用 3~4 根适当长度支杆，斜撑于树干上，组成一个三角形支架，进行支撑。上面的交点同样以支架套、软管、蒲包等物将树干垫好后连接在一起（图 4-10）。

图 4-10　支撑方式

（2）牵索式支架　用 1～4 根（一般为 3 根）金属丝或缆绳从不同方向拉住树干,起到固定树木的作用。这些支撑线（索）从树干高度约 1/2 的地方拉向地面与地面的夹角约为 45°。线的上端用防护套或胶皮管及其他软垫绕干一周连接起来。线的下端固定在铁（或木）桩上。角铁桩上端向外倾斜,周围相邻桩之间的距离应该相等。

在街道或普通公园应用牵索支架,应对牵索加以防护或设立明显的标志,如在线上系上白布条或将竹竿劈开一条缝套在线上,再在竹竿外部涂以红白相间的油漆,以引起行人的注意,以免给行人或游客带来潜在危险。

4）水肥管理

新移植大树要浇定植水,定植水采取小水慢浇方法,第一次定植水浇透水后,间隔 2～3 天后浇第二次水,隔一周后浇第三次水,再后应视天气情况、土壤质地,检查分析,谨慎浇水。但夏季必须保证每 10～15 天浇一次水。要防止树池积水,种植时留下的围堰,连浇 3 次后进行松土封堰。应填平并略高于周围地面;春天根系开始生长和展叶前,新栽树木周围的土壤一般应保持相对干燥。

常向新移栽的常绿树树冠喷水,不但可以减少叶面的水分损失,而且可以冲掉叶面的蜘蛛、螨类和烟尘等。

近年来,一些新材料也在园林树木栽植中使用。如将特制的聚乙烯（PVC）管（水洞）埋入土壤,顶端与地面平,进行灌水,有利于水分进入根系和减少水分流失。也有使用表面活化剂或湿润剂（保水剂）,使水能较快而均匀地渗入土层,驱散土粒之间的空气,使水能自由地通过。

5）树干包裹与树盘覆盖

（1）树体裹干　常绿乔木和干径较大的落叶乔木,定植后需用有一定的保湿性和保温性的材料,包裹主干和比较粗壮的一、二级分枝,起到减少蒸腾、保持湿度、调节湿度的作用。常用的包裹材料有草绳、蒲包、苔藓等,在树体休眠阶段也可用塑料薄膜裹干,但在树体萌芽前应及时撤除。

树木包裹的材料应保留 2 年或让其自然脱落,或在不雅观时取下。树干包裹也有其不利方面,即在多雨季节,由于树皮与包裹材料之间保持过湿状态,容易诱发真菌性溃疡病,若能在包裹之前,于树干上涂抹某种杀菌剂,则有助于减少病菌感染。

（2）树盘覆盖　一些名贵树木,尤其在秋季栽植的

常绿树,用稻草、腐叶土或充分腐熟的肥料覆盖树盘,沿街树池也可用沙或碎石覆盖,可提高树木移栽的成活率。适当的覆盖可以减少地表蒸发,保持土壤湿润和防止土温变幅过大。覆盖物的厚度至少是全部遮蔽覆盖区而见不到土壤。覆盖物一般应保留越冬,到春天揭除或埋入土中。也可栽种一些地被植物覆盖树盘。

6）抗蒸腾剂的使用

抗蒸腾剂的适时使用,有利于减少叶片失水,提高栽植成活率和促进树木的生长。抗蒸腾剂有 3 种主要类型,即薄膜形成型、气孔开放抑制型和反辐射降温型的化学药剂。目前生产上常用的抗蒸腾剂是薄膜形成型的药剂,其中有各种蜡制剂、蜡油乳剂、塑料硅胶乳剂和树脂等。

4.4　大树移栽工程

4.4.1　大树移栽的意义

大树移栽工程是指对胸径为 10～20 cm 甚至 30 cm 以上大型树木的移栽工作。大树移栽能在最短时间内改善环境景观,较快地发挥园林树木的功能效益,及时满足重点工程、大型市政建设绿化、美化等要求,是城市绿化中常用的手段和技术。

4.4.2　大树移栽的方法

大树移栽的基本要求与一般树木相同,但因树体高大,操作困难,更应注意各个环节的密切配合与精心实施。

1. 大树移栽前的准备与处理

1）做好规划与计划

进行大树移栽事先必须做好规划与计划,包括栽植的树种规格、数量及造景要求等。为促进移栽时所带土球具有尽可能多的吸收根群,应提前对移栽树木进行围根缩坨,提高移栽成活率。

2）选树

树种不同,形态各异,因而它们在绿化上的用途也不同。根据设计要求,选择合乎绿化需要的大树,还应选择树体生长正常、无严重病虫感染以及未受机械损伤的树木。对可供移栽的大树进行实地调查。测量记录树种、年龄时期、干高、胸径、树高、冠幅、树形等,注明最佳观赏面的方位。调查记录土壤条件、周围情况,判断

是否适合挖掘、包装、吊运,并分析存在的问题和解决措施。对于选中的树木应建卡编号,为设计提供资料。

3)切根处理

大树移植成功与否,很大程度上取决于所带土球范围内的吸收根数量和质量。为此,在移植大树前采取断根缩坨(回根、切根)的措施,使主要的吸收根系回缩到主干根基附近,可以有效缩小土球体积、减轻土球重量,便于移植。

在大树移植前的1～3年,分期切断树体的部分根系,以促进吸收须根的生长,缩小日后的根坨挖掘范围,使大树在移植时能形成大量可带走的吸收根(图4-11)。具体做法是在操作时应根据树种习性、年龄大小和生长状况,判断移栽成活的难易,确定开沟断根的水平位置。落叶树种开沟距离干基的距离约为树木胸径的5倍,常绿树须根较落叶集中,围根半径可小些。沟可围成方形或圆形,但需将其周长分成4或6等分。第一年相间挖2或3等分,沟宽一般为30～40 cm,沟深视根的深度而定,一般为50～70 cm。沟内露出的根系应用利剪(锯)切断,与沟的内壁相平,伤口要平整光滑,大伤口还应涂抹防腐剂,有条件的地方可用酒精喷灯灼烧进行炭化防腐。将挖出的土壤打碎并清除石块、杂物,拌入腐叶土、有机肥或化肥后分层回填踩实,待接近原土面时,浇一次透水,渗完后覆盖一层稍高于地面的松土。第二年以同样方法处理剩余的2～3等分。第三年移栽。用这种方法开沟截根,可使断根切口附近部产生大量新根,变一次截根为两次截根,避免了对树木根系的集中损伤,可维持树木的正常生长。若时间不允许,可以在一年中的早春和深秋分两次完成围根缩坨的工作,也可取得较好的效果。

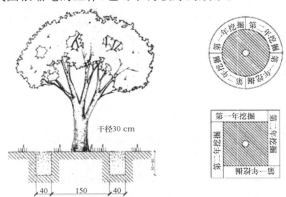

图4-11　大树断根缩坨法

4)平衡修剪

大树移植需对树冠进行修剪,减少枝叶蒸腾,以获得树体水分的平衡。修剪强度则根据树种的不同、栽植季节的变化、树体规格的大小、生长立地条件及移植后采取的养护措施与提供的技术保证来决定。修剪的基本原则,尽量保持树木的冠形、姿态。萌芽力强、树龄老、规格大、叶薄稠密的树体可强剪,萌芽力弱的常绿树宜轻剪,落叶树在萌芽前移植可尽量不剪。目前大树移植主要采用的树冠修剪方式有3种。

(1)全株式　原则上只将徒长枝、交叉枝、病虫枝、枯弱枝及过密枝剪除,尽量保持树木的原有树冠、树形,绿化的生态、景观效果好,为目前高水平绿地建设中所推崇使用,尤为适用于萌芽率弱的常绿树种,如雪松。

(2)截枝式　只保留到树冠的一级分枝,将其上部截除,多用于生长速率和发枝力中等的树种,如广玉兰、香樟、银杏等。这种方式虽可提高移植成活率,但对树形破坏严重,应控制使用。

(3)截干式　将整个树冠截除,只保留一定高度的主干,多用于生长速率快、发枝力强的树种,如悬铃木、国槐、女贞等。这种做法会带来许多不良后果,正在被放弃使用。

2. 大树挖掘

(1)挖掘前的准备　首先,在挖掘前1～2天,根据土壤干湿情况,适当浇水,以防挖掘时土壤过干而导致土球松散;其次,清理大树周围的环境,将树干周围2～3 m范围内的碎石、瓦砾、灌木地被等障碍物清除干净,将地面大致整平,为顺利挖掘提供条件,并合理安排运输路线。最后,拢冠以缩小树冠伸展面积,便于挖掘和防止枝条折损。准备好挖掘工具、包扎材料、吊装机械以及运输车辆等。

(2)土球挖掘与软材包装　适于移植的胸径为15～20 cm的大树。挖掘前,要确定土球直径,对未经断根缩坨处理措施的大树,以胸径7～8倍为所带土球直径划圈,沿圈的外缘挖60～80 cm宽的沟,沟深也即土球厚度,一般为土球直径的2/3。为减轻土球重量,应把表层土铲去,以见侧根细根为度。挖到要求的土球厚度时,用预先湿润过的草绳、蒲包片、麻袋片等软材采用前面的井式、五角形、橘子式包装。

(3)土台挖掘与包装　带土台移栽采用箱式包装,又称板箱式移栽。一般适用于直径15～30 cm或更大的树木,以及土壤沙性较强不易带土球的大树移栽。

挖掘前根据树木的种类、株行距和干径大小确定植株根部留土台的大小。一般可按树干直径的7～10倍确定土台。然后以干基为中心,按比土台大10 cm的边长,划正方形框线,铲除正方形内的浮土,沿框外缘挖一宽60～80 cm的沟。沟深与土台高度相等,土台下部可比上部小10～15 cm成上宽下窄的倒梯形,土台四个侧面的中间应略微突出,以便装箱时紧抱土台(图4-12)。

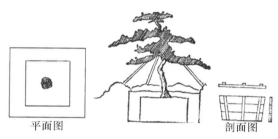

平面图　　　　　　剖面图

图4-12　土台的挖掘

修好土台后应立即上箱板。土台四周箱板钉好之后,开始掏土台下面的底土,上底板和面板。掏底土可在两侧同时进行,并使底面稍向外凸,以利于收紧底板。当土台下边能容纳一块底板时,就应立即将事先准备好与土台底部等长的第一块底板装上,然后继续向中心掏土。

上底板时,将底板一端空出的铁皮钉在木箱板侧面的带板上。再在底板下放木墩顶紧,底板的另一端用千斤顶将底板顶起,使之与土台紧贴,再将底板另一端空出的铁皮钉在相应侧板的纵向横条上。底板上好之后,将土台表面稍加修整,再在土台上面铺一层蒲包,即可钉上木板。

(4)裸根挖掘　适用于移植容易成活的落叶乔木和萌芽力强的常绿树种,如悬铃木、柳树、银杏和香樟、女贞等。裸根移植大树,必须在落叶后至萌芽前进行。所带根系的挖掘直径范围一般是树木胸径的8～12倍,然后顺着根系将土挖散敲脱,注意保护好细根。然后在裸露的根系空隙里填入湿苔藓,再用湿草袋、蒲包等软材将根部包缚。软材包扎法简便易行,运输和装卸也容易,但对树冠需采用强度修剪,一般仅选留1～2级主枝缩剪。移植时期一定要选在枝条萌发前进行,并加强栽植后的养护管理,方可确保成活。

3. 大树带土装卸与运输

大树装运前,应先计算土球重量,并安排相应的起重工具和运输车辆。计算公式为:

$$W = D^2 h \beta$$

式中:W 为土球重量;D 为土球直径;h 为土球厚度;β 为土壤容重。

大树移植时,其土球的吊装、运输,应掌握正确的方法以免损伤树皮和松散土球。吊绳应直接套住土球底部,亦可一端吊住树木茎干,用吊车挂钩钩住拉紧的两股绳,起吊上车。在运输车厢底部装些土,将土球垫成倾斜状,将土球靠近车头厢板,树冠搁置在后车厢板上。上车后最好不要将套在土球上的绳套解开,防止拆系绳套时损坏土球,也便于移植时再用。

树木挖起包扎以后,可采用滚动装卸、滑动装车、吊运装卸进行装卸(图4-13)。

图4-13　树木装卸与运输

4. 大树的栽植

大树移植要掌握"随挖、随包、随运、随栽"的原则,移植前应根据设计要求定点、定树、定位。栽植大树的坑穴,应比土球(台)直径大40～50 cm,比方箱尺寸大50～60 cm,比土球或方箱高度深20～30 cm。吊装入穴时,与一般树木的栽植要求相同,应将树冠最丰满面朝向主观赏方向,并考虑树木在原生长地的朝向。栽植深度以土球(台)或木箱表层高于地表20～30 cm为标准,即土球高度的3/5～4/5入穴,然后围球堆土成丘状。树木栽植入穴后,尽量拆除草绳、蒲包等包扎材料,填土时每填20～30 cm即夯实一次,但应注意不得

损伤土球。栽植完毕后,围堰并浇透定植水。裸根大树或带土移栽中土体破坏脱落的树木,可用坐浆栽植的方法提高成活率。

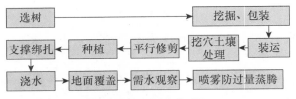

图 4-14　大树移栽过程

4.4.3　提高大树移栽成活率的措施

1. ABT 生根粉的使用

采用软材包装移植大树时,可选用 ABT-1、ABT-3 号生根粉处理树体根部,可有利于树木在移植和养护过程中损伤根系的快速恢复,促进树体的水分平衡,提高移植成活率达 90.8% 以上。掘树时,对直径大于 3 cm 的短根伤口喷涂 150 mg/L ABT-1 生根粉,以促进伤口愈合。修根时,若遇土球掉土过多,可用拌有生根粉的黄泥浆涂刷。

2. 保水剂的使用

主要应用的保水剂为聚丙乙烯酰胺和淀粉接枝型,拌土使用的大多选择 0.5～3 mm 粒径的剂型,可节水 50%～70%,只要不翻土,水质不是特别差,保水剂寿命可超过 4 年。保水剂的使用,除提高土壤的通透性,还具有一定的保墒效果,提高树体抗逆性,另外可节肥 30% 以上,尤适用于北方以及干旱地区大树移植时使用。用量根据树木规格和品种而定,一般用量 150～300 g/株。为提高保水剂的吸水效果,在拌土前先让其吸足水分成饱和凝胶(2.5 h 吸足),均匀拌土后再拌肥使用。采用此法,只要有 300 mm 的年降雨量,大树移植后可不必再浇水,并可以做到秋水来年春用。

3. 输液促活技术

为维持大树移植后的水分平衡,除采用传统的土壤浇水和树体喷水外,还可采用向树体内输液给水的方法,即用特定的器械把水分直接输入树体木质部,可确保树体获得及时、必要的水分,从而有效提高大树移植的成活率(图 4-15)。

图 4-15　大树输液措施

1)液体配制

输入的液体主要以水分为主,并可配入微量的植物生长激素和磷钾矿质元素。常见配比为每 1 kg 水中可溶入 ABT5 号生根粉 0.1 g、磷酸二氢钾 0.5 g。

2)注孔准备

用木工钻在树体的基部钻洞孔,孔向朝下与树干呈 30°夹角,深至髓心为度。洞孔数量的多少和孔径的大小应和树体大小与输液插头的直径相匹配。采用树干注射器和喷雾器输液时,需钻输液孔 1～2 个;挂瓶输液时,需钻输液孔洞 2～4 个。输液洞孔的水平分布要均匀,纵向错开,不宜处于同一垂直线方向。

3)输液方法

(1)注射器注射　将树干注射器针头拧入输液孔中,把贮液瓶倒挂于高处,拉直输液管,打开开关,液体即可输入,输液结束,拔出针头,用胶布封住孔口。

(2)喷雾器压输　将喷雾器装好配液,喷管头安装锥形空心插头,并把它紧插于输液孔中,拉动手柄打气加压,打开开关即可输液,当手柄打气费力时即可停止输液,并封好孔口。

(3)挂液瓶导输　将装好配液的贮液瓶钉挂在孔洞上方,把棉芯线的两头分别伸入贮液瓶底和输液洞孔底,外露棉芯线应套上塑管,防止污染,配液可通过棉芯线输入树体。

使用树干注射器和喷雾器输液时,其次数和时间应根据树体需水情况而定。挂瓶输液时,可根据需要增加贮液瓶内的配液。当树体抽梢后即可停止输液,并涂浆封死孔口。有冰冻的天气不宜输液,以免树体受冻害。

4.5　竹类与棕榈类的移栽

竹类与棕榈类植物都是园林应用中常见的观赏植物,由于它们的茎没有周缘形成层,不能形成树皮,也无直径的增粗生长,不具备树木的基本特征。然而,由于它们的茎干木质化程度很高,且为多年生常绿观赏植物,人们仍将其作为园林树木对待。

4.5.1　竹类的移栽

1. 竹类的生物学特性

竹类为常绿乔木、灌木或藤木,茎多中空,有节。

(1)竹类地下茎的特征　竹类的地下茎是其在土壤中横向或短缩生长的茎,茎上分节,节上生根长芽。芽可抽生新的地下茎或发笋长竹。竹类只有须根,无主根。竹子地下茎的形态因竹种而异,可分为竹鞭(散生竹)、竹蔸(丛生竹)和混合型(混生竹)。

(2)生态学特性　竹类多喜欢温暖、湿润的气候和水肥充足、疏松的土壤条件。竹类喜光,也有一定耐荫性,一般生长密集,甚至可以在疏林下生长。

不同竹种对温度、湿度和肥料的要求又有所不同。一般说对水肥的要求丛生竹高于混生竹,混生竹又高于散生竹;对低温的抗性相反,散生竹大于混生竹,混生竹又大于丛生竹。因而在自然条件下丛生竹多分布于南亚热带、热带江河两岸和溪流两旁,而散生竹多分布于长江与黄河流域平原、丘陵、山坡和较高海拔的地方。

2. 竹类的移栽

园林应用中的竹类移栽,一般采用移竹栽植法。其栽植是否成功,不是看母竹是否成活,而是看母竹是否发笋长竹。如果栽植后 2～3 年还不发笋,则可视为栽植失败。

1)散生竹的栽植

散生竹移栽成功的关键是保证母竹与竹鞭的密切联系,所带竹鞭具有旺盛孕笋和发鞭能力。由于散生竹的生长规律和繁殖特点大同小异,因而栽植技术也极为相似,下面以毛竹为代表加以介绍。

(1)栽培地的选择　毛竹生长快生长量大,出笋后 50 天左右就可完全成型,长成其成年竹大小。毛竹在土层深厚、肥沃、湿润、排水和通气良好,并呈微酸性反应的壤土上生长最好,沙壤土或黏壤土次之,重黏土和石砾土最差。过于干旱、瘠薄的土壤,含盐量 0.1%以上的盐渍土和 pH 8.0 以上的钙质土以及低洼积水或地下水位过高的地方,都不宜栽植毛竹。

(2)栽植季节　在毛竹分布区,晚秋至早春,除天气过于严寒外,都可栽植。偏北地区以早春栽植为宜,偏南地区以冬季栽植效果较好。

(3)母竹的选择　母竹一般应为 1～2 年生,其所连竹鞭处于壮龄阶段,鞭壮、芽肥、根密,抽鞭发笋能力强,只要枝叶繁茂,分枝较低,无病虫害、胸径 2～4 cm 的疏林或林缘竹都可选作母竹。竹竿过粗,挖、运、栽操作不便;分枝过高,栽后易摇晃,影响成活;带鞭过老,鞭芽失去萌发力,都不宜选作母竹。

(4)竹的挖掘与运输　选定母竹后,首先根据竹鞭的位置和走向,按来鞭(即着生母竹的鞭的来向)20～

30 cm,去鞭(即着生母竹的鞭向前钻行将来发新鞭长新竹的方向)40～50 cm 的长度将鞭截断,再沿鞭两侧20～35 cm 的地方开沟深挖将母竹连同竹鞭一并挖

出。挖时要注意鞭不撕裂,保护鞭芽,少伤鞭根不摇竹竿,不伤母竹与竹鞭连接的"螺丝钉"。挖起后,留枝4～6 盘,削去竹梢,但切口要光滑而整齐(图 4-16)

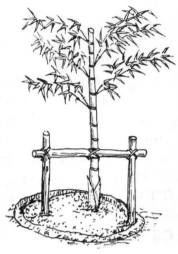

图 4-16 竹的移栽

(5)栽植母竹 栽竹要做到深挖穴,浅栽竹,下紧围,高培蔸,宽松盖,稳立柱。挖长 100 m,宽 60 cm 的栽植穴。栽植时根据竹蔸大小和带土情况,适当修整,放入植穴后,解去母竹包装,顺应竹蔸形状,使鞭根自然舒展,竹蔸下部要垫土密实,上部平于或稍低于地面,回入表土,自下而上分层塞紧踩实,使鞭与土壤密接,浇足定根水,覆土培成馒头形,再盖上一层松土。毛竹若成片栽植,密度可为每亩 20～25 株,3～5 年可以满园成林。

(6)栽后管理 母竹栽植的管理与一般新栽树木相同,但要注意发现露根、露鞭或竹蔸松动要及时培土填盖。松土除草不伤竹根、竹鞭和笋芽。最初 2～3 年,除病虫危害和过于瘦弱的笋子外,一律养竹。孕笋期间,即 9 月以后应停止松土除草。

紫竹、刚竹、罗汉竹等小型散生竹种可以单株或2～3 株一丛移栽。小型竹若成片栽植,其密度可为每亩 30～50 穴。

2)丛生竹的栽植

丛生竹的竹竿大小和高矮相差悬殊,但其繁殖特性和适生环境的差异一般不大,因而在栽培管理上也大致相同。现以青皮竹为例,简要介绍。

(1)栽植地 丛生竹种绝大多数分布在平原丘陵地区,尤其是在溪流两岸的冲积土地带。栽植青皮竹

应选土层深厚,肥沃疏松,水分条件好,pH 4.5～7.0 的土壤进行栽植。

(2)栽植季节 青皮竹等丛生竹类无竹鞭,靠竿基芽眼出笋长竹,一般 5～9 月出笋,翌年 3～5 月伸枝发叶,移栽时间最好在 2 月中旬至 3 月下旬发叶之前,成活率高,当年即可出笋。

(3)母竹选择 应选生长健壮,枝叶繁茂,无病虫害,竿基芽眼肥大充实,须根发达的 1～2 年生竹作母竹。2 年生以上的竹竿,竿基芽眼已发笋长竹,根系开始衰退,不宜选作母竹。母竹应大小适中,过细或过粗的都不宜选作母竹。

(4)挖掘与运输 挖掘时,先在离母竹 25～30 cm 处扒开土壤,由远至近,逐渐深挖,防止损伤竿基芽眼,尽量少伤或不伤竹根,在靠近老竹一侧,切断母竹竿柄与老竹竿基的连接点,将母竹带土挖起。也可连老竹一并挖起,母竹挖起后,保留 1.5～2.0 m 长的竹竿,用利器从节间中部成马耳形截去竹梢。母竹就近栽植可不必包装,若远距离运输则应包装保护,并防止损伤芽眼。

(5)栽植丛生竹 栽植根据造景需要可单株(或单丛)栽植,也可多丛配植。种植穴的大小视母竹竹蔸或土球大小而定,一般应大于土球或竹蔸 50%～100%,直径为 50～70 cm,深约 30 cm。穴底先填细碎表土和

有机肥。放入母竹时应保持根系舒展，然后分层填土，踩实，灌水，覆土，培土呈馒头形，以防积水烂蔸。小型丛生竹种，如凤尾竹等，竹株矮小，分布集中，可 3～5 株成丛挖取栽植，其方法大体相近。

3）混生竹的移栽

混生竹的种类很多，大都生长矮小，除茶杆竹外多数经济价值不大，但其中某些竹种，如方竹、菲白竹等则具有较高的观赏价值。混生竹既有横走地下茎（鞭），又有竿基芽眼，其生长繁殖特性位于散生竹与丛生竹之间，移栽方法可二者兼而有之。

4.5.2　棕榈类的移栽

棕榈类为常绿乔木、灌木或藤木，叶常聚生于茎顶，无分枝或极少分枝。无主根，根颈附近须根盘结密生，耐移栽，易成活。棕榈类植物喜温暖湿润的气候条件，其中许多种类，具有较强的耐荫性。棕榈类植物许多种类如棕榈、椰子、鱼尾葵、蒲葵、棕竹和假槟榔等都具有重要的观赏价值(图 4-17)。它们的生态学特性虽有差异，但其移栽方法大体相同，现以棕榈为例加以介绍。

图 4-17　棕榈绿化

1. 栽植地和栽植季节

棕榈喜温暖不耐严寒，但又是棕榈类植物中最耐低温的，北可分布至河南。棕榈喜湿润肥沃的土壤，棕榈耐荫，尤以幼年更为突出，在树荫及林下更新良好。棕榈对烟尘、SO_2、HF 等有毒气体的抗性较强，病虫害少。

棕榈的栽植地，以土壤湿润、肥沃深厚、中性、石灰性或微酸性黏质壤土为好。棕榈可在春季或梅雨季节栽植，以选雨后和阴雨天栽植为好。

2. 植株选择和挖掘

以生长旺盛的幼壮树为好，在景观要求较高的地方应栽高 2.5 m 左右的健壮植株。棕榈植株过高开始衰老，生长难恢复。过矮栽植后易遭破坏，保存率低。

棕榈无主根，须根密集，分布范围为 30～50 cm，爪状根分布紧密，多为 30～40 cm。带土容易，土球大小多为 40～60 cm，深度则视根系密集层而定。挖掘土球除远距离运输外，一般不包扎，但要注意保湿。

3. 栽植和养护

棕榈可孤植、对植、丛植或成片栽植，成片栽植的间距不应小于 3.0 m。植穴应大于土球 1/3，注意排水。植穴挖好后先回填细土踩实，再放入植株，分批回

土拍紧。注意不能栽得太深，以防积水导致烂根。四川西部及湖南宁乡等地群众有"栽棕垫瓦，三年可剐"的说法，也就是说栽棕榈时先在穴底放几片瓦，便于排水，促进根系的发育。

棕榈栽植除常规管理外，应及时剪除下垂开始发黄的叶和剥除棕片。群众有"一年两剥皮，每剥5~6片"的经验。第一次剥棕为3~4月，第二次剥棕为9~10月，但要特别注意"三伏不剥"和"三九不剥"，以免日灼和冻害。剥棕时应以不伤树干，茎不露白为度。如果剥棕过度必将影响植株生长。

4.6　特殊立地环境植物的栽植与养护

特殊立地环境是城市绿化中非常规的种植环境，是指具有大面积铺装表面的立地、盐碱地、干旱地、无土岩石地、垂直面、环境污染地及容器栽植等。在特殊的立地环境条件下，影响树木生长的主要环境因素水分、养分、土壤、温度、光照等，常表现为其中一个或多个环境因子处于极端状态下，必须采取一些特殊的措施才能达到成功栽植树木的效果。

4.6.1　垂直绿化植物的栽植与养护

垂直绿化是相对于园林水平绿地的一种绿化方式，通过垂直绿化技术将植物引入建筑空间，实现建筑与自然环境的协调。利用藤本植物装饰建筑物的屋顶、墙面、篱笆、围墙、园门、亭廊、棚架、灯柱、树干、桥涵、驳岸等垂直立面，可有效增加城市绿地率和绿化覆盖率，减少炎热夏季的太阳辐射影响，有效改善城市生态环境，提高城市人居环境质量，在美化城市环境、提高城市绿量和发挥生态作用中具有不可忽视的作用。

1.垂直绿化类型

1)垂直绿化植物分类

垂直绿化植物多为藤本植物，根据不完全统计，我国可栽培利用的藤本植物有1 000余种。垂直绿化中的藤本植物绝大多数具有很高的观赏价值，一般选择条件是花繁色艳，果实累累，有卷须、吸盘、吸附根、可攀援生长，对建筑物无损坏。枝条柔软具悬垂性，适合于盆钵生长；常绿性、分枝多、多年生植物，耐寒、耐旱、易栽培，管理方便等特点。

垂直绿化植物根据植物体有无攀援能力及特化攀援器官分为攀援藤本和蔓生藤本，根据绿化的垂直立面不同，可采用攀援植物进行墙体、树干绿化等；利用蔓生植物进行屋顶、棚架、栅栏绿化等。攀援植物攀援特性可分为4类。

(1)缠绕类　指依靠自己的主茎或叶轴缠绕他物向上生长的一类藤本，如紫藤、金银花、木通、南蛇藤、铁线莲等。

(2)吸附类　指依靠茎上的不定根或吸盘吸附他物攀援生长的一类藤本，如爬山虎、凌霄、薜荔、常春藤、扶芳藤等。

(3)卷须类　指由枝、叶、托叶的先端变态特化而成的卷须攀援生长的一类藤本，如葡萄、猕猴桃等。

(4)蔓生类　指不具有缠绕特性，也无卷须、吸盘、吸附根等特化器官，茎长而细软，披散下垂的一类藤本，如迎春、迎夏、枸杞、藤本月季、木香等。

2)城市垂直绿化的主要类型

垂直绿化根据植物品种栽培基质、支撑结构的不同，可以将多种类型的垂直绿化根据其特点，宽泛地分成为绿化立面和生命墙两大类。主要类型有7种。

(1)廊架绿化　是园林中应用最早也是最为广泛的一种垂直绿化形式(图4-18)。一类是以经济效益为主、以美化和生态效益为辅的棚架绿化，在城市居民的庭院之中应用广泛，深受居民喜爱，主要是选用经济价值高的藤本植物攀附在棚架上，如葡萄、猕猴桃、五味子、金银花等。既可遮阳纳凉、美化环境，同时也兼顾了经济利益。另一类是以美化环境为主、以园林构筑物形式出现的廊架绿化，形式极为丰富，有花架、花廊、亭架、墙架、门廊、廊架组合体等，其中以廊架形式为主要对象之一。常用于廊架绿化的藤木主要有紫藤、木香、金银花、藤本月季、凌霄、铁线莲、叶子花等。在具体应用时，应根据实际的空间环境、廊架的体量、造型来选择适宜的藤本植物相配植，并注意二者之间在体量、质地和色彩上取得对比和谐的景观，如杆、绳结构的小型花架，宜配置蔓茎较细、体量较轻的种类；对于砖、木、钢筋混凝土结构的大、中型花架，则宜选用寿命长、体量大的藤木种类；对只需夏季遮荫或临时性花架，则宜选用生长快，一年生草本或冬季落叶的类型。应用卷须类、吸附类垂直绿化植物，棚架上要多设些间隔，便于攀援；对于缠绕类、悬垂类垂直绿化植物，则应考虑适宜的缠绕支撑结构，并可在初期对植物加以人工的辅助和牵引。

图 4-18　廊架绿化模式

（2）篱垣绿化　藤本植物在栅栏、铁丝网、花格围墙上缠绕攀附，或繁花满篱，或枝繁叶茂、叶色秀丽（图4-19）。可使篱垣因植物的覆盖而显得亲切，和谐。栅栏、花格围墙上多应用带刺的藤木攀附其上，既美化了环境，又具有很好的防护功能。常用的有藤本月季、云实、金银花、扶芳藤、凌霄等，缠绕、吸附或人工辅助攀援在篱垣上。

图 4-19　篱垣绿化模式

（3）园门绿化　城市园林和庭院中各式各样的园门，如果利用藤木攀援绿化，则别具情趣，可明显增加园门的观赏效果（图4-20）。适于园门造景的藤本有叶子花、木香、紫藤、木通、凌霄、金银花、金樱子、藤本月季等，利用其缠绕性、吸附性或人工辅助攀附在门廊上。也可进行人工造型，或让其枝条自然悬垂。显花藤木，盛花期繁花似锦，则园门自然情趣更为浓厚；爬山虎、络石等观叶藤本，则可使门廊浓荫匝顶。

图 4-20　园门绿化模式

　　（4）岸、坡、山石驳岸的垂直绿化　此类绿化可选择两种形式进行。绿化材料有既可在岸脚种植带吸盘或气生根的爬山虎、常春藤、络石等。也可在岸顶种植垂悬类的紫藤、蔷薇类、迎春、迎夏、花叶蔓（图 4-21）。

　　陡坡采用藤本植物覆盖，一方面既遮盖裸露地表，美化坡地，起到绿化、美化的作用；另一方面可防止水土流失，又具有固土之功效。一般选用爬山虎、葛藤、常春藤、藤本月季、薜荔、扶芳藤、迎春、迎夏、络石等。

　　在花坛的台壁、台阶两侧可吸附爬山虎、常春藤等，其叶幕浓密，使台壁绿意盎然，自然生动；在花台上种植迎春、枸杞等蔓生类藤本，其绿枝婆娑潇洒，犹如美妙的挂帘。

　　山石是现代园林中最富野趣的点景材料，藤本植物的攀附可使之与周围环境很好的协调过渡，但在种植时要注意不能覆盖过多，以若隐若现为佳。常用覆盖山石的藤本有爬山虎、常春藤、扶芳藤、络石、薜荔等。

图 4-21　岸、山石驳岸绿化模式

　　（5）柱干绿化　是树干、电杆、灯柱等柱干的绿化，可攀援具有吸附根、吸盘或缠绕茎的藤木，形成绿柱、花柱（图 4-22）。金银花缠绕柱干，扶摇而上；爬山虎、络石、常春藤、薜荔等攀附干体，颇富林中野趣。但在电杆、灯柱上应用时要注意控制植株长势、适时修剪，避免影响供电、通信等设施的功能。

图 4-22　柱干绿化模式

一些具吸盘或吸附根的攀援植物如爬山虎、络石、常春藤、凌霄等尚可用于小型拱桥、石墩桥的桥墩和桥侧面的绿化，涵盖于桥洞上方，绿叶相掩，倒影成景；也可用于高架、立交桥立柱的绿化。

（6）室内垂直绿化　此类绿化是宾馆、公寓、商用楼、购物中心和住宅等室内的垂直绿化（图 4-23），可使人们工作、休息、娱乐的室内空间环境更加赏心悦目，达到调节紧张、消除疲劳的目的，有利于增进人体健康。垂直绿化植物经叶片蒸腾作用，向室内空气中散发水分，可保持室内空气湿度；可以增加室内负离子，使人感到空气清新愉悦。有些垂直绿化植物可以分泌杀菌素，使室内有害细菌死亡。可通过绿色植物吸收二氧化碳，放出氧气的光合功能，清新空气；绿色植物还可净化空气中的一氧化碳等有毒气体。垂直绿化可有效分隔空间，美化建筑物内部的庭柱等构件，使室内空间由于绿化而充满生气和活力。室内的植物生长环

图 4-23　室内绿化模式

境与室外相比有较大的差异，如光照强度明显低于室外，昼夜温差也较室外要小，空气湿度较小等。因此，在室内垂直绿化时必须首先了解室内环境条件及特点，掌握其变化规律，根据垂直绿化植物的特性加以选择，以求在室内保持其正常的生长和达到满意的观赏效果。室内垂直绿化的基本形式有攀援和吊挂，可应用推广的种类有常春藤（包括其观叶品种）、络石、花叶

蔓、热带观叶类型的绿蔓、红宝石等。

（7）墙面绿化　其是各类建筑物墙面表面的垂直绿化。可极大地丰富墙面景观，增加墙面的自然气息，对建筑外表具有良好的装饰作用（图4-24）。在炎热的夏季，墙体垂直绿化，更可有效阻止太阳辐射、降低居室内的空气温度，具有良好的生态效益。

图 4-24　墙面绿化模式

用吸附类的攀援植物直接攀附墙面，是常见、经济、实用的墙面绿化方式，在城市垂直绿化面积中占有很大的比例。由于不同植物的吸附能力有很大的差异，选择时要根据各种墙面的质地来确定，越粗糙的墙面对植物攀附越有利。在水泥沙浆、清水墙、马赛克、水刷石、块石、条石等墙面，多数吸附类攀援植物均能攀附，如凌霄、美国凌霄、爬山虎、美国爬山虎、扶芳藤、络石、薜荔、常春藤、洋常春藤等。但对于石灰粉墙墙面的垂直绿化，由于石灰的附着力弱，在超出承载能力范围后，常会造成整个墙面垂直绿化植物的坍塌，故只宜选择爬山虎、络石等自重轻的植物种类，或可在石灰墙的墙面上安装网状或者条状支架。

墙面绿化除了采用直接吸附的形式外，也可在墙面安装条状或网状支架，使卷须类、悬垂类、缠绕类的垂直绿化植物借支架绿化墙面。支架安装可采用在墙面钻孔后用膨胀螺旋栓固定，或者预埋在墙内，或者用凿砖打、木楔、钉钉、拉铅丝等方式进行。支架形式要考虑有利于植物的攀援、人工缚扎牵引和养护管理。用钩钉、骑马钉等人工辅助方式也可使无吸附能力的

植物茎蔓，甚至是乔、灌木枝条直接附壁，但此方式只适用于小面积的垂直绿化，用于局部墙面的植物装饰。

墙面绿化还可以在墙体的顶部设花槽、花斗，栽植枝蔓细长的悬垂类植物或攀援植物（但并不利用其攀援性）悬垂而下，如常春藤、洋常春藤、金银花、红花忍冬、木香、迎夏、迎春、云南黄馨、叶子花等，尤其是开花、彩叶类型装饰效果更好。

女儿墙、檐口和雨篷边缘、墙外管道还可选用适宜攀援的常春藤、凌霄、爬山虎等进行垂直绿化。也可以选择一些悬垂类植物如云南黄馨、十姐妹等盆栽，置于屋顶，长长的藤蔓形成如绿色锦面。

2. 垂直绿化植物的生态特点、繁殖特性及应用原则

1）垂直绿化植物生态特点

垂直绿化植物对生态条件要求，类似于其他一般植物，但也有一些特点在栽培利用时要充分考虑。

（1）温度　根据垂直绿化植物对温度的适应范围，可分为不耐寒、半耐寒和耐寒3种类型。

①不耐寒类型。原产热带和亚热带地区，不能忍受0℃以下低温，有的甚至不能忍受10℃以下低温。

特别是一些常绿种类,多产于温暖高湿地区,以我国长江流域以南地区的种类较为丰富,以华南及西南最为集中,以紫茉莉科、油麻藤科、夹竹桃科、旋花科等为主,可供该地区选用的种类也很丰富。不耐寒垂直绿化植物又分为两类,一是喜热垂直绿化植物,主要产于热带地区,生存温度为 15~40℃,18℃以上开始生长,生长最适温度为 24℃左右,10℃以下会引起寒害,如野木瓜、叶子花、炮仗花等;喜温暖类型,大多数原产亚热带和暖温带平原地区,也包括原产热带雨林或高海拔山地,生存温度为 10~30℃,15℃以上开始生长,生长最适温度为 20~25℃,如扶芳藤、络石、常春藤、薜荔、南五味子、铁线莲、大血藤、云南黄馨、木通等。

②半耐寒类型。以原产暖温带的落叶藤本为主。植物入冬落叶,是适应冬季寒冷条件,免受冻害的一种生理生态适应,因而落叶藤本较常绿藤本更耐寒,落叶愈早及发芽愈迟的种(品种)耐寒力更强,应用范围也更广。半耐寒垂直绿化植物能耐−15~−10℃的低温,在我国长江流域地区可以露地越冬,还可以引种到华北、西北等地,但需采取包草、埋土、架风障等防寒越冬措施,或植楼前向阳处,如藤本月季、木香、凌霄、美国凌霄、猕猴桃等。

③耐寒类型。原产或能分布到温带和寒温带地区的藤本植物,越冬时能耐−15℃以下的低温,如野蔷薇、爬山虎、金银花、紫藤、五味子、葡萄、枸杞、铁线莲等。

耐寒落叶的木本垂直绿化植物种类,冬季落叶后地上主茎不死,但一年生枝梢、特别是秋梢常出现枯亡,需修剪整形,以保美观。

(2)光照 根据垂直绿化植物对光照强度的适应性,可分为阳性、半阴性和阴性3种类型。阳性类型喜欢生长在直射光照充足的环境条件下,如藤本月季、野蔷薇、木香、云南黄馨、紫藤等。在生长中期以后,较强的光照有利于开花和结实,多应用于阳面的垂直绿化。阴性类型喜生在散射光的环境条件下,忌全光照。垂直绿化植物自身不能直立生长,幼时常处于植被下层光照较弱的环境中,光补偿点较低,具有耐阴特性,尤以幼苗期和营养生长期的耐阴力为强,不耐强光照。栽培时幼苗期宜进行适当遮光或避免强光直射,如爬山虎、络石、薜荔、大血藤、扶芳藤、野木瓜等,较适于阴面的垂直绿化,但爬山虎在阳光充足的环境中也能较

好地生长,也适宜阳面的垂直绿化。半阴性垂直绿化植物介于阳性类型和阴性类型之间,适应性较广。如猕猴桃、金银花、美国凌霄、凌霄、常春藤、洋常春藤、薜荔等,喜光,但也比较耐阴,既适于阳面也适于阴面的垂直绿化。

(3)土壤 土壤有机质含量高及疏松、通气透水性良好是栽培垂直绿化植物常需具备的基本条件,大多数垂直绿化植物种类既喜湿润但又忌积水的土壤环境。墙脚、坡地、崖边等立地条件,常表现为土层浅薄而量少、建筑垃圾多、土壤肥力低,保水或排水性差等情况,除选用生长力及抗性强的种类外,应注意客土改良,排涝防渍。

①根据垂直绿化植物对土壤肥力的反应,喜肥的种类,有野木瓜、大血藤、铁线莲、凌霄、茉莉花、使君子、炮仗花、藤本月季等。耐瘠薄的种类,有猕猴桃、五爪金龙、爬山虎、木防己等。绝大多数垂直绿化植物在肥沃的土壤上生长良好,但在较瘠薄的土壤上也能生长,如云南黄馨、扶芳藤、络石、常春藤、薜荔、野蔷薇、威灵仙、五味子、南五味子等。

②根据垂直绿化植物对土壤酸碱度的反应,喜酸性土的种类,有木通、鹰爪枫、钻地枫、葛藤等;喜中性土的种类较多,有金银花、葡萄、紫藤、络石等;喜碱性的种类很少,耐内陆性石灰碱土的有枸杞、美国凌霄等。

(4)水分 根据垂直绿化植物对水分的适应性,可以划分为湿生、旱生和中生3种生态类型。①湿生类型喜生长在潮湿环境中,耐旱力最弱。喜偏湿土壤环境的有紫藤、扶芳藤、爬山虎等;耐水浸土壤环境的有美国凌霄等。②旱生类型能生于偏干土壤中或能经受2个月以上干旱的考验,如木防己、云南黄馨、金银花、常春藤、络石、连翘、葡萄、野蔷薇、爬山虎等。③中生类型绝大多数垂直绿化植物属于介于上述两类之间,如凌霄、洋常春藤、薜荔、野蔷薇、藤本月季、葡萄、木香、猕猴桃、木通、南五味子、五味子等。

空气湿度也是垂直绿化植物水分需求的一个重要因子之一。大多数原产南方湿润气候下的种类,在空气过分干燥的环境中,常生长缓慢或有枝叶变枯现象,尤以阴生类型垂直绿化植物对高空气湿度的要求常超过一般类型。

2)垂直绿化植物的繁殖特性
垂直绿化植物的繁殖多以无性繁殖为主,可以扦

插、嫁接、分株、压条等。因其茎蔓与地面或其他物体接触广泛，极易产生不定根，故大多采用扦插繁殖。常绿种类采用带叶嫩枝扦插，可在生长季进行，南方冬暖地区，几乎全年均可操作。落叶种类，多在春季发芽前采用硬枝扦插法。

具有吸附根的垂直绿化植物类型，可直接截取带根的茎段，进行分株繁殖，方便快捷。对扦插生根较难的种类，可采用压条法繁殖，茎长而柔软的种类，进行波状地面压条，一次可得多数新株。营养繁殖的具体操作方法，与一般观赏植物相同。

3）垂直绿化植物的应用原则

（1）适地适栽　垂直绿化植物的栽培应用，首先要选择适应当地条件的种类，即选用生态要求与当地条件吻合的种类。不同的垂直绿化植物对生态环境有不同的要求和适应能力，生态环境又是由温、光、水、气、土壤等多重因子组成的综合条件，千差万别。从外地引种时，最好先作引种试验或少量栽培，成功后再予推广。把当地野生的乡土植物引入庭园栽培，生态条件虽基本一致，但常常由于小环境的不同，某些重要生态条件类型，如光照、空气湿度等差异可能较大，引种栽培也非能确保成功，必须引起注意。如原生长于林下的垂直绿化植物种类不耐直射光照，而生长于山谷间的种类，则需很高的空气湿度才能正常生长等。

垂直绿化植物的景观价值，在城市园林化观景建设中具十分重要的意义。垂直绿化植物的纤弱体态更显飘逸、婀娜、风韵依附。垂直绿化植物形、色、韵的完美结合可以形成良好的视觉美，又以叶、花、果的季相变化形式向人们展现动态美，还可以通过叶、花、果甚至整个植株释放出的清香产生嗅觉美。例如：紫藤老茎虬曲多姿，犹如盘龙，早春紫花串串十分美丽；花叶常春藤的自然下垂给人以轻柔飘逸感。

（2）美化景观　垂直绿化植物应用栽培，要同时关注科学性与艺术性两个方面，在满足植物生长、充分发挥垂直绿化植物对环境的生态功能的同时，通过垂直绿化植物的形态美、色彩美、风韵美以及与环境之间的协调之美等要素来展现植物对环境的美化装饰作用，是垂直绿化植物应用于园林的重要目的之一。

（3）调节环境　垂直绿化植物在形态、生态习性、应用形式上的差异，对发挥其保护和改善生态环境的功能也不尽相同。例如：以降低室内气温为目的的垂直绿化，应在屋顶、东墙和西墙的墙面绿化中选择栽培

叶片密度大、日晒不易萎蔫、隔热性好的攀援植物，如爬山虎、薜荔等；以增加滞尘和隔音功能为主的垂直绿化，应选择叶片大、表面粗糙、绒毛多或藤蔓纠结、叶片虽小但密度大的种类较为理想，如藤构、络石等；在市区、工厂等空气污染较重的区域则应栽种能抗污染和能吸收一定量有毒气体的种类，降低空气中的有毒成分，改善空气质量。地面覆盖、保持水土，则应选择根系发达、枝繁叶茂、覆盖致密度高的类型，如常春藤、爬行卫矛、络石、爬山虎等。

3. 垂直绿化植物的栽植

1）栽植季节

（1）华南地区　该区1月的平均气温较高，多在10℃以上，年降水量丰富，主要集中在春夏季，秋冬季较少。秋季高温干旱，但时有雷阵雨。由于春季来得早，且又逢雨季，栽植成活率很高。秋季为旱季，此时植株地上部分已停止生长，而土温适宜根系生长，且时间较长，栽植后有利于成活和恢复，晚秋栽植比春栽好。由于冬季土壤不冻结，也可冬栽。

（2）华中、华东长江流域地区　本区四季分明，冬季不长，土壤基本不冻或最冷时仅表层有冻结；夏秋酷热干旱，春季多阴雨，初夏为梅雨季节。多数落叶种类可春栽（2月上旬至4月初）；早春开花的，如迎春、连翘等，为了不影响观花，可于花后栽植；萌芽晚的应于晚春见萌芽时栽，但此时气温已高，起挖前应先灌足水，待土壤处于湿润状态而又不过黏重时进行，随挖、随运、随栽，栽后灌足定根水。常绿种类最好选择在晚春栽，甚至可延迟到6月上旬至7月上旬，但需带土球移栽。虽有些落叶种类，如藤本月季，还可于晚秋（10月上旬至12月初）栽植，效果比春栽好，有利于根系恢复。但常绿种类不宜在晚秋栽植。

（3）华北大部、西北南部　此区冬季较长，有70～90天的冻土期，且少雪、多西北风。春季干旱多风，气温回升快，但持续时间很短。7月上旬至8月下旬雨量集中，且气温较高。绝大多数落叶种类宜在3月上旬至4月下旬栽植。对原产北方的种类，应在土壤化冻后尽早栽植，有利于栽植成活，而对原产南方的喜温种类，如紫藤等，宜晚春栽植。常绿种类则宜晚春栽植于背风向阳处。

（4）东北大部、西北北部和华北北部　该区冬季严寒，且持续时间长。落叶种类以4月土壤化冻后栽植，成活率较高。极耐寒的乡土种可于9月下旬至10月

底栽植,但根部仍需注意防寒。

(5)西南地区　此区气候主要受印度季风影响,5月下旬至 9 月底为雨季,10 月至翌年 5 月中旬为旱季,且蒸发量大,昼夜温差大。由于春旱严重,有灌溉条件时落叶种类可于 2 月上旬至 3 月上旬尽早栽植;常绿种类则应选择在 6～9 月的雨季栽植。

2)栽植步骤与方法

(1)选苗　在绿化设计中应根据垂直立面的性质和成景的速度,科学合理的选择一定规格的苗木。由于垂直绿化植物大多都生长较快,因此用苗规格不一定要太大,如爬山虎类植物一年生扦插苗即可用于定植。用于棚架绿化的苗木宜选大苗,以便于牵引,尽早满棚。

(2)挖穴　垂直绿化植物绝大多数为深根性,因此所挖之穴应略深些。穴径一般应比根幅或土球大 20～30 cm,深与穴径相等或略深。蔓生类型的穴深为 45～60 cm,一般类型的穴深为 50～70 cm,其中植株高大且结合果实生产的为 80～100 cm,如在建筑区遇有灰渣多的地段,还应适当加大穴径和深度,并客土栽植。如果穴的下层为黏实土,应添加枯枝落叶或腐叶土,有利于透气;地下水位高的,穴内应添加沙层滤水。

(3)栽植苗修剪　垂直绿化植物的特点是根系发达,枝蔓覆盖面积大而茎蔓较细,起苗时容易损伤较多根系,为了避免栽植后植株水分代谢不易平衡而造成死亡,对栽植苗要适当重剪,苗龄不大的落叶类型,留 3～5 个芽,对主蔓重剪;苗龄较大的植株,主、侧蔓均留数芽重剪,并视情疏剪。常绿类型以疏剪为主,适当短截,栽植时视根系损伤情况再行复剪。

(4)起苗与包装　落叶种类多采用裸根起苗,苗龄不大的植株,直接用花铲起苗即可。植株较大的蔓性种类或呈灌木状苗体,应先找好冠,在冠幅的 1/3 处挖掘。其他垂直绿化植物由于自然冠幅大小难以确定,在干蔓正上方的,可以冠较密处为准的 1/3 处或凭经验起苗。具直根性和肉质根的落叶树种及常绿类型苗木,应带土球移植。沙壤土质的土球,小于 50 cm 的以浸湿蒲包包装为好;如果是江南的黏土球,用稻草包扎即可。

(5)假植与运输　起出待运的苗木植株应就地假植。裸根苗木在半天内的近距离运输,只需盖上帆布即可;运程超过半天的,装车后应先盖湿草帘再盖帆布;运程为 1～7 天的,根系应先蘸泥浆,用草袋包装装

运,有条件时可加入适量湿苔等;途中最好能经常给苗株喷水,运抵后若发现根系较干,应先浸水,但以不超过 24 h 为宜;未能及时种植的,应用湿润之土假植。

(6)定植　除吸附类作垂直立面或作地被的垂直绿化植物外,其他类型的栽植方法和一般的园林树木一样,即要做到"三埋二踩一提苗"。栽后第一次定根水一定要尽早浇透,若在干旱季节栽植,应每隔 3～4 天浇 1 遍水,连续 3 次。在多雨地区,栽后浇 1 次水即可,等土壤稍干后把堰土培于根际,呈内高四周稍低状以防积水。在干旱地区,可于雨季前铲除土堰,将土培于穴内。秋季栽植的,入冬后将堰土呈月牙形培于根部的主风方向,以利于越冬防寒。

3)垂直绿化植物的养护与管理

(1)施肥

①施肥特点。垂直绿化植物生长发育的一个最显著特点是生长快,表现在年生长期长、年生长量大或年内有多次生长,根系发达而深广或块根茎贮藏养分多,施肥量要求较大,秋季施肥应以钾肥为主,相应少施氮肥,防止枝梢徒长影响抗寒能力。此外,垂直绿化植物类型、种类、品种多样,功能要求不同,各地区又因气候、土壤条件多样,施肥要求亦不同。

②施肥时期。

a.施基肥　以晚秋施较好,北方尤宜秋季施用,此时气温开始下降,地上部多趋停长,而土温适根生长,正值根系生长小高峰,当年吸收的养分,有利于有机养分积累、提高营养贮存,为翌年生长发育打下基础。而且基肥分解期长,秋施后晚分解的可在翌春被植株吸收利用,具体时间因地区、植物种类而异。北方宜早,南方宜迟。对生长停止晚的宜迟,冬季土壤不冻结地区也可冬施。

b.叶面追肥　叶面追肥简单易行,用肥量少,见效快,可满足植株对养分的急需,并可避免某些肥料所含元素在土壤中发生化学或生物固定的作用,尤其适宜缺水季节和山地风景区采用。但叶面施肥局限性大,特效性短,不能代替根系施肥。

叶面追肥的肥分吸收主要通过叶面的气孔和角质层进入叶片,而后送到植株全身。一般喷后 15 min 至 2 h 即可被叶片吸收利用,但吸收强度与叶龄、肥料成分、溶液浓度等有关。一般应先做小型试验,然后再大面积喷施,以免浓度过高引起伤害。此外植株体内含水状况以及喷施后外界的气温和湿度、风速等,对溶

液浓缩的快慢、喷施效果都有关。叶面追肥一般应在上午10时前和下午4时后进行，干旱季节最好在傍晚或清晨喷施，以免溶液浓缩过快叶片难以吸收或溶液浓度变高而引起植株伤害。

为能使溶液附着和展布均匀，应加施展布剂，也可加用中性的洗衣粉等洗涤剂。此外，宜喷螯合的铁、锰、锌、铜剂，其优点是不易中毒，并可适当提高喷施浓度而加强效果。

（2）水分管理

①灌水。掌握需水时期，是垂直绿化植物水分管理中的重要环节。一般情况下，抽蔓展叶旺盛期需水最多，为需水临界期，对植株的生长量有很大影响。此期一般在夏初，有些垂直绿化植物一年内有多次枝蔓生长高峰，应注意充分供水。垂直绿化植物的花期需水较多且比较严格；水分过少，影响花朵的舒展和授粉受精；水分过多，会引发落花。观果垂直绿化植物，在果实快速膨大期需水较多；后期水分充足可增加果实产量，但会降低品质。多年生藤木在越冬前应浇足水，使其在整个冬季保有良好的水分状况。在冬季土壤冻结之地，冬前防冻水可保护根系免受冻害，有利于防寒越冬。

②排水。水淹比干旱对垂直绿化植物的危害更大。水涝3～5天即能使植株发生死亡。植物的耐水性与根系的需氧性关系密切，需氧性高的类型最怕涝，水涝会使它因缺氧而死亡；尤其在闷热多雨季节，大雨之后存积的涝水，遇烈日一晒，水温剧升，植株更易因根系缺氧死亡，故雨停后要尽快排水。地下水位过高的地方，也会因根系缺氧会给植株生长带来危害，因此应在定植时即采取降低水位等防范措施。

（3）垂直绿化株形及架式整剪

①棚架式。适用于卷须、缠绕类、藤本月季等，于近地面处重剪促发数条强壮主蔓，人工牵引至棚面，使其均匀分布形成凉荫，隔年疏剪病、老和过密枝即可。需藤蔓下架埋土防寒的地区，经修剪清理后，缚捆主蔓埋于土中。对结合花果生产的，应充分利用向阳垂直面，采用多种短截修剪，以增加开花结果面积。

格架栽培。在框架间隔内，用较细的钢筋、粗铅丝、尼龙绳等条线材组成方格，有利于卷络。修剪手法，重截以培养侧蔓为主，缚扎使其均匀布满架面。

圈架栽培。在圈架内，株植其中，蔓自圈中出，如大花瓶一般。修剪时选留6～8根方位分布均匀的主蔓，衰老枝按"去老留新"法疏剪更新。云实等较豪放的类型，宜用高架圈型。

凉廊栽培。凉廊与棚架不同之处在于设有两侧格子架，故应先采用连续重剪抑主蔓促侧蔓等措施，勿使主蔓过早攀上廊顶，以防两侧下方空虚并均缚侧蔓于垂直格架。如栽植吸附类型植物，需用砖等砌花墙，提供吸附所需的一定平面，并隔一定距离开设漏窗，以防过于郁暗。为防基部光秃，栽植初期宜重剪发蔓。

②壁柱式。主要适用于吸附类，如爬山虎、常春藤、凌霄、扶芳藤等，包括吸附墙壁、巨岩、假山以及裹覆光秃之树干或灯柱等。

壁柱式应用时要求一定直径的适缠柱形物，并保护和培养主蔓，使其能自行缠绕攀援。对不能实现自缠得过粗的柱体，可行人工助牵引绕，直至能自行缠绕。在两柱间进行双株缠绕栽植，应在根际钉桩，结链绳分别呈环垂挂于两柱适合的等高处，牵引主蔓缠绕于绳链，形成连续花环状景观。对藤本月季类品种，需行重剪促生侧蔓，以后对主蔓长留，人工牵引绕柱逐年延伸，同时需均匀缚扎侧蔓或弯下引缚补缺。

③悬垂式。对于自身不能缠绕又无特化攀援器官的蔓生型种类，常栽植于屋顶、墙顶或盆栽置于阳台等处，使其藤蔓悬垂而下，只做一般整形修剪，顺其自然生长。用于室内吊挂的盆栽垂直悬类型，应通过整形修剪达到蔓条均匀分布于盆四周，下垂之蔓有长有短，错落有致。对衰老枝应选适合的带头枝进行回缩修剪。

④篱垣式。若用于卷须类、缠绕类品种。通常将主蔓呈水平诱引，形成长距离、较低的篱垣，分2层或3层培养成"水平篱垣式"，每年对侧蔓进行短截。如欲形成短距离的高篱，可进行短截使水平主蔓上垂直萌生较长的侧蔓。对蔓生性品种，如藤本月季、叶子花等，可植于篱笆、栅栏边，经短截萌枝后由人工编附于篱栅上。

利用某些垂直绿化植物枝蔓柔软、生长快、枝叶茂密的特点，进行人工造型，如动物、亭台、门坊等形体或墙面图案，以满足特殊景观的需要。立体造型栽培需先用细钢筋或粗铅丝构制外形，适用于卷须或缠绕类型植物。成坯后还需经适当修剪与整理，使枝蔓分布均匀，茂密不透。

⑤匍匐、灌丛式。疏去过密枝、交叉重叠枝，匍匐栽植，可进行人工调整枝蔓使其分布均匀，如短截较稀

处枝蔓,促发新蔓,雨季前按一定距离(0.5～1 m)于节位处培土压蔓,促发生根绵延。

对呈灌丛拱枝形的垂直绿化植物,整剪要求圆整,内高外低。其中为观花的,应按开花习性进行修剪,先花后叶类,在江南地区可花后剪;在北方大陆性气候地区宜花前冬剪,但应剪得自然些。由于单枝离心生长快,衰老也快,虽在弯拱高位及以下的潜伏芽易剪枝更新,为维持其拱枝形态,不宜在弯拱高位处采用回缩更新,因易促枝直立而破坏株形,而应采用"去老留新"法,即将衰老枝从基部疏除。成片栽植时,一般不单株修剪更新,而是待整体显衰老时,分批自地面割除,1～2 年即又可更新复壮。对先灌后藤的某些缠绕藤木幼时呈灌状之骨架,可植于草地、低矮假山石、水边较高处,但不给予攀缠条件,使之长成灌丛形。新植时结合整形按一般修剪,待枝条渐多和生出缠绕枝后,只作疏剪清理即可。

4.6.2　干旱及盐碱地树木的栽植与养护

1.干旱地的树木栽植

干旱地环境特点具有天气干燥、气温高、昼夜温差大等特点。干旱地立地环境不仅因水分缺少构成对树木生长的胁迫,同时干旱还致使土壤环境发生变化,一般具有以下特点。土壤次生盐渍化,当土壤水分蒸发量大于降水量时,不断丧失的水分使得表层土壤干燥,地下水通过毛细管的上升运动到达土表,在不断补充因蒸发而损失的水分的同时,盐碱伴随着毛管水上升、并在地表积聚,盐分含量在地表或土层某一特定部位的增高,导致土壤次生盐渍化发生;土壤生物减少,干旱条件导致土壤生物种类(细菌、线虫、蚁类、蚯蚓等)数量的减少,生物酶的分泌也随之减少,土壤有机质的分解受阻,影响树体养分的吸收;土壤温度升高,干旱造成土壤热容量减小,温差变幅加大;同时,因土壤的潜热交换减少,土壤温度升高,这些都不利于树木根系的生长。

1)树种选择

选择适于干旱地种植的树种,适应干旱环境的树种形态上一般具有根系发达,根/冠比大,这样能有效地利用土壤水分,特别是土壤深处的水分,并能保持水分平衡。叶片小,叶脉致密,叶片表面常具有保护蒸发的角质层,蜡质层。可供选择树种较多,如锦鸡儿、火棘、小檗、石楠、乌桕、毛白杨、响叶杨、木姜子、枫香等。

2)栽植时间

干旱地的树木栽植应以春季为主,一般在 3 月中旬至 4 月下旬,此期土壤比较湿润,土壤的水分蒸发和树体的蒸腾作用也比较低,树木根系再生能力旺盛,愈合发根快,种植后有利于树木的成活生长。但在春旱严重的地区,宜在雨季栽植为宜。

3)栽植技术。

(1)泥浆堆土　将表土回填树穴后,浇水搅拌成泥浆,再挖坑种植,并使根系舒展;然后用泥浆培稳树木,以树干为中心培出半径为 50 cm、高 50 cm 的土堆。因泥浆能增强水和土的亲和力,减少重力水的损失,可较长时间保持根系的土壤水分。堆土还减少树穴土壤水分的蒸发,减小树干在空气中的暴露面积,降低树干的水分蒸腾。

(2)埋设聚合物　聚合物是颗粒状的聚丙烯酰胺和聚丙烯醇物质,能吸收自重 100 倍以上的水分,具极好的保水作用。干旱地栽植时,将其埋于树木根部,能较持久地释放所吸收的水分供树木生长。高吸收性树脂聚合物为淡黄色粉末,不溶于水,吸水膨胀后成无色透明凝胶,可将其与土壤按一定比例搅拌均匀使用;也可将其与水配成凝胶后,灌入土壤使用,有助于提高土壤保水能力。

(3)开集水沟　旱地栽植树木,可在地面挖集水沟蓄积雨水,有助于缓解旱情。

(4)容器隔离　采用塑料袋容器(10～300 L)将树体与干旱的立地环境隔离,创造适合树木生长的小环境。袋中填入腐殖土、肥料、珍珠岩,再加上能大量吸收和保存水分的聚合物,与水搅拌后呈冻胶状,可供根系吸收 3～5 个月。若能使用可降解塑料制品,则对树木生长更为有利。

2.盐碱地的树木栽植

1)盐碱地土壤的环境特点

盐碱地绿化是一个城市绿化的世界性难题,分布范围广,约占陆地总面积的 25%。土壤中含盐量在 0.1%～0.2%,或者土壤胶体吸附一定数量的交换性钠,碱化度在 15%～20%,有害于作物正常生长。

2)盐碱地对树木生长的影响

(1)引发生理干旱　由于盐碱土中积盐过多,土壤溶液的渗透压远高于正常值,导致树木根系吸收养分、水分非常困难,甚至会出现水分从根细胞外渗的情况,破坏了树体内正常的水分代谢,造成生理干旱,树体萎

萎、生长停止甚至全株死亡。一般情况下，土壤表层含盐量超过0.6％时，大多数树种已不能正常生长；土壤中可溶性盐含量超过1.0％时，只有一些特殊耐盐树种才能生长。

（2）危害树体组织 在土壤pH居高的情况下，OH⁻对树体产生直接毒害。这是因为树体内积聚的过多盐分，使蛋白质合成受到严重阻碍，从而导致含氮的中间代谢产物积累，造成树体组织的细胞中毒；另外盐碱的腐蚀作用也能使树木组织直接受到破坏。

（3）滞缓营养吸收 过多的盐分使土壤物理性状恶化、肥力减低，树体需要的营养元素摄入减慢，利用转化率也减弱。而Na^+的竞争，使树体对钾、磷和其他营养元素（主要是微量元素）的吸收减少，磷的转移受抑，严重影响树体的营养状况。

（4）影响气孔开闭 在高浓度盐分作用下，叶片气孔保卫细胞内的淀粉形成受阻，气孔不能关闭，树木容易因水分过度蒸腾而干枯死亡。

3）盐碱地栽植主要树木选择

耐盐树种具有适应盐碱生态环境的形态和生理特性，能在其他树种不能生长的盐渍土中正常生长。这类树种一般体小质硬，叶片小而少，蒸腾面积小；叶面气孔下陷，表皮细胞外壁厚，常附生绒毛，可减少水分蒸腾；叶肉中栅栏组织发达，细胞间隙小，有利于提高光合作用的效率。有些耐盐树种，其细胞渗透压可在40个大气压以上，能建立阻止盐分进入的屏障；或能通过茎、叶的分泌腺把进入树体内的盐分排出；或能阻止进入体内的盐分进一步的扩散和输送，从而避免或减轻盐分的伤害作用，保证其正常的生理活动。也有的树种体内含有较多的可溶性有机酸和糖类，细胞渗透压增大，提高了从土壤中吸收水分的能力。

树种耐盐性是一个相对值，它以树体生长的气候和栽培条件为基础，树种、土壤和环境因素的相互关系都对树木的抗盐性产生影响。因此，反映树木内在生物学特性的绝对耐盐力是难以确定的。不同的树木种类或品种，其耐盐性有很大的差别，而同一树种的树体处于不同的发育阶段，或生长在不同的土壤与气候环境条件下，其耐盐性也不相同。一般而言，种子萌发及幼苗期的耐盐性最差，其次是生殖生长期，而其他发育阶段对盐胁迫的相对敏感性较弱。

另外，温度、相对湿度及降水等气候因素对树木耐盐性也产生较大的的影响。一般来说，在恶劣的气候条件下（炎热、干燥、大风），树体盐害症状加重。由于土壤湿度影响土壤中的盐分转移、吸收，影响树木体内生化过程及水分蒸腾，生长在炎热干燥气候条件下的树体，大多较湿冷条件下对盐分更为敏感；而较高的空气湿度使得蒸腾降低，能缓解由于盐度而引起的水分失调的影响。故提高土壤湿度和空气湿度均有助于提高树体的耐盐性，特别是对盐分敏感的树种，更具作用。

一般树木的耐盐力为0.1％～0.2％，耐盐力较强的树种为0.4％～0.5％，强耐盐力的树种可达0.6％～1.0％。可用于滨海盐碱地栽植的树种主要有：柽柳、红树、国槐、刺槐、合欢、胡颓子、黑松、北美圆柏、胡杨、火炬树、白蜡、沙枣、苦楝、紫穗槐、垂柳、侧柏、龙柏、枸杞、小叶女贞、石榴、月季、木槿等，这些树种均是耐盐碱土栽植的优良树种。

4）盐碱地树木栽植技术

（1）施用土壤改良剂 施用土壤改良剂可达到直接在盐碱土栽植树木的目的，如施用石膏可中和土壤中的碱，适用于小面积盐碱地改良，施用量为3～4 t/hm²。

（2）防盐碱隔离层 对盐碱度高的土壤，可采用防盐碱隔离层来控制地下水位上升，阻止地表土壤返盐，在栽植区形成相对的局部少盐或无盐环境。具体方法为：在地表挖1.2 m左右的坑，将坑的四周用塑料薄膜封闭，底部铺20 cm石渣或炉渣，在石渣上铺10 cm草肥，形成隔离盐碱环境、适合树木生长的小环境。天津园林绿化研究所的试验表明，采用此法第一年的平均土壤脱盐率为26.2％，第二年为6.6％；树木成活率达到85％以上。

（3）埋设渗水管 铺设渗水管可控制高矿化度的地下水位上升，防止土壤急剧返盐。天津园林绿化研究所采用渣石、水泥制成内径20 cm、长100 cm的渗水管，埋设在距树体30～100 cm处，设有一定坡降并高于排水沟；距树体5～10 m处建一收水井，集中收水外排，第一年可使土壤脱盐48.5％。采用此法栽植白蜡、垂柳、国槐、合欢等，树体生长良好。

（4）暗管排水 暗管排水的深度和间距可以不受土地利用率的制约，有效排水深度稳定，适用于重盐碱地区。单层暗管埋深2 m，间距50 cm；双层暗管第一层深0.6 m，第二层埋深1.5 m，上下两层在空间上形成交错布置，在上层与下层交会处垂直插入管道，使上层的积水由下层排出，下层管排水流入集水管。

（5）抬高地面 天津园林绿化研究所在含盐量为0.62％的地段，采用换土并抬高地面20 cm栽种油松、侧柏、龙爪槐、合欢、碧桃、红叶李等树种，成活率达到72％～88％。

（6）躲避盐碱栽植 土壤中的盐碱成分因季节而有变化，春季干旱、风大，土壤返盐重；秋季土壤经夏季雨淋盐分下移，部分盐分被排出土体，定植后，树木经秋、冬缓苗易成活，故为盐碱地树木栽植的最适季节。

（7）生物技术改土 主要指通过合理的换茬种植，减少土壤的含盐量。如上海石化总厂对新成陆的滨海盐渍土，采用种稻洗盐、种耐盐绿肥翻压改土的措施，仅用1～2年的时间，降低土壤含盐量40％～50％。

（8）施用盐碱改良肥 盐碱改良肥内含钠离子吸附剂、多种酸化物及有机酸，是一种有机—无机型特种

园艺肥料，pH 5.0。利用酸碱中和、盐类转化、置换吸附原理，既能降低土壤pH，又能改良土壤结构，提高土壤肥力，可有效用于各类盐碱土改良。

4.6.3 铺装地面及容器栽植树木的栽植与养护

1. 铺装地面栽植

铺装地面的是指城市中商业步行街、商业广场、停车场等用建筑材料铺设的硬化地面，可提供给园林树木栽植的地面空间有限。在建筑施工时一般很少考虑其后的树木种植问题，因此在树木栽植和养护时常发生有关土壤排、灌、通气、施肥等方面的矛盾，需作特殊的处理，以利于铺装地面上树木的栽植和养护（图4-25）。

图4-25 铺装地栽植模式

1)铺装地面栽植的环境特点

（1）树盘土壤面积小 在有铺装的地面进行树木栽植，大多情况下种植穴的表面积都比较小，土壤与外界的交流受制约较大。如城市行道树栽植时容留的树盘土壤表面积一般仅1～2 m²，有时覆盖材料甚至一直铺到树干基部，树盘范围内的土壤表面积极少。

（2）生长环境条件恶劣 栽植在铺装地面上的树木，除根际土壤被压实、透气性差，导致土壤水分、营养物质与外界的交换受阻外，还会受到强烈的地面热量辐射和水分蒸发的影响，其生境比一般立地条件下要恶劣得多。研究表明，夏季中午的铺装地表温度可高达50℃以上，不但土壤微生物被致死，树干基部也可

能受到高温的伤害。近年来我国许多城市建设的各类大型城市广场，崇尚采用大理石进行大面积铺装，更加重了地表高温对树木生长带来的危害。

（3）易受机械性伤害 由于铺装地面大多为人群活动密集的区域，树木生长容易受到人为干扰和难以避免的损伤，如刻伤树皮、钉挂杂物，在树干基部堆放有害物、有碍物质，以及市政施工时对树体造成的各类机械性伤害。

2)铺装地面的树木栽植技术

（1）树种选择 由于铺装立地的特殊环境，树种选择应具有耐干旱、耐贫瘠的特性，根系发达；树体能耐高温与阳光暴晒，不易发生灼伤。

（2）土壤处理　适当更换栽植穴的土壤，改善土壤的通透性和土壤肥力，更换土壤的深度为 50～100 cm，并在栽植后加强水肥管理。

3）树盘处理

应保证栽植在铺装地面的树木有一定的根系土壤体积。据美国波士顿的调查资料，在有铺装地面栽植的树木，根系至少应有 3 m³ 的土壤，且增加树木基部的土壤表面积要比增加栽植深度更为有利。铺装地面切忌一直伸展到树干基部，否则随着树木的加粗生长，不仅地面铺装材料会嵌入树干体内，树木根系的生长也会抬升地面，造成地面破裂不平。

树盘地面可栽植花草，覆盖树皮、木片、碎石等，也可覆盖树箅子（图 4-26）。一方面提升景观效果，另一方面起到保墒、减少扬尘的作用；也可采用两半的铁盖、水泥板覆盖，但其表面必须有通气孔，盖板最好不直接接触土表。

图 4-26　树盘地面处理

如是水泥、沥青等表面没有缝隙的整体铺装地面，应在树盘内设置通气管道以改善土壤的通气性（图 4-27）。通气管道一般采用 PVC 管，比较好的是波纹通气透水管，直径 7～12 cm，管长 60～100 cm，管壁钻孔，通常安置在种植穴的四角。

图 4-27　通气管道设置

2. 容器栽植

容器绿化是指在没有土壤的空间场所中栽植树木或者摆置盆栽(图4-28)。现有的商业步行街、商业广场、停车场等城市中心区域,可提供给植树需求的地面空间越来越少,为了增加城市绿化量、营造植物景观,通常使用各类容器来栽植树木。其作为室外绿化装饰的新形式越来越多地出现在人们的视野范围。

图 4-28　容器栽植模式

1)容器栽植的特点

(1)可移动性与临时性　这是容器栽植的最大特点。在自然环境不适合树木栽植、空间狭小无法栽植或临时性栽植需要等情况下,同样为了满足节假日等喜庆活动的需要,大量使用容器栽植的观赏树木来美化街头、绿地,营造与烘托节日的氛围,可采用容器栽植进行环境绿化布置。

(2)树种选择多样性　由于容器栽植可采用保护地设施培育,受气候或地理环境的限制较小,树木种类选择就较自然立地条件下栽植的要多。在北方,利用容器栽植技术,更可在春、夏、秋三季将原本不能露地栽植的热带、亚热带树种呈现室外,丰富观赏树木的应用范畴。

2)园林树木容器栽植的类型

(1)容器种类　提供树木栽植的容器,材质各异,常用的有陶、瓷、木、塑料等。陶盆透气性好,但易碎,不宜经常搬动,外表朴实,多用作室外摆放;瓷盆多为上釉盆,透气性不良,对树体生长不利,但盆面时有彩绘,多用于室内摆饰;木盆多用坚硬而不易腐烂的杉、松、柏等木料制作,且外部通常刷以油漆,既可防腐,又增加美观。桶底设排水孔,桶边通常装有方便搬动的把手;强化塑料盆质轻、坚固、耐用,可加工成各种形状、颜色,但透气性不良,夏天受太阳光直射时壁面温度高,不利于树体根系的生长;玻璃纤维强化灰泥盆是最新采用的一种栽植容器,坚固耐用性同强化塑料盆,易于运输,但面壁厚,透气性不良。

另外,在铺装地面上砌制的各种栽植槽,有砖砌、混凝土浇筑、钢制等,也可理解为容器栽植的一种特殊类型,不过它固定于地面,不能移动。

(2)容器大小　栽植容器的大小不定,主要以容纳满足树体生长所需的土壤为度,并有足够的深度能固定树体。一般情况下的容器深度为,中等灌木 40～60 cm,大灌木与小乔木则至少应有 80～100 cm 的深度。

(3)基质种类　容器栽植需要经常搬动,应选用疏松肥沃、容重较轻的基质为佳。

①有机基质。常见的有木屑、稻壳、泥炭、草炭、腐熟堆肥等。锯末的成本低、重量轻,便于使用,以中等细度的锯末或加适量比例的刨花细锯末混用,效果较好,水分扩散均匀。在粉碎的木屑中加入氮肥,经过腐熟后使用效果更佳。但松柏类锯末富含油脂,不宜使用;侧柏类锯末含有毒素物质,更要忌用。泥炭由半分解的水生、沼泽地的植被组成,因其来源、分解状况及矿物含量、pH 的不同,又分为泥炭藓、芦苇苔草、泥炭腐殖质等 3 种。其中泥炭藓持水量高于本身干重的 10 倍,pH 3.8～4.5,并含有氮(1%～2%),适于作基质使用。

②无机基质。常用的有珍珠岩、蛭石、沸石等。蛭石为云母类矿物,在炉中加热至 1 000℃后,膨胀形成孔多的海绵状小片,无毒无异味。在化学成分上含有

结晶水的镁-铝-铁硅酸盐,呈中性反应,具有良好的缓冲性能;持水力强,透气性差,适于栽培茶花、杜鹃等喜湿树种。珍珠岩属硅质矿物,由熔岩流形成。矿石在炉中加热至 760℃,成为海绵状小颗粒,容重 80～130 kg/m³,pH 5～7,无缓冲作用,也没有阳离子交换性,不含矿质养分;颗粒结构坚固,通气性较好,但保水力差,水分蒸发快,特别适合木兰类等肉质根树种的栽培,可单独使用,或与沙、园土混合使用。沸石的阳离子交换量(CEC)大,保肥能力强。

草炭、泥炭等有机基质的养分含量多,但保水性差;无机基质蛭石、珍珠岩等却有良好的保水性与透气性。一般情况下,栽植基质多采用富含有机质的草炭、泥炭与轻质保水的珍珠岩、蛭石成一定比例混合,二者优势互补,相得益彰。

(4)营养与水分　自然条件下树体生长发育过程中需要的多种养分,大部是从土壤中吸取的。容器栽植因受容器体积的限制,土壤基质及所能供应的养分均有限。容器基质土壤的封闭环境也不利于根际水分平衡,遇暴雨时不易排出,遇干旱时又无法吸收补充,故需精细养护。

容器栽植,虽根系发育受容器的制约,养护成本及技术要求高;但容器栽植时的基质、肥料、水分条件易固定,又方便管理与养护。在裸地栽植树木困难的一些特殊立地环境,采用容器栽植可提高成活率;一些珍稀树木、新引种的树木、移植困难的树木,则可先直接采用容器培育,成活后再行移植。

3)容器栽植的树种选择

容器栽植特别适合于生长缓慢、浅根性、耐旱性强的树种。乔木类常用的有桧柏、五针松、柳杉、银杏等;灌木的选择范围较大,常用的有罗汉松、花柏、刺柏、杜鹃、桂花、檵木、月季、山茶、八仙花、红瑞木、珍珠梅、榆叶梅、栀子等。地被树种在土层浅薄的容器中也可以生长,如铺地柏、平枝栒子、八角金盘、菲白竹等。

4)容器栽植的管理

(1)浇水　室外摆放的容器栽植树木易失水干旱,根据树体的生长需要适期给水,是容器栽植养护技术的关键。由于容器内的培养条件较固定,可比较容易地根据基质水分的蒸发量,推算出补水需求。例如,一株胸径 5 cm 的银杏,栽植于 1.5 m 长、1 m 高的容器中,春夏平均蒸发量约为 160 L/天,一次浇水后保持在

容器土壤中的有效水为 427 L,每 3 天就得浇足水一次。精确的计算可采用在土壤中埋设湿度感应器,通过测量土壤含水量,以确定灌溉量。水分管理一般采用浇灌、喷灌、滴灌的方法,以滴灌设施最为经济、科学,并可实现计算机控制、自动管理。

(2)施肥　容器栽植中的基质及所含的养分均极有限,根本无法满足树体生长的需要,施肥是容器栽植的重要措施。容器栽植最有效的施肥方法是结合灌溉进行,将树体生长所需的营养元素溶于水中,根据树木生长阶段和季节特征确定施肥量。此外,采用叶面施肥,也是一种简单易行、用肥量小、发挥作用快的施肥方法。

(3)防倒伏　容器栽植树木的困难,除了水分、养分供应外,还由于树木地上部分的庞大树冠影响其稳定性,风倒的可能性增加。树木的树形、叶片、枝密度及绿叶期等特性都影响树冠受风面积,一般枝叶繁茂的常绿乔木更易被大风吹倒。适度修剪可减少树木的受风面,风从枝叶空隙中穿过,可降低风倒的发生。在风大或多风的季节,将容器固定于地面,是增加其稳定性的最稳妥措施。

(4)修剪　容器栽植的树木,根系生长发育有限,合理修剪可控制竞争枝、直立枝、徒长枝生长,从而控制树形和体量,保持一定的根冠比例,均衡生长;合理修剪尚可控制新梢的生长方向和长势,均衡树势。

5)乔木的容器栽植设计

城市商业区经常可见乔木容器栽植,若采用滴灌措施,可将连接着水管的滴头直接埋在土壤中,水管与供水系统相连,供水量可实现微机控制。在容器底部铺有排水层,主要由碎瓦等粗栏材料组成,底部中间开有排水孔。容器壁由两层组成,一层为外壁,另一层为隔热层。隔热层对于外壁较薄的容器尤为重要,可有效减缓阳光直射时壁温升高对树木根系造成的伤害。

4.6.4　屋顶花园植物的栽植与养护

屋顶花园绿化是在各类古今建筑物、构筑物等的屋顶、露台、天台、阳台上进行绿化种植树木花卉的方式(图 4-29)。是一个高度人工化的环境,不是简单地栽树种花,需要处理好植物、建筑环境和人的关系。屋顶花园环境中的光照、温度、水分、风等生态因子不仅受区域气候的影响,而且在不同的场地中受建筑高度、

朝向、围合程度等环境差异的影响。根据其建筑结构特点和材料性质,种植花草树木,设置喷泉、雕塑、花架亭廊等,可美化环境,对建筑物产生隔热效果,并供散步、休息、活动等。

图 4-29　屋顶花园建造模式

1. 屋顶花园的作用及其环境条件特点

(1)屋顶花园的作用　屋顶花园是营造在建筑物顶层的绿化形式,其种植土是人工合成堆积,不与大地土壤相连。其可以改善城市生态环境,充分利用空间,增加城市绿量,改善城市生态环境,丰富城市景观。屋顶花园的存在柔化了生硬的建筑物外形轮廓,植物的季相美又赋予建筑物动态的时空变化,并丰富了城市风貌。屋顶花园构成屋面的隔离层,改善建筑物顶层的物理性能,夏天可使屋面免受阳光直接暴晒、烘烤,显著降低其温度;冬季可发挥较好的隔热层作用,降低屋面热量的散失。由此节省顶层室内降温与采暖的能源消耗。

(2)屋顶花园的环境特点　屋顶花园是在完全人工化的环境中栽植树木,采用客土、人工灌溉系统为树木提供必要的生长条件。在屋顶营造花园由于受到载荷的限制,不可能有很深的土壤,因此屋顶花园的环境特点主要表现在土层薄、营养物质少、缺少水分;同时屋顶风大,阳光直射强烈,夏季温度较高,冬季寒冷,昼夜温差变化大。

2. 适于屋顶花园栽植的树种选择

1)树种类型

屋顶花园的特殊生境对树种的选择有严格的限制,一般要求树体具抵抗极端气候的能力;能忍受干燥、潮湿积水;适应土层浅薄、少肥的土壤;栽植容易,耐修剪,生长缓慢。根系生长钻透性强的树种不宜选用,生长快、树体高大的乔木慎用。距离地面越高的屋顶,树种选择受限制越多。

常用的乔木有罗汉松、龙爪槐、紫薇、女贞等,灌木有红叶李、桂花、山茶、紫荆、含笑等,藤本有紫藤、蔷薇、地锦、常春藤、络石等,地被有菲白竹、箬竹、黄馨、铺地柏等。

2)栽植类型

(1)地毯式　适宜于承受力比较小的屋顶,以地被、草坪或其他低矮灌木为主进行造园,构成垫状结构。土壤厚度 15～20 cm,选用抗旱、抗寒力强的攀援或低矮植物,如地锦、常春藤、紫藤、凌霄、金银花、红叶小檗、蔷薇、狭叶十大功劳、迎春、黄馨等。

(2)群落式　适宜于承载力较高(一般不小于 400 kg/m²)的屋顶,土壤厚度要求 30～50 cm。可选用生长缓慢或耐修剪的小乔木、灌木、地被等搭配构成立体栽植的群落,如罗汉松、红枫、紫荆、石榴、箬竹、桃叶珊瑚、杜鹃等。

(3)庭院式　适宜于承载力大于 500 kg/m² 的屋顶,可仿建露地庭院式绿地,除了立体植物群落配置外,还可配置浅水池、假山、小品等建筑景观,但应注意承重力点的查看,一般多沿周边设置,安全性较好。

无论哪一种屋顶花园,树种栽植时要注意搭配,特别是群落式屋顶花园,由于屋顶载荷的限制,乔木特别是大乔木数量不能太多;小乔木和灌木树种的选择范围较大,搭配时注意树木的色彩、姿态和季相变化;藤

本类以观花、观果、常绿树种为主。

3. 屋顶花园的树木栽植技术

1)底面处理

(1)排水系统

①架空式种植床。在离屋面 10 cm 处设混凝土板承载种植土层。混凝土板需有排水孔,排水可充分利用原来的排水层,顺着屋面坡度排出,绿化效果欠佳。

②直铺式种植床。在屋面板上直接铺设排水层和种植土层,排水层可由碎石、粗砂组成,其厚度应能形成足够的水位差,使土层中过多的水能流向屋面排水口。花坛设有独立的排水孔,并与整个排水系统相连。日常养护时,注意及时清除杂物、落叶,特别要防止总排水管被堵塞。

(2)防水处理

①刚性防水层。在钢筋混凝土结构层上用普通硅酸盐水泥砂浆掺 5% 防水剂抹面,造价低,但怕震动;耐水、耐热性差,暴晒后易开裂。

②柔性防水层。用油毡等防水材料分层粘贴而成,通常为三油二毡或二油一毡。使用寿命短、耐热性差。

③涂膜防水层。用聚氨酯等油性化工涂料涂刷成一定厚度的防水膜,高温下易老化。

(3)防腐处理 为防止灌溉水肥对防水层可能产生的腐蚀作用,需作技术处理,提高屋面的防水性能,主要的方法有:①先铺一层防水层,由两层塑料布和五层氯丁防水胶(二布五胶)组成;然后在上面铺设 4 cm 厚的细石混凝土,内配钢筋。②在原防水层上加抹一层厚 2 cm 的火山灰硅酸盐水泥砂浆。③用水泥砂浆平整修补屋面,再敷设硅橡胶防水涂膜,适用于大面积屋顶防水处理。

2)灌溉系统设置

屋顶花园种植,灌溉系统的设置必不可少,如采用水管灌溉,一般 100 m² 设一个。但最好采用喷灌或滴灌形式补充水分,安全而便捷。

3)基质要求

屋顶花园树木栽植的基质除了要满足提供水分、养分的一般要求外,应尽量采用轻质材料,以减少屋面载荷。常用基质有田园土、泥炭、草炭、木屑等。轻质人工土壤的自重轻,多采用土壤改良剂以促进形成团粒结构保水性及通气性良好,且易排水。

4.7 成活期的养护管理

园林树木移植后,即进入了成活期。树木栽植后的第一年是其成活的关键时期。因为树木经过挖掘、运输、移栽,破坏了根系,消耗了水分,打破了地上和地下两部分的水分、养分平衡,对树木成活及生长产生不利影响。为了提高栽植树木的成活,应创造好的环境利于新根产生;保证根系水分及养分供给;提供苗木健康生长环境;防止人为损坏或机械损伤。其中,水分管理、土壤管理和肥的管理不仅是成活的重点环节,而且也是成活后能否健康生长的关键。

4.7.1 扶正培土

由于雨水下渗和其他种种原因,导致树体晃动,应踏实松土;树盘整体下沉或局部下陷,应及时覆土填平,防止雨后积水烂根;树盘土壤堆积过高,要铲土耙平,防止根系过深,影响根系的发育。

对于倾斜的树木应采取措施扶正。如果树木刚栽不久发生歪斜,应立即扶正。落叶树种应在休眠期间扶正,常绿树种在秋末扶正。在扶正时不能强拉硬顶,损伤根系。首先应检查根颈入土的深度,如果栽植较深,应在树木倒向一侧根盘以外挖沟至根系以下内掏至根颈下方,用锹或木板伸入根团以下向上撬起,向根底塞土压实,扶正即可;如果栽植较浅,可按上法在倒向的反侧掏土稍微超过树干轴线以下,将掏土一侧的根系下压,回土踏实。大树扶正培土后应立支架。

4.7.2 水分管理

经过移栽干扰的树木,由于根系的损伤和环境的变化,对水分的多少十分敏感。因此,新栽树木的水分管理是成活期养护管理的重要内容。

1. 土壤水分管理

主要是灌水和排水。多雨季节要特别注意防止土壤积水,应适当培土,使树盘的土面适当高于周围地面。在干旱季节要注意灌水,最好能保证土壤含水量达最大持水量的 60%。一般情况下,移栽后第一年应灌水 5～6 次,特别是高温干旱时更需注意抗旱。

2. 树冠喷水

对于枝叶修剪量较小的名贵大树,在高温干旱季节,即使保证土壤的水分供应,也易发生水分亏损。因此,当发现树叶有轻度萎蔫症状时,有必要通过树冠喷水增加冠内空气湿度,从而降低温度,减少蒸腾,促进树体水分平衡。喷水宜采用喷雾器或喷枪,直接向树冠或树冠上部喷射,让水滴落在枝叶上。喷水时间可在10:00-16:00进行,每隔1~2 h喷1次。对于移栽的大树,也可在树冠上方安装喷雾装置,必要时还应架设遮阳网,以防过强日晒。

4.7.3　抹芽去萌与补充修剪

在树木移栽中,经强度较大的修剪,树干或树枝上可能萌发出许多嫩芽和嫩枝,消耗营养,扰乱树形。在树木萌芽以后,除选留长势较好,位置合适的嫩芽或幼枝外,应尽早抹除。此外,新栽树木虽然已经过修剪,但经过挖掘、装卸和运输等操作,常常受到损伤或其他原因使部分芽不能正常萌发,导致枯梢,应及时疏除或剪至嫩芽、幼枝以上。对于截顶(冠)或重剪栽植的树木,因留芽位置不准或剪口芽太弱,造成枯桩或发弱枝,则应进行补充修剪(或称复剪)。在这种情况下,待最靠近剪口而位置合适的强壮新枝长至5~10 cm(或半木质化)时,剪去母枝上的残桩,但不能过于靠近保留枝条而削弱其生长势,也不应形成新的枯桩。修剪的大伤口应该平滑、干净、消毒防腐。此外,对于那些发生萎蔫经浇水喷雾仍不能恢复正常的树木,应再加大修剪强度,甚至去顶或截干,以促进其成活。

4.7.4　松土除草

因浇水、降雨及人类活动等导致树盘土壤板结,影响树木生长,应及时松土,促进土壤与大气的气体交换,有利于树木新根的生长与发育。但在成活期间,松土不能太深,以免伤及新根。有时树木基部附近会长出许多杂草、藤本植物等,应及时除掉,否则会耗水、耗肥,藤蔓缠身妨碍树木生长。可结合松土进行除草,每20~30天1次,并把除下的草覆盖在树盘上。

4.7.5　施肥

通常,移栽树木的新根未形成和没有较强的吸收能力之前,不应单施化肥,最好等到第一个生长季结束以后进行。然而,在移栽的第一个夏季可以在土壤中施用一种完全平衡的化肥稀释液。因为此时树木已经

形成了吸收营养液的足够根系,但施用的肥料不能太多、太浓,也像浇水一样,防止过量。否则,还不如暂时不施肥。

此外,还可进行根外(叶面)追肥,这种肥料是特为叶片施用而配制的植物营养液,在叶片长至正常叶片大小的一半时开始喷施,每隔10天喷1次,重复4~5次,效果很好。

4.7.6　成活调查与补植

对新栽树木进行成活与生长调查的目的在于评定栽植效果,分析成活与死亡的原因,总结经验与教训,指导今后的实践。

深秋或早春新栽的树木,生长季初期,一般都能伸枝展叶,表现出喜人的景象。但是其中有一些植株,不是真正的成活,而是一种"假活",一旦气温升高,水分亏损,这种"假活"植株就会出现萎蔫,若不及时救护,就会在高温干旱期间死亡。因此,新栽树木是否成活至少要经过第一年高温干旱的考验以后才能确定。树木的成活与生长调查,最好在秋末以后进行。

新栽树木的调查方法是分地段对不同树种进行系统抽样或全部调查。已成活的植株应测定新梢生长量,确定其生长势的等级;死亡的植株仔细观察,分析地上与地下部分的状况,找出树木生长不良或死亡的主要原因。其中可能有栽植材料质量差,枝叶多,根系不发达,挖掘时严重伤根,假土坨,根量过少;栽植时根系不舒展,甚至窝根;栽植过深、过浅或过松;土壤干旱失水或渍水,根底"吊空"出现气袋,吸水困难,下雨后又严重积水以及人为活动的影响,严重的机械损伤等。调查之后,按树种统计成活率及死亡的主要原因,写出调查报告,确定补植任务,提出进一步提高移栽成活率的措施与建议。

关于死亡植株的补植问题有两种情况:一是在移栽初期,发现某些濒危植株无挽救希望或挽救无效而死亡的,应立即补植,以弥补时间上的损失;二是由于季节、树种习性与条件的限制,生长季补植无成功的把握,则可在适于栽植的季节补植。对补植的树木规格,质量的选择与养护管理都应高于一般水平。

【知识拓展】

1. 大树移栽

https://jingyan.baidu.com/article/f0e83a25b2aad

a22e59101fc. html

http://www. sohu. com/a/168420581_99935218

2. 树木修剪

https://www. cnhnb. com/xt/article-49956. html

3. 垂直绿化植物墙的做法

https://tieba. baidu. com/p/5023084971? red_tag＝1947357117

4. 屋顶花园种植设计

http://www. 360doc. com/content/18/0515/10/37117937_754060524. shtml

【复习思考题】

1. 简述园林树木栽植成活的原理、关键和主要技术环节。

2. 简述新栽树木成活期的主要养护措施。

3. 简述竹类与棕榈类树木移栽的特点与主要技术。

4. 铺装地环境特点及栽植技术包括哪些内容?

5. 屋顶花园环境特点是什么?

6. 简述垂直绿化应用原则。

7. 树木修剪的意义是什么?

第**5**章

土壤、肥料、水分管理

【知识要点】本章主要介绍土壤管理、施肥管理、水分管理的基本原理、基本方法，重点介绍综合措施改良土壤结构和理化性质，提高土壤肥力，科学合理施肥，及时灌水排水，创造良好的生长条件，满足园林树木的土壤、营养和水分的正常有效需要，保证园林树木健康生长。

俗话说"三分栽，七分管"，强调园林树木在栽培过程中养护管理工作的重要性。在城市人工环境条件下栽植的园林树木，其土壤、营养和水分的获得均有别于自然生长的环境。因此，对其进行有效的土壤、营养和水分管理是十分重要的。

5.1 园林树木的土壤管理

土壤是园林树木生长的基础，它不仅支持、固定树木，而且还是园林树木生长发育所需生活条件的主要供给地。园林树木土壤管理的任务是：通过多种综合措施来改良土壤结构和理化性质，提高土壤肥力，为园林树木生长发育创造良好的条件，因此，土壤的质量直接关系着园林树木的生长好坏；同时，结合园林工程的地形地貌改造利用，土壤管理也有利于增强园林景观的艺术效果，并能防止和减少水土流失与尘土飞扬的发生。

园林树木生长的土壤条件十分复杂，既有平原肥土，更有大量的荒山荒地、建筑废弃地、水边低湿地、人工土层、工矿污染地、盐碱地等，这些土壤大多需要经过适当调整改造，才适合园林树木健康生长。不同的园林树木对土壤的要求是不同的，良好的土壤能够比

较好地协调土壤的水、热、气、肥。良好的肥沃土壤应具备以下几个基本特征。

（1）土壤养分均衡 肥沃土壤的养分状况应该是缓效养分、速效养分，大量、中量和微量养分比例适宜，养分配比相对均衡。一般而言，比例适宜的肥沃土壤，树木根系生长的土层中应养分储量丰富，有机质含量高，应在 1.5%～2%，肥效长，心土层、底土层也应有较高的养分含量。

（2）土体构造适宜 与其他土壤类型比较，园林树木生长的土壤大多经过人工改造，因而没有明显完好的垂直结构。有利于园林树木生长的土体构造应该是在 1～1.5 m 深度范围内，土体为上松下实结构，特别是在大多数吸收根分布区 0.4～0.6 m 内，土层要疏松，质地较轻；心土层较坚实，质地较重。这样，既有利于通气、透水、增温，又有利于保水保肥。

（3）物理性质良好 物理性质主要指土壤的固、液、气三相物质组成及其比例，它们是土壤通气性、保水性、热性状、养分含量高低等各种性质发生和变化的物质基础。

通常情况下，大多数园林树木要求土壤质地适中，耕性好，有较多的水稳性和临时性的团聚体，适宜的三相比例为，固相物质 40%～57%，液相物质 20%～40%，气相物质 15%～37%，土壤容重为 1～1.3 g/cm³。

5.1.1 松土除草

松土可以切断土壤表层的毛细管，减少土壤水分蒸发，防止土壤泛碱，改良土壤通气状况，促进土壤微生物活动。在城市里，人流量大，游客践踏严重，大多数城市园林绿地的土壤，物理性能较差，水、气矛盾十

分突出,土壤性质向恶化方向发展。主要表现是土壤板结,黏重,土壤耕性极差,通气透水不良。在城市园林中,许多绿地因人踩压实土壤厚度达 3~10 cm,土壤硬度达 14~70 kg/cm²,机车压实土壤厚度为 20~30 cm,在经过多层压实后其厚度可达 80 cm 以上,土壤硬度 12~110 kg/cm²。通常当土壤硬度在 14 kg/cm² 以上,通气孔穴度在 10% 以下时,会严重妨碍微生物活动与树木根系伸展,影响园林树木生长。

松土是一项经常性工作。松土次数应根据当地的气候条件、树种特性以及杂草生长状况而定。通常各地城市园林主管部门对当地各类绿地中的园林树木土壤松土次数都有明确的要求,有条件的地方或单位,一般每年土壤的松土次数要达到 2~3 次。土壤松土大多在生长季节进行,如以消除杂草为主要目的的松土,松土时间在杂草出苗期和结实期效果较好,这样能消灭大量杂草,减少除草次数。具体时间应选择在土壤不过于干,又不过于湿时,如天气晴朗,或初晴之后进行,可以获得最大的保墒效果。

松土深度一般为 6~10 cm,大苗 6~9 cm,小苗 2~3 cm,过深伤根,过浅起不到松土的作用。松土时,尽量不要碰伤树皮,对生长在土壤表层的树木须根,则可适当截断。

5.1.2 地面覆盖与地被植物

利用植物及其他物质覆盖土面,可防治水分蒸发,增加土壤有机质,为园林树木生长创造良好的条件。覆盖材料可就地取材,如水草、谷草、豆秸、叶、泥炭等。

地被植物是指那些低矮的,通常高度在 50 cm 以内,铺展能力强,能生长在城市园林绿地植物群落底层的一类植物。地被植物在园林绿地中的应用,一方面能增加土壤可给态养分与有机质含量,改善土壤结构,降低蒸发,控制杂草丛生,减少水、土、肥流失与土温的日变幅,有利于园林树木根系生长。另一方面,地面有地被植物覆盖,可以增加绿化量值,避免地表裸露,防止尘土飞扬,丰富园林景观。因此,地被植物覆盖地面,是一项行之有效的生物改良土壤措施,该项措施已在农业果园土壤管理中得到了广泛运用,效果显著。

地被植物种类繁多,按植物学科,可分为豆科植物和非豆科植物,按栽培年限长短,可分为一二年生和多年生植物。在城市园林中,对以改良土壤为主要目的,

结合增加园林景观效果需要的地被植物要求是,适应性强,有一定的耐阴、耐践踏能力,根系有一定的固氮力,枯枝落叶易于腐熟分解,覆盖面大,繁殖容易,有一定的观赏价值。常见种类有五加、地瓜藤、胡枝子、金银花、常春藤、金丝桃、金丝梅、地锦、络石、扶芳藤、荆条、三叶草、马蹄金、萱草、麦冬、沿阶草、玉簪、百合、鸢尾、酢浆草、二月兰、虞美人、羽扇豆、草木樨、香豌豆等,各地可根据实际情况灵活选用。

5.1.3 土壤改良

1. 土壤耕作改良

通过合理的土壤耕作,可以改善土壤的水分和通气条件,促进微生物的活动,加快土壤的熟化进程,使难溶性营养物质转化为可溶性养分,从而提高土壤肥力。特别是对重点地段或重点树种适时深耕,为根系提供更广的伸展空间,以保证树木随着年龄的增长对水、肥、气、热的不断需要。

(1)深翻熟化 对园林树木根区范围内的土壤进行深度翻垦。目的是加快土壤的熟化,使"死土"变"活土","活土"变"细土","细土"变肥土。深耕增加了土壤孔隙度,改善理化性状,促进微生物的活动,加速土壤熟化,使难溶性营养物质转化为可溶性养分,提高土壤肥力,从而为树木根系向纵深伸展创造了有利条件,增强了树木的抵抗力,使树体健壮,新稍长,叶色浓,花色艳。

(2)深翻时期 有园林树木栽植前的深翻与栽植后的深翻。栽植前深翻是在栽植树木前,配合园林地形改造,杂物清除等工作,对栽植场地进行全面或局部的深翻,并暴晒土壤,打碎土块,增施有机肥,为树木后期生长奠定基础。后者是在树木生长过程中的土壤深翻。实际应用中,园林树木土壤一年四季均可深翻,但应根据各地的气候、土壤条件以及园林树木的类型适时深翻,深翻主要在以下两个时期。①秋末。树木地上部分基本停止生长,养分开始回流,转入积累,同化产物的消耗减少,如结合施基肥,更有利于损伤根系的恢复生长,对树木来年的生长十分有益。秋耕可松土保墒,因为秋耕有利于雪水的下渗,一般秋耕比未秋耕的土壤含水量要高 3%~7%。此外,秋耕后,经过大量灌水,使土壤下沉,根系与土壤进一步密接,有助根系生长。②早春。在树木地上部分尚处于休眠状态,根则刚开始活动,生长较为缓慢,伤根后容易愈合和

再生。因此,在多春旱、多风地区,春季翻耕后需及时灌水,或采取措施覆盖根系,耕后耙平、镇压,春翻深度也较秋耕为浅。

(3)深翻次数与深度 ①深翻次数。土壤深翻的效果能保持多年,深翻作用持续时间的长短与土壤特性有关。一般情况下,黏土、涝洼地深翻后容易恢复紧实,因而保持年限较短,可每1~2年深翻耕一次;而地下水位低,排水良好,疏松透气的沙壤土,保持时间较长,则可每3~4年深翻耕一次。②深翻深度。以稍深于园林树木主要根系垂直分布层为度,有利于引导根系向下生长,但具体的深翻深度与土壤结构、土质状况以及树种特性等有关。如山地土层薄,下部为半风化岩石,或土质黏重,浅层有砾石层和黏土夹层,地下水位较低的土壤以及深根性树种,深翻深度较深,可达50~70 cm,相反,则可适当浅些。

(4)深翻方式 园林树木土壤深翻方式有行间深翻与树盘深翻两种。行间深翻则是在两排树木的行中间,沿列方向挖取长条形深翻沟,用一条深翻沟,达到了对两行树木同时深翻的目的,这种方式多适用于呈行列布置的树木,如风景林、防护林带、园林苗圃等。树盘深翻是在树木树冠边缘,于地面的垂直投影线附近挖取环状深翻沟,有利于树木根系向外扩展,适用于园林草坪中的孤植树和株间距大的树木。还有全面深翻、隔行深翻等形式,应根据具体情况灵活运用。

2. 客土、培土

(1)客土 客土是在栽植园林树木时,对栽植地实行局部换土。通常是在土壤完全不适宜园林树木生长的情况下需进行客土。当在岩石裸露,人工爆破坑栽植,或土壤十分黏重、土壤过酸过碱以及土壤已被工业废水、废弃物严重污染等情况下,这时,就应在栽植地一定范围内全部或部分换入肥沃土壤。如在我国北方种植杜鹃、茶花等酸性土植物时,就常将栽植坑附近的土壤全部换成山泥、泥炭土、腐叶土等酸性土壤,以符合酸性土树种生长要求。

(2)培土 就是在园林树木生长过程中,根据需要,在树木生长地添加入部分土壤基质,以增加土层厚度,保护根系,补充营养,改良土壤结构。

在我国南方高温多雨的山地区域,常采取培土措施。在这些地方,降雨量大,强度高,土壤淋洗流失严重,土层变得十分浅薄,树木的根系大量裸露,树木既

缺水又缺肥,生长势差,甚至可能导致树木整株倒伏或死亡,这时就需要及时进行培土。

培土工作要经常进行,并根据土质确定培土基质类型。土质黏重的应培含沙质较多的疏松肥土,甚至河沙,含沙质较多的可培塘泥、河泥等较黏重的肥土以及腐殖土。培土量视植株的大小、土源、成本等条件而定。但一次培土不宜太厚,以免影响树木根系生长。

3. 土壤化学改良

1)施肥改良

土壤的施肥改良以有机肥为主。一方面,有机肥所含营养元素全面,除含有各种大量元素外,还含有微量元素和多种生理活性物质,包括激素、维生素、氨基酸、葡萄糖、酶等,能有效地供给树木生长需要的营养。另一方面,有机肥还能增加土壤的腐殖质,其有机胶体又可增加土壤的空隙度,缓冲土壤的酸碱度,提高土壤保水保肥能力,从而改善土壤的水、肥、气、热状况。

施肥改良常与土壤的深翻工作结合进行。生产上常用的有机肥料有厩肥、堆肥、禽肥、鱼肥、饼肥、人粪尿、土杂肥、绿肥等,但均需经过腐熟发酵才可使用。

2)土壤酸碱度调节

土壤的酸碱度主要影响土壤养分物质的转化与有效性,土壤微生物的活动和土壤的理化性质,与园林树木的生长发育密切相关。当土壤 pH 过低时,土壤中活性铁、铝增多,磷酸根易与它们结合形成不溶性的沉淀,造成磷素养分的无效化,不利于良好土壤结构的形成;当土壤 pH 过高时,则发生明显的钙对磷酸的固定,使土粒分散,结构被破坏。

绝大多数园林树木适宜中性至微酸性的土壤。我国南方城市的土壤 pH 偏低,北方偏高,所以,土壤酸碱度的调节是一项十分重要的土壤管理工作。①土壤酸化处理。土壤酸化是指对偏碱性的土壤进行必要处理,使土壤 pH 有所降低,适宜酸性树种生长需要。目前,主要通过施用有机肥料、生理酸性肥料、硫黄等释酸物质进行调节,通过土壤中的转化,产生酸性物质,降低土壤 pH。据试验,每亩施用 30 kg 硫黄粉,可使土壤 pH 从 8.0 降到 6.5 左右。硫黄粉的酸化效果较持久但见效缓慢。对盆栽树木也可用 1:50 的硫酸铝钾或 1:180 的硫酸亚铁水溶液浇灌来降低 pH。②土壤碱化处理。土壤碱化是指对偏酸的土壤进行必要处

理,使土壤pH有所提高,适宜碱性树种生长需要。目前,常用方法是施加石灰、草木灰等碱性物质。调节土壤酸度的石灰是农业上用的"农业石灰"(碳酸钙粉),而并非工业建筑用石灰。使用效果以300~450目细度较为经济适宜,石灰石粉的施用量根据土壤中交换性酸的数量确定,理论值可按如下公式计算:

石灰施用量理论值＝土壤体积×土壤容重×
阳离子交换量×(1－盐基饱和度)

在实际应用中还应根据石灰的化学形态乘以经验系数1.3~1.5。

3)疏松剂改良

近年来,使用疏松剂来改良土壤结构和生物学活性,调节土壤酸碱度,提高土壤肥力,并有专门的疏松剂商品销售。栽培上广泛使用的聚丙烯酰胺为人工合成的高分子化合物,使用时先把干粉溶于80℃以上的热水制成2%的母液,再稀释10倍浇灌至5cm深土层中,通过其离子键、氢键的吸引,使土壤连接形成团粒结构,从而优化土壤水、肥、气、热条件,其效果可持3年以上。

土壤疏松剂可大致分为有机、无机和高分子三种类型,它们的功能分别表现在膨松土壤,使土壤粒子团粒化,提高置换容量,促进微生物活动;增多孔穴,协调保水与通气、透水性。三种土壤疏松剂的具体种类、性质及用途等见表5-1、表5-2,表5-3。

表5-1　有机型土壤疏松剂材料一览表

物质系统	原料	制法	效果	用途
泥炭	泥炭	加入消石灰,加热、加压	增强对pH的缓冲能力,提高土壤的保水能力	适用于红壤、重黏土,施用量为土壤体积的10%~20%及以下。本改良材料强酸性,应添加3 g/L的石灰调节pH
	草炭	加入石灰中和		
	苔藓	干燥粉碎		
树皮、叶	树皮、树叶	通过堆肥装置发酵	增加腐殖质,微生物活动旺盛,增加保肥力	特别适用于红壤、沙壤土,施用量为土量的10%~20%,要充分注意制品的腐熟度
纸浆残渣	稻草麦秆、造纸残渣	通过堆肥装置发酵	微生物活动旺盛,增加保肥力	适用于重黏土,施用量为土量的2%~5%
堆肥	城市垃圾、人畜粪尿	通过堆肥装置发酵	微生物活动旺盛,增加保肥力	施用量为土量的10%~20%,要充分注意制品的腐熟度
动植物残体	海草粉、鱼粉	通过堆肥装置发酵	微生物活动旺盛,增加氮量	适用于贫瘠土

表5-2　无机型土壤疏松剂材料一览表

物质名称	原料	制法	效果	用途
沸石	沸石、凝灰岩	磨成粉末	盐基置换容量增大,硅酸、铁、微量元素等增多	膨润性小,适宜改良重黏土,混入比为土量的5%~10%
膨土岩	黏土	日本北海道群马县产	内含钙、镁、钾等,改良土壤酸性,提高保肥力	膨润性好,适用于沙质土壤改良
蛭石	蛭石	高温煅烧	多孔质的小块状物质,透水性、通气性、保水性好	适用于重黏土和沙质土。干燥条件下混合施用,能提高保水性能;低湿条件下在土壤下层施用,有利于排水
球光体	珍珠岩	高温焙烧		
石灰质材料	石灰石	磨成粉末	有效利用磷酸,促进微生物活动	中和酸性土壤,土壤pH>5.5不得施用

表5-3 高分子型土壤疏松剂材料一览表

物质名称	原料	效果	用途
聚阴离子(树脂)	聚乙烯醇(聚乙酸乙烯酯)、三聚氰酸胺(三聚氰酸胺系统)	以离子结合力为主体,促使土壤团粒化,增加保水性能	适用于壤土和沙壤土
	聚乙烯、尿素系统(尿素树脂)	改善通气性和透水性	适用于重黏土
聚阳离子	丙烯酰胺、乙烯系统(乙烯氧化物)	强力土壤团粒化剂	适用于沙壤土

目前,我国大量使用的疏松剂以泥炭、锯末粉、谷糠、腐叶土、腐殖土、家畜厩肥等有机类型为主,材料来源广泛,价格便宜,效果较好,但在运用过程中要注意腐熟并在土壤中混合均匀。

4)土壤生物的改良

(1)植物改良 在城市园林中,通过有计划地种植地被植物来达到改良土壤的目的,是一项行之有效的生物改良土壤措施。地被植物的应用,一方面能增加土壤可给态养分与有机质含量,改善土壤结构,降低蒸发,减少水、土、肥流失与土温的日变幅,有利于园林树木根系生长。

在城市园林中,对以改良土壤为主要目的,结合增加园林景观效果需要的地被植物要求是,适应性强,有一定的耐阴、耐践踏能力,根系有一定的固氮力,枯枝落叶易于腐熟分解,覆盖面大,繁殖容易,有一定的观赏价值。

在实践中要正确处理好种间关系,根据习性互补的原则选用物种,否则可能对园林树木的生长造成负面影响。如紫花苜蓿等一些多年生深根性地被植物,消耗水分、养分较多,当植株和根系生长量大时,可及时翻耕达到培肥的目的,其根系分泌物皂角苷对蔷薇科植物根系生长不利,需特别注意。此外,国外有人认为,在土壤结构差的粉沙、黏重土壤中种植禾本科地被植物改土效果尤其明显。

(2)动物改良 在自然土壤中常有大量的昆虫、软体动物、节肢动物以及细菌、真菌、放线菌等微生物生存,它们对土壤改良具有积极意义。例如,蚯蚓对土壤混合团粒结构的形成及土壤通气状况的改善都有很大益处;又如一些数量大,繁殖快,活动性强的微生物能促进岩石风化和养分释放,加快动植物残体的分解,有助于土壤的熟化和营养物质转化。

利用动物改良土壤。一方面是加强土壤中现有有益动物种类的保护,对土壤施肥、农药使用、土壤与水体污染等进行严格控制,为动物创造良好的生存环境。

另一方面,推广使用根瘤菌、固氮菌、磷细菌、钾细菌等生物肥料,其中所含多种微生物的生命活动分泌物与代谢产物,既能直接给园林树木提供激素类物质和各种酶等刺激树木根系生长,又能改善土壤的理化性能,有利于树木生长。

5)土壤污染的防治

土壤污染是指土壤中积累的有毒或有害物质超过了土壤自净能力,从而对树木正常生长发育造成的伤害,是一个不容忽视的环境问题。土壤污染一方面直接影响园林树木的生长,如通常当土壤中砷、汞等重金属元素含量达到 $2.2\sim2.8$ mg/kg 时就有可能使根系中毒,丧失吸收功能。另一方面,土壤污染还导致土壤结构破坏,肥力衰竭,引发地下水、地表水及大气等连锁污染。

(1)土壤污染的途径 城市园林土壤污染来自工业和生活两大方面,根据土壤污染的途径不同,可分为以下几种。①水质污染。由工业污水与生活污水排放、灌溉而引起的土壤污染。污水中含有大量的汞、镉、铜、锌、铬、铅、镍、砷、硒等有毒重金属元素,对树木根系造成直接毒害。②固体废弃物污染。包括工业废弃物、城市生活垃圾及污泥等。固体废弃物不仅占用大片土地,并随运输迁移不断扩大污染面,而且含有重金属及有毒化学物质。③大气污染。即工业废气、家庭燃气以及汽车尾气对土壤造成的污染。大气污染中最常见的是二氧化硫或氟化氢,它们分别以硫酸和氢氟酸随降水进入土壤,前者可形成酸雨,导致土壤不同程度的酸化,破坏土壤理化性质,后者则使土壤中可溶性氟含量增高,对树木造成毒害。④其他污染。主要为化肥,农药使用不当带来的残留污染等。

(2)土壤污染的防治 ①管理措施。严格控制污染源,禁止工业、生活污染物向城市园林绿地排放,加强污水灌溉区的监测与管理,各类污水必须净化后方可用于园林树木的灌溉。加大园林绿地中各类固体废弃物的清理力度,及时清除、运走有毒垃圾、污泥等。

②生产措施。合理施用化肥和农药,执行科学的施肥制度,大力发展复活肥、可控释放等新型肥料,增施有机肥,提高土壤环境容量;在某些重金属污染的土壤中,加入石灰、膨润土、沸石等土壤改良剂,控制重金属元素的迁移与转化,降低土壤污染的水溶性、扩散性和生物有效性;采用低量或超低量喷洒农药方法,使用药量少,药效高的农药,严格控制剧毒及有机磷、有机氯农药的使用范围;广泛选用吸毒、抗毒能力强的园林树种。③工程措施。工程措施治理土壤污染效果彻底,是一种治本措施,但投资较大。可采用客土、换土、去表土、翻土等方法更换已污染土壤,还有隔离法、清洗法、热处理法以及近年来为国外采用的电化法等。

5.2 园林树木的施肥

俗话说,"地凭肥养,苗凭肥长"。施肥是改善树木营养状况,提高土壤肥力的积极措施。只有正确的施肥,才能确保园林树木健康生长,增强树木抗逆性,延缓树木衰老,达到花繁叶茂,提高土壤肥力的目的。

园林树木和所有的绿色植物一样,在生长过程中,需要多种营养元素,园林树木多为根深、体大的木本植物,生长期和寿命长,生长发育需要的养分数量很大。再加之树木长期生长于一地,根系不断从土壤中选择性吸收某些元素,常使土壤环境恶化,造成某些营养元素贫乏。此外,城市园林绿地土壤人流践踏严重,土壤密实度大,密封度高,水气矛盾突出,使得土壤养分的有效性大大降低;同时城市园林绿地中的枯枝落叶常被彻底清除,营养物质被带离绿地,极易造成养分的枯竭。因此,只有正确的施肥,才能确保园林树木健康生长,增强树木抗逆性,延缓树木衰老,达到花繁叶茂,提高土壤肥力的目的。

5.2.1 施肥的原则

(1)根据树木种类进行施肥 树木种类不同,习性各异,需肥特性有别。例如,泡桐、杨树、重阳木、香樟、桂花、茉莉、月季、茶花等生长速度快,生长量大的种类,就比柏木、马尾松、油松、小叶黄杨等慢生耐瘠树种需肥量要大。又如,在我国传统花木种植中,"矾肥水"就是牡丹的最好用肥等。

(2)根据树木用途进行施肥 一般说来,观叶、观形树种需要较多的氮肥,而观花观果树种对磷、钾肥的需求量大。有调查表明,城市里的行道树大多缺少钾、镁、磷、硼、锰、硝态氮等元素,而钙、钠等元素又常过量,这对制定施肥方案有参考价值。也有人认为,对行道树、庭荫树、绿篱树种施肥,应以饼肥、化肥为主,郊区绿化树种可更多的施用人粪尿和土杂肥。树木的观赏特性以及园林用途要影响其施肥方案。

(3)根据土壤条件进行施肥 土壤厚度、土壤水分与有机质含量、酸碱度高低、土壤结构以及三相比例等均对树木的施肥有很大影响。例如,土壤水分含量和酸碱度就与肥效直接相关。土壤水分缺乏时施肥有害无利。由于肥分浓度过高,树木不能吸收利用而遭毒害;积水或多雨时又容易使养分被淋洗流失,降低肥料利用率。土壤酸碱度直接影响营养元素的溶解度。有些元素,如铁、硼、锌、铜,在酸性条件下易溶解,有效性高,当土壤呈中性或碱性时,有效性降低,另一些元素,如钼,则相反,其有效性随碱性提高而增强。

(4)根据营养诊断进行施肥 根据营养诊断结果进行施肥,是实现园林树木栽培科学化的一个重要标志,它能使树木的施肥达到合理化、指标化和规范化,完全做到树木缺什么,就施什么,缺多少,就施多少。目前,园林树木施肥的营养诊断方法主要有叶样分析、土样分析、植株叶片颜色诊断以及植株外观综合诊断等,不过,叶样与土样分析均需要一定的仪器设备条件,而其在生产上的广泛应用受到一定限制,植株叶片颜色诊断和植株外观综合诊断则需有一定的实践经验。

5.2.2 施肥的时期

(1)树木的生长发育期 根据园林树木物候期差异,施肥方案上有萌芽肥、抽枝肥、花前肥、壮花稳果肥以及花后肥等。就生命周期而言,一般处于幼年期的树种,尤其是幼年的针叶树种生长需要大量的化肥,到成年阶段,对氮素的需要量减少。对古树、大树供给更多的微量元素,有助于其增强对不良环境因子的抵抗力。随着树木生长旺盛期的到来,需肥量逐渐增加,生长旺盛期以前或以后需肥量相对较少,在休眠期甚至就不需要施肥;在抽枝展叶的营养生长阶段,树木对氮素的需求量大,而生殖生长阶段则以磷、钾及其他微量元素为主。

(2)考虑天气条件 施肥宜选择雨后进行。气温和降雨量是影响施肥的主要气候因子。如低温,一方面减慢土壤养分的转化,另一方面削弱树木对养分的吸收功能。试验表明,在各种元素中,磷是受低温抑制最大的一种元素。雨量多寡主要通过土壤过干过湿左右营养元素的释放、淋失及固定。干旱常导致发生缺硼、钾及磷,多雨则容易促发缺镁。

(3)结合松土　松土后,土壤通气性好,土壤中的微生物活动较活跃,此时施肥,肥料的有效性会得到明显的提高。

5.2.3　肥料的配方与用量

1.肥料的配方

根据肥料的性质以及施用时期,园林树木的施肥包括以下两种类型。

(1)基肥　以有机肥为主,是较长时期供给树木多种养分的基础性肥料,如腐殖酸类肥料、堆肥、厩肥、圈肥、粪肥、鱼肥、骨粉、血肥、复合肥、长效肥以及植物枯枝落叶等。春季与秋季施基肥大多结合土壤深翻进行。基肥肥效长,但释放缓慢,所以宜早施用,树木定植时施入基肥,不但有利于改善土壤理化性状、促进微生物活动,而且还能在相当长的一段时间内源源不断的供给树木所需的大量元素和微量元素。

(2)追肥　又叫补肥,多为无机肥料。为速效肥、短效肥。园林树木具体施用时间与树种、品种习性以及气候、树龄、用途等有关。如对观花、观果树木而言,花芽分化期和花后追肥尤为重要,而对于大多数园林树木来说,一年中生长旺期的抽梢追肥常常是必不可少的。与基肥相比,追肥施用的次数较多,但一次性用肥量却较少,对于观花灌木、庭荫树、行道树以及重点观赏树种,每年在生长期进行 2～3 次追肥是十分必要的,且土壤追肥与根外追肥均可。

2.肥料的种类

根据肥料的性质及使用效果,园林树木用肥大致包括有机肥料、无机肥料及微生物肥料 3 大类,现将它们的使用特性简介如下。

(1)有机肥料　有机肥料为全效肥料,是指含有丰富有机质,既能提供植物多种无机养分和有机养分,又能培肥改良土壤的一类肥料。常用的有粪尿肥、堆沤肥、饼肥、泥炭、绿肥、腐殖酸类肥料等。有机肥含有多种养分,大多为有机态,又能保水保肥,供肥时间较长。但其养分含量有限,尤其是氮含量低,施用量大,肥效慢。因此,有机肥一般以基肥形式施用,并在施用前必须采取堆积方式使之腐熟,以提高肥料质量及肥效。

(2)无机肥料　其为速效肥料,由物理或化学工业方法制成,其养分形态为无机盐或化合物,化学肥料又被称为化肥、矿质肥料。按植物生长所需要的营养元素种类,可分为氮肥、磷肥、钾肥、钙肥、镁肥、硫肥、微量元素肥料、复合肥料、草木灰、农用盐等。无机肥料大多属于速效性肥料,供肥快,能及时满足树木生长需要,一般以追肥形式使用。无机肥料虽然养分含量高,施用量少的优点。但只能供给植物矿质养分,一般无改土作用,养分种类也比较单一,肥效不能持久,而且容易挥发、淋失或发生强烈的固定,降低肥料的利用率。生产上不宜长期单一施用化学肥料,必须与有机肥料配合施用,否则对树木、土壤都是不利的。

(3)微生物肥料　也称生物肥、菌肥、细菌肥及接种剂等。确切地说,微生物肥料是菌而不是肥,因为它本身并不含有植物需要的营养元素,而是通过其生命活动来改善植物的营养条件。生产上使用的微生物肥料大致有根瘤菌肥料、固氮菌肥料、磷细菌肥料及复合微生物肥料等几大类。根据微生物肥料的特点,使用时需注意,一是要具备一定的条件才能确保菌种的生命活力和菌肥的功效,如固氮菌肥,要在土壤通气条件好,水分充足,有机质含量稍高的条件下,才能保证细菌的生长和繁殖。如强光照射、高温、接触农药等,都有可能会杀死微生物。二是微生物肥料一般不宜单施,需要与化学肥料、有机肥料配合施用,才能充分发挥其应有作用,而且微生物生长、繁殖也需要一定的营养物质。

3.肥料的用量

施肥量过多或不足,对园林树木均有不利影响。显然,施肥过多,树木不能吸收,既造成肥料的浪费,还有可能使树木遭受肥害,当然,肥料用量不足就达不到施肥的目的。

对施肥量含义的全面理解应包括肥料中各种营养元素的比例、一次性施肥的用量和浓度以及全年施肥的次数等数量指标。施肥量受树种习性、物候期、树体大小、树龄、土壤与气候条件、肥料的种类、施肥时间与方法、管理技术等诸多因素影响,难以制定统一的施肥量标准。

近年来,国内外已开始应用计算机技术、营养诊断技术等先进手段,在对肥料成分、土壤及植株营养状况等给以综合分析判断的基础上,进行数据处理,很快计算出最佳的施肥量,使科学施肥、经济用肥发展到了一个新阶段。但关于施肥量指标有许多不同的观点。

在我国一些地方,也有以树木每厘米胸高直径0.5 kg 的标准作为计算施肥量依据的,如直径 3 cm 左右的树木,可施入 1.5 kg 完全肥料。就同一树木而言,一般化学肥料,追肥、根外施肥的施肥浓度分别较有机肥料、基肥和土壤施肥要低,而且要求更严格。化学肥料的施用浓度一般不宜超过 1%～3%,而在进行叶面施肥时,多为 0.1%～0.3%,对一些微量元素,浓度应更低。

在国外 Ruge 建议,园林树木施肥时氮、磷、钾、镁的比例按 10∶15∶20∶2,再适当添加硼、锰等微量元素较为合理;而 Pirone 认为,氮、磷、钾按 2∶1∶2 更恰当。德国学者 Bettes 指出,树干直径的平方除以 3 得出的商,即为施肥量的磅数,但他并未说明测定直径的部位以及直径的度量单位。应该说,根据树干的直径来确定施肥量较为科学可行。

5.2.4　施肥方法

依肥料元素被树木吸收的部位,园林树木施肥主要有两大类方法。

1. 土壤施肥

土壤施肥就是将肥料直接施入土壤中,然后通过树木根系进行吸收的施肥,它是园林树木主要的施肥方法。

土壤施肥必须根据根系分布特点,将肥料施在吸收根集中分布区附近,才能被根系吸收利用,充分发挥肥效,并引导根系向外扩展。理论上讲,在正常情况下,树木的多数根集中分布在地下 40～80 cm,具吸收功能的根,则分布在 20 cm 左右深的土层内。根系的水平分布范围,多数与树木的冠幅大小一致,即主要分布在树冠外围边缘的圆周内,所以,应在树冠外围于地面的水平投影处附近挖掘施肥沟或施肥坑。由于许多园林树木常常都经过了造型修剪,树冠冠幅大大缩小,这就给确定施肥范围带来困难。有人建议,在这种情况下,可以将离地面 30 cm 高处的树干直径值扩大10 倍,以此数据为半径,树干为圆心,在地面做出的圆周边即为吸收根的分布区,也就是说该圆周附近处即为施肥范围。

在实践中,具体的施肥深度和范围还与树种、树龄、土壤和肥料种类等有关。深根性树种、沙地、坡地、基肥以及移动性差的肥料等,施肥时,宜深不宜浅,相反,可适当浅施;随着树龄增加,施肥时要逐年加深,并扩大施肥范围,以满足树木根系不断扩大的需要。

现在生产上常见的土壤施肥方法有 3 种。

(1)地表施肥　分撒施与水施两种。撒施是将肥料均匀地撒在园林树木生长的地面,然后再翻入土中。这种施肥的优点是,方法简单,操作方便,肥效均匀,但因施入较浅,养分流失严重,用肥量大,并诱导根系上浮,降低根系抗性,此法若与其他方法交替使用,则可取长补短,发挥肥料的更大功效。水施主要是与喷灌、滴灌结合进行施肥。水施供肥及时,肥效分布均匀,既不伤根系,又保护耕作层土壤结构,节省劳力,肥料利用率高,是一种很有发展潜力的施肥方式。

(2)沟状施肥　沟状施肥包括环状沟施、放射状沟施和条状沟施,其中以环状沟施较为普遍。环状沟施是在树冠外围稍远处挖环状沟施肥,一般施肥沟宽 30～40 cm,深 30～60 cm,它具有操作简便,用肥经济的优点,但易伤水平根,多适用于园林孤植树;放射状沟施较环状沟施伤根要少,但施肥部位也有一定局限性;条状沟施是在树木行间或株间开沟施肥,多适合苗圃里的树木或呈列式布置的树木。

(3)穴状施肥　穴状施肥与沟状施肥很相似,若将沟状施肥中的施肥沟变为施肥穴或坑就成了穴状施肥,栽植树木时的基肥施入,实际上就是穴状施肥。生产上,以环状穴施居多。施肥时,施肥穴同样沿树冠在地面投影线附近分布,不过,施肥穴可为 2～4 圈,呈同心圆环状,内外圈中的施肥穴应交错排列,因此,该种方法伤根较少,而且肥效较均匀。目前,国外穴状施肥已实现了机械化操作。把配制好的肥料装入特制容器内,依靠空气压缩机,通过钢钻直接将肥料送入到土壤中,供树木根系吸收利用。这种方法快速省工,对地面破坏小,特别适合城市里铺装地面中树木的施肥。

2. 根外施肥

(1)叶面施肥　叶面施肥实际上就是水施。它是用机械的方法,将按一定浓度要求配制好的肥料溶液,直接喷雾到树木的叶面上,再通过叶面气孔和角质层吸收后,转移运输到树体各个器官。叶面施肥具有用肥量小,吸收见效快,避免了营养元素在土壤中的化学或生物固定等。因此,在早春树木根系恢复吸收功能前、在缺水季节或缺水地区以及不便土壤施肥的地方,均可采用叶面施肥,同时,该方法还特别适合于微量元素的施用以及对树体高大,根系吸收能力衰竭的古树、大树的施肥。

叶面施肥的效果与叶龄、叶面结构、肥料性质、气温、湿度、风速等密切相关。幼叶生理机能旺盛,气孔所占比重较大,较老叶吸收速度快,效率高;叶背较叶面气孔多,且表皮层下具有较疏松的海绵组织,细胞间隙大而多,利于渗透和吸收,因此,应对树叶正反两面进行喷雾。肥料种类不同,进入叶内的速度有差异。如硝态氮、氯化镁喷后 15 s 进入叶内,而硫酸镁需 30 s,氯化镁 15 min,氯化钾 30 min,硝酸钾 1 h,铵态氮 2 h 才进入叶内。许多试验表明,叶面施肥最适温度为 18～25℃,湿度大些效果好,因而夏季最好在 10 时以前和 16 时以后喷雾。

叶面施肥多作追肥施用,生产上常与病虫害的防治结合进行,因而喷雾液的浓度至关重要。在没有足够把握的情况下,应宁淡勿浓。喷布前需做小型试验,确定不能引起药害,方可再大面积喷布。

(2)枝干施肥　枝干施肥就是通过树木枝、茎的韧皮部来吸收肥料营养,它吸肥的机理和效果与叶面施肥基本相似。枝干施肥又大致有枝干注射和枝干涂抹两种方法。枝干注射是用专门的仪器来注射枝干,目前国内已有专用的树干注射器。枝干涂抹是先将树木枝干刻伤,然后在刻伤处加上固体药棉。枝干施肥主要可用于衰老古树、珍稀树种、树桩盆景以及观花树木和大树移栽时的营养供给。例如,有人分别用浓度 2% 的柠檬酸铁溶液注射和用浓度 1% 的硫酸亚铁加尿素药棉涂抹栀子花枝干,在短期内就扭转了栀子花的缺绿症,效果十分明显。

5.3　园林树木的灌溉与排水管理

5.3.1　合理灌水与排水的依据与原则

1. 灌排水的依据

正确全面认识树木的需水特性,是制定科学的水分管理方案,合理安排灌排工作,确保园林树木健康生长,充分有效利用水资源的重要依据。园林树木需水特点主要与以下因素有关。

(1)树木种类、品种与需水　一般说来,树木生长速度快,生长期长,生长周期长的种类需水量较大,通常乔木比灌木,常绿树种比落叶树种,阳性树种比阴性树种,浅根性树种比深根性树种,湿生树种比旱生树种需要较多的水分。但值得注意的是,需水量大的种类不一定需常湿,而且园林树木的耐旱力与耐湿力并不完全呈负相关。

(2)生长发育阶段与需水　就生命周期而言,种子萌发时必须吸足水分,以便种皮膨胀软化,需水量较大,幼苗状态时期,植株个体较小,总需水量不大,根系弱小,土层中分布较浅,抗旱力差,以保持表土适度湿润为好。随着植株体量的增大,需水量应有所增加,个体对水分的适应能力也有所增强。在年生长周期中,生长季的需水量大于休眠期。秋冬季气温降低,大多数园林树木处于休眠或半休眠状态,即使常绿树种的生长也极为缓慢,这时应少浇或不浇水,以防烂根,春季开始,气温上升,随着树木大量的抽枝展叶,需水量也逐渐增大,即使在早春,由于气温回升快于土温,根系尚处于休眠状态,吸收功能弱,树木地上部分已开始蒸腾耗水,对于一些常绿树种也应进行适当的叶面喷雾。

(3)需水临界期　许多树木都有一个对水分需求特别敏感的时期,即需水临界期,此时缺水将严重影响树木枝梢生长和花的发育,以后即使更多的水分供给也难以补偿。需水临界期因各地气候及树木种类而不同,但就目前研究的结果来看,呼吸、蒸腾作用最旺盛时期以及观果类树种果实迅速生长期都要求充足的水分。

2. 灌排水的原则

园林树木的灌溉与排水根据各类园林树木自身习性差异,通过多种技术措施和管理手段,来满足树木对水分的基本需求,保障水分的有效供给,包括园林树木的灌溉与排水两方面的内容。园林树木水分科学管理的原则主要有 3 个方面。

(1)确保园林树木的健康生长及其园林功能的正常发挥　水分是园林树木生存不可缺少的基本生活因子,园林树木的光合作用、蒸腾作用、物质运输、养分代谢等均必须在适宜的水环境中进行。水分过多会造成植株徒长,引起倒伏,抑制花芽分化,延迟开花期,易出现烂花、落蕾、落果现象;特别是当土壤水分过多,使土壤缺氧,可引起厌氧细菌大肆活动,有毒物质大量积累,导致根系发霉腐烂,窒息死亡。水分缺乏会使树木处于萎蔫状态,受旱植株,轻者叶色暗浅,重者叶无光泽,叶面出现枯焦斑点,新芽、幼蕾、幼花干尖、干瓣,早期脱落,重者新梢停止生长,往往自下而上发黄变枯、落叶,甚或整株干枯死亡。

(2)改善园林树木的生长环境 水分不但对城市园林绿地的土壤和气候环境有良好的调节作用,而且还与园林植物病虫害的发生密切相关。例如,由于水的比热较大,在高温季节进行喷灌,除降低土温外,树木还可借助蒸腾作用来调节温度,提高空气湿度,使叶片和花果不致因强光的照射而引起"日烧",避免了强光、高温对树木的伤害。在生产中,不合理的灌溉,可能给园林绿地带来地面侵蚀,土壤结构破坏,营养物质淋失,土壤盐渍化加剧等系列生态恶果,不利于园林树木的生长。在干旱的土壤上灌水,可以改善微生物的生活状况,促进土壤有机质的分解;水分过多则会造成树木枝叶徒长,使树体的通风透光性变差,为病菌的滋生蔓延创造了条件。

(3)节约水资源,降低养护成本 我国水资源十分有限,城市园林绿地中树木的灌溉用水大多来自生产、居民生活水源,水的供需矛盾更加突出。因此,制定科学合理的园林树木水分管理方案,实施先进的灌排技术,来确保园林树木的水分需求,减少水资源的损失浪费,是我国城市园林现阶段的客观需要和必然选择。

5.3.2 园林树木的灌溉

1.灌水时期

科学的灌水是适时灌溉,是在树木最需要水的时候及时灌溉。根据园林生产管理实际,树木灌水时期分为以下两种类型。

(1)干旱性灌溉 指在发生土壤、大气严重干旱,土壤水分难以满足树木需要时进行的灌水。在我国灌溉大多在久旱无雨,高温的夏季和早春等缺水时节,不及时供水就有可能导致树木死亡。

(2)管理性灌溉 根据园林树木生长发育需要,在树木需水临界期的灌水。例如,在栽植树木时,要浇大量的定根水;在我国北方地区,树木休眠前要浇"冻水"或"封冻水";许多树木在生长期间,要浇展叶水、抽梢水、花芽分化水、花蕾水、花前水、花后水等。管理性灌溉的时间主要根据树种自身的生长发育规律而定。总之,灌水的时期应根据树种以及气候、土壤等条件而定,具体灌溉时间则因季节而异。夏季灌溉应在清晨

和傍晚,此时水温与地温接近,对根系生长影响小,冬季因晨夕气温较低,灌溉宜在中午前后。

2.灌溉制度

(1)灌水时间 根据土壤含水量和树木的萎蔫系数确定具体的灌水时间是较可靠的方法。一般认为,当土壤含水量为最大持水量的 $60\%\sim80\%$ 时,土壤中的空气与水分状况,符合大多数树木生长需要,因此,当土壤含水量低于最大持水量的 60% 以下,就应根据具体情况,决定是否需要灌水。随着科学技术和工业生产的发展,用仪器测定土壤中的水分状况,来指导灌水时间和灌水量已成为可能。国外在果园水分管理中早已使用土壤水分张力计,可以简便、快速、准确反映土壤水分状况,从而确定科学的灌水时间,此法值得推广。所谓萎蔫系数就是因干旱而导致园林树木外观出现明显伤害症状时的树木体内含水量。萎蔫系数因树种和生长环境不同而异。我们完全可以通过栽培观察试验,很简单的测定各种树木的萎蔫系数,为确定灌水时间提供依据。在喷灌中,可按以下公式估算

$$T = m\eta/W$$

式中:T 为灌溉周期,天;m 为灌水定额,mm;η 为喷灌水的利用系数,为 $0.7\sim0.9$;W 为土壤水分消耗速率,mm/d。

以上公式计算的结果,只能为设计提供粗略估算依据,最好能对土壤水分的经常性变动进行测定,以掌握适宜的灌水时间。目前,我国农业灌溉中大田作物喷灌周期常为 $5\sim10$ 天,蔬菜 $1\sim3$ 天,绿地的灌溉周期可参照以上数据。

(2)灌水定额 指一次灌水的水层深度(单位为mm),或一次灌水单位面积的用水量(单位为 m^3/hm^2)。目前,大多根据土壤田间持水量来计算灌水定额。其计算公式为:

$$m = 0.1 \times rh(P_1 - P_2)\eta$$

式中:m 为设计灌水定额(mm);r 为土壤容重(g/cm^3);h 为植物主要根系活动层深度,树木一般取 $40\sim100$ cm;P_1 为适宜的土壤含水率上限(重量%),可取田间持水量的 $80\%\sim100\%$;P_2 为适宜的土壤含水率下限(重量%),可取田间持水量的 $60\%\sim70\%$;η 为喷灌水的利用系数,一般为 $0.7\sim0.9$。

应用此公式计算出的灌水定额,还可根据树种、品种、生命周期、物候期以及气候、土壤等因素酌情增减,

以符合实际需要。

3. 灌水方法

正确的灌水方法,要有利于水分在土壤中均匀分布,充分发挥水效,节约用水量,降低灌水成本,减少土壤冲刷,保持土壤的良好结构。随着科学技术的发展,灌水方法正朝机械化、自动化方向发展,使灌水效率和灌水效果均大幅度提高。根据供水方式的不同,园林树木的灌水方法分为3种。

(1)机械喷灌 机械喷灌是比较先进的灌水技术,目前已广泛用于园林苗圃、园林草坪、果园等的灌溉。优点是由于灌溉水首先是以雾化状洒落在树体上,然后再通过树木枝叶逐渐下渗至地表,避免了对土壤的直接打击、冲刷。因此,基本上不产生深层渗漏和地表径流,既节约用水量,又减少了对土壤结构的破坏,可保持原有土壤的疏松状态。而且,机械喷灌还能迅速提高树木周围的空气湿度,控制局部环境温度的急剧变化,为树木生长创造良好条件。此外,机械喷灌对土地的平整度要求不高,可以节约劳力,提高工作效率。缺点是有可能加重某些园林树木感染真菌病害;灌水的均匀性受风影响很大,风力过大,会增加水量损失;喷灌的设备价格和管理维护费用较高,使其应用范围受到一定限制。如汽车喷灌是一座小型的移动式机械喷灌系统,多由城市洒水车改建而成,在汽车上安装储水箱、水泵、水管及喷头组成一个完整的喷灌系统,灌溉的效果与机械喷灌相似。由于汽车喷灌具有移动灵活的优点,因而常用于城市街道行道树的灌水。总体上讲,机械喷灌是一种发展潜力巨大的灌溉技术,值得大力推广应用。

(2)人工浇灌 人工浇灌费工多,效率低,但在交通不便,水源较远,设施条件较差的情况下,仍不失为一种有效的灌水方法。灌溉时,以树干为圆心,在树冠边缘投影处,用土壤围成圆形树堰,灌水在树堰中缓慢渗入地下。人工浇灌属于局部灌溉,灌水前最好应疏松树堰内土壤,使水容易渗透,灌溉后耙松表土,以减少水分蒸发。

(3)滴灌 滴灌是借助于地下的管道系统,使灌溉水在土壤毛细管作用下,向周围扩散浸润植物根区土壤的灌溉方法。地下灌水具有地表蒸发小,节省灌溉用水,不破坏土壤结构,地下管道系统在雨季还可用于排水等优点,滴灌是近年来发展起来的机械化与自动化的先进灌溉技术,它是将灌溉用水以水滴或细小水流形式,缓慢地施于植物根域的灌水方法。滴灌的效果与机械喷灌相似,但比机械喷灌更节约用水。不过滴灌对小气候的调节作用较差,而且耗管材多,对用水要求严格,容易堵塞管道和滴头。目前,国内外已发展到自动化滴灌装置,其自动控制方法可分时间控制法、电力抵抗法和土壤水分张力计自动控制法等,而广泛用于蔬菜、花卉的设施栽培生产中。滴灌系统的主要组成部分包括水泵、化肥罐、过滤器、输水管、灌水管和滴水管等。

灌溉水的质量直接影响园林树木的生长。用于园林绿地树木灌溉的水源有雨水、河水、地表径流水、自来水、井水及泉水等,由于这些水中的可溶性物质、悬浮物质以及水温等的差异,对园林树木生长及水的使用有不同影响。园林树木灌溉用水以软水为宜,不能含有过多对树木生长有害的有机、无机盐类和有毒元素及其化合物,一般有毒可溶性盐类含量不超过1.8 g/L(具体可参照1979年12月国家颁布的《农业灌溉水质标准》,执行中根据实际情况可适当放宽),水温与气温或地温接近。

5.3.3 园林树木的排水

土壤中的水分与空气是互为消长的。排水的作用是减少土壤中多余的水分,增加土壤空气的含量,促进土壤空气与大气的交流,提高土壤温度,激发好气性微生物活动,加快有机质的分解,维持土壤良好的理化性状。

1. 排水的因素

(1)树木生长在低洼地,当降雨强度大时,汇集大量地表径流,且不能及时排泄,而形成季节性涝湿地;在洪水季节有可能因排水不畅,形成大量积水,或造成山洪暴发。

(2)土壤结构不良,渗水性差,特别是土壤下面有坚实的不透水层,阻止水分下渗,形成过高的假地下水位。

(3)园林绿地临近江河湖海,地下水位高或雨季易遭淹没,形成周期性的土壤过湿。

(4)在一些盐碱地区,土壤下层含盐量高,不及时排水洗盐,盐分会随水的上升而到达表层,造成土壤次生盐渍化,对树木生长很不利。

2. 排水方法

园林绿地的排水是一项专业性基础工程,在园林

规划及土建施工时就应统筹安排,建好畅通的排水系统。园林树木的排水通常有以下4种方法。

(1)地面排水 这是目前使用较广泛、经济的一种排水方法。通过道路、广场等地面汇聚雨水,然后集中到排水沟,从而避免绿地树木遭受水淹。地面排水方法需要设计者经过精心设计安排,才能达到预期效果。

(2)明沟排水 在地面上挖掘明沟,排除径流。常由小排水沟、支排水沟以及主排水沟等组成一个完整的排水系统,在地势最低处设置总排水沟。排水系统的布局多与道路走向一致,排水沟的走向最好相互垂直,但在两沟相交处应成锐角(45°~60°)相交以利排水流畅,且各级排水沟的纵向比降应大小有别。

(3)暗沟排水 在地下埋设管道形成地下排水系统,将地下水降到要求的深度。暗沟排水系统与明沟排水系统基本相同,也有干管、支管和排水管之别。各级管道需按水力学要求的指标组合施工,以确保水流畅通,防止淤塞。

(4)滤水层排水 一种小范围地下排水方法。多在透水性极差的地方栽种树木时采用。在栽植的土壤下面填埋一定深度的煤渣、碎石等材料形成滤水层,并在周围设置排水孔,当遇有积水时,多余水分透过滤水层通过排水孔进行排水。

【复习思考题】

一、名词解释

追肥 基肥 滴灌 喷灌 土壤污染

二、填空题

1.肥沃土壤的基本特征为( )、( )和( )3种。

2.常规土壤改良有( )、( )、( )。

3.土壤生物改良有( )、( )等。

4.土壤需水条件有( )、( )和( )。

5.土壤排水方法有( )、( )、( )、( )四种。

6.土壤施肥方法种类有( )、( )、( )3种。

三、简述题

1.简述园林树木土壤管理的主要内容。

2.简述园林树木施肥的方法。

3.简述园林树木水分管理灌水量如何确定。

四、论述题

1.调查你所在地区的园林树木管理现状,并简述如何提高管理水平。

第 **6** 章

树木整形修剪与伤口处理

【知识要点】本章主要介绍树木创伤与愈合的原理,园林树木进行修剪的意义、作用,修剪的基本原理和程序;修剪的时期与周期;整形修剪的技法和常见问题;常见园林树木的修剪、苗木的修剪和园林树木栽植时的修剪技能。

6.1 树木的创伤与愈合

6.1.1 树木的创伤与愈合的概念

树木在生长和管理的过程中,常因病虫为害、机械碰撞、雷击、火烧或人为破坏、道路施工等原因而造成伤皮、折枝、枝干劈裂或出现孔洞、伤根等现象。树木由于受到外力作用(机械挤压、振动、刀斧等)形成的创面或断裂的现象,称之为树木的创伤。树木受到创伤后,伤口表面形成瘤状突起的过程叫愈合。

6.1.2 愈伤组织的形成与伤口愈合

1. 愈伤组织的概念

愈伤组织是指植物体的局部受到创伤刺激后,在伤口表面新生的组织。它由活的薄壁细胞组成,可起源于植物体任何器官内各种组织的活细胞,利用的是细胞的全能性。

愈伤组织的运用。在植物体的创伤部分,愈伤组织可帮助伤口愈合;在嫁接中,可促使砧木与接穗愈合,并由新生的维管组织使砧木和接穗沟通;在扦插中,从伤口愈伤组织可分化出不定根或不定芽,进而形成完整植株。在植物器官、组织、细胞离体培养时,条件适宜也可以长出愈伤组织。从植物器官、组织、细胞

离体培养所产生的愈伤组织,在一定条件下可进一步诱导器官再生或胚状体而形成植株。

2. 愈伤组织的形成与伤口愈合

愈伤组织的发生过程。外植体中的活细胞经诱导,恢复其潜在的全能性,转变为分生细胞,继而其衍生的细胞分化为薄壁组织而形成愈伤组织。

树木受伤以后,在其周围形成愈伤组织,增生的组织开始重新分化,使受伤丧失生活能力的组织逐步"恢复"正常,形成愈伤组织。

愈伤组织向外与韧皮部愈合生长,向内产生新的形成层连接,伤口被新的韧皮部和木质部覆盖。随着愈伤组织进一步增生扩大,形成层与分生组织进一步结合,覆盖整个创伤面,使树皮得以修补,恢复其保护能力的过程,称伤口愈合。树木的愈伤能力与树种、生活力及创伤面的大小有密切的关系。一般来说,树种越速生,生活能力越强,伤口越小,愈合速度越快。

3. 影响树木伤口愈合的因素

树木受到损伤形成的伤口不能恢复到原来的状态,主要取决于伤口的位置、受伤的时间、暴露的组织。

如果损伤发生在生长初期,此时的维管形成层连接着木质部不会很快干燥,因而在一个生长季内树皮可愈合;在暴露的木质部上即使只有少许形成层组织残留下来,木质部也有足够的薄壁细胞,它们分生而形成愈伤组织覆盖伤口。木质部生长最旺盛的时候,伤口的愈合最快;树干基部接近健康和生长旺盛的根部,其愈合的速度也快。

树皮在春季形成层活动时最容易受伤、撕裂。一般在春、夏、冬季受伤的伤口愈合较好,而秋季受伤的伤口愈合速度较慢;春季形成的伤口,最易愈合;夏季

及秋季形成的伤口,其周围的树皮易发生死亡;秋季的伤口更易受腐朽菌的感染。另外,树木的伤口处于干湿交替的环境条件更容易发生腐朽。

另外,在园林树木的养护与管理过程中,经常因各种原因在树干上钻孔。如注射营养液、农药、生长调节剂以及加固穿孔等,但也有一些出于非养护目的,是人为破坏性的钻孔现象。在树干钻孔,特别是径大、孔深的,常常可能造成树干腐朽,影响树木生长。如果是注射营养液、农药,生长调节剂以及加固穿孔等,可以使用新鲜的嫩枝堵住伤口并在伤口处涂抹快活林植物伤口愈合剂。人为破坏性伤口,需先将伤口消毒后,再进行进一步处理。

6.1.3 伤口处理与材料

树木受伤部位不同,处理方法不同,所选用的材料也不同。

1. 枝干伤口的处理

皮部伤口的处理 皮部受伤后有的能够自愈,有的不能自愈,为了使其尽快愈合,防止伤口扩大蔓延,应及时对伤口进行处理。可先用锋利的刀将伤口四周削平滑,然后用药剂(2%～5%硫酸铜溶液、0.1%的升汞溶液、石硫合剂原液)消毒,再涂以保护剂。保护剂要容易涂抹,黏着性好,受热不融化,不透水,不腐蚀树体,同时又有防腐消毒的作用。如铅油、紫胶、沥青、树木涂料等;大量应用时为经济起见,可用黏土加入少量的石硫合剂混合涂抹。对于旧的伤口,要注意先把已腐朽的部分全部刮除,露出新鲜组织,再进行处理。对于枝干受伤面较小的伤口,还可于生长季移植同种树的新鲜树皮,具体做法是:先对伤口进行清理,然后从同种树上切取与伤口大小形状相同的树皮,切好的树皮与伤面对好压平后涂以 0.1%萘乙酸,再用塑料薄膜捆紧,这种方法以春、秋季形成层活跃时效果最好,操作速度越快越好。

2. 木质部伤口的处理

木质部伤口形成后,长期经受雨水浸蚀或病菌危害会逐渐腐烂,形成树洞,输导组织遭到破坏,影响树体水分和养分的运输,削弱树木的生长势,树洞过大时还会有断枝、折干的危险,所以,对于枝干上的伤口最好及时进行保护或修补。如果伤口不深可按皮部伤口的保护方法进行处理,如果洞口较深,则需对树洞进行修补,常用的修补方法有两种。

(1)封闭法 先用利刀将孔洞毛面或已腐烂的木质部削除,使洞壁平滑并露出新鲜组织,洞口下部形成向下的斜面,以利于排水,避免洞内积水,然后用药剂消毒,涂以防腐保护剂。再在洞口表面覆以金属薄片,或钉上板条,用安装玻璃用的油灰封闭,再涂以白灰乳胶,用颜料粉面,还可在上面压上树皮状花纹或钉上一层真树皮,以增加美观。

(2)填充法 像封闭法一样,先将洞口清理整形并消毒涂抹防腐保护剂,洞口周围切除 0.2～0.3 cm 的树皮带,露出木质部,洞内注入填料,使外表面与露出的木质部相平,不要高出形成层。填充材料可用聚氨酯塑料或者用弹性环氧胶(浆)加 50%的水泥、50%的细沙,效果都很好。

在公园、游园、广场等游人多的地方,有时虽然树洞很大,为了给人以奇特感、神秘感,供人观赏,也可只对树洞进行清理整形、消毒、涂抹保护剂而不填补树洞,但一定要保证洞内的水能顺利排出,并定期检查树洞,每年涂防腐保护剂 2～3 次。

3. 枝干劈裂伤口的处理

当树木枝干劈裂时,要立即清除裂口杂物,再用药剂消毒,然后绑缚加固,涂抹保护剂。绑缚时需加软垫,避免硬物直接接触枝干,并根据树木生长情况适时适当放松绑缚物。必要时可加设支撑。对枝干伤口的处理,在进行消毒和涂抹保护剂的同时,若再使用激素涂剂对伤口愈合更为有利,如 0.01%～0.1%萘乙酸膏涂在伤口表面,可促进伤口愈合。

当枝干受伤面积过大时,因输导组织大面积被截断,树势会明显减弱,为促使树势恢复,可进行桥接。于春季树木萌芽前,取同种树上的 1 年生枝条,两头嵌入伤口上下树皮好的部位,用小钉固定,再涂抹接蜡,用塑料薄膜捆紧。如果伤口在树干下部,干基有根蘖时,可选取位置适宜的萌蘖条,在适当位置剪断,将其接入伤口上端。也可栽一株幼树,待成活后将其接于伤口上端。

4. 根部伤口的处理

有时园林树木会因机械撞击而致使树木歪斜甚至倒伏,造成部分树根裸露或断裂,或者因道路施工等原因而造成树根裸露或断裂。对于断裂的树根要将撕裂的部分去除,并尽量使断面平滑,然后进行消毒和喷施或浇灌生根剂,生根剂可过半个月左右再浇施 1 次。

当树木突然显著倾斜甚至倒伏时，会造成部分树根折断或裸露，此时需要根据根系损伤程度，结合树种特性和生长时期对树冠进行适当的修剪或摘叶，以保证地上地下的营养平衡。当枝干部位的伤口过大影响树木生长时，也需视情况对树冠进行适当控制。

6.2 修剪的意义与基本技术

6.2.1 修剪的目的与意义

整形修剪是园林树木栽培及养护中的经常性工作之一。园林树木的景观价值需通过树形、树姿来体现，园林树木的生态价值要通过树冠结构来提高，园林树木的生命价值可通过更新复壮来延年，所有这些都可以在整形修剪技术的应用下得以调整和完善。此外，整形修剪还是园林树木的病虫防治和安全生长的重要措施。

1. 整形修剪的概念

园林树木栽培管理过程中，必须对园林树木进行修剪，才能达到园林树木栽培的目的。

（1）整形 对树木施行一定的技术措施，以形成栽培者所需要的、树体自然生长所难以形成的树体结构和外形。整形通过修剪完成。

（2）修剪 服从整形的要求，对树木的干、枝、叶、花、果、芽和根等进行的剪截、疏除、扭伤等操作。修剪是在树木成形前后，为创造和维持、发展树形采取的措施。整形是目的，修剪是手段，两者是紧密相关、不可截然分开的完整栽培技术，是统一于栽培目的之下的技术措施。

2. 整形修剪的目的与意义

（1）调节树木的生长发育，保持树体自身水分平衡，提高园林植物的移栽成活率。

（2）调节生长与开花结果，调节同类器官的平衡，培养良好的树形。

（3）保证园林植物健康生长，促进树木的复壮更新。

（4）创造独特的艺术造型。

6.2.2 修剪的调节机理

1. 整形修剪对生长发育的双重作用

整体抑制、局部促进地上和地下相关性。修剪减少了枝叶总量，光合作用被削弱，对地下根系的供应减少，根系生长减弱，吸收的营养减少，对地上部的供应不足——植株整体长势被抑制。修剪后留有饱满芽的枝会抽生强壮的枝条，没有被剪的枝条可以得到更多的营养——对局部生长的促进。整体促进、局部抑制，轻剪可促进较多枝条萌发，这样增加了枝叶总量，光合作用产物多，向根系运送的营养随之增多，根的生长得到促进，向地上部分运输的营养增强——植株整体长势加强了；当修剪留下弱芽，抽生的枝条弱或不能抽芽，枝条的生长被削弱了——对局部生长产生抑制作用。

2. 调节营养生长和开花结果

适当的修剪可维持营养生长与生殖生长间的平衡。修剪可使树体养分集中、新梢生长充实，可促进大部分短枝和营养枝成为花果枝，控制成年树木的花芽分化比例。加强营养生长——令其多发长枝，少发短枝，促发强枝，为形成花芽制造营养。加强生殖生长——令其多发中短枝，营养积累充足以分化花芽；做到长、中、短枝、花枝和营养枝等各类枝条互相搭配，既有一定的数量和比例关系，又要注意分布位置。疏花疏果——果树和观果树避免大小年，观花树可年年花开满树，避免花、果过多而造成大小年现象。

3. 调节树体内水分、营养和激素

"根冠平衡"。根系和树冠水分代谢的平衡是移植成活的关键。树木移栽过程中根系损失严重，吸水能力降低。如胸径 10 cm 的出圃苗木，移栽过程中可能失去 95% 的吸收根系，因此必须对树冠进行适度修剪以减少蒸腾量，缓解根部吸水功能下降的矛盾，提高树木移栽的成活率。反季节种植时，地上部分的修剪至关重要。

4. 衰老树的更新复壮

树体进入衰老阶段后，树冠秃裸，生长势减弱、花果量明显减少。更新修剪是对衰老枝条强剪或疏除，或对衰老树上的主、侧枝分次锯除或回缩，以刺激枝干皮层内的隐芽萌发，选留其中生长势强，位置分布合理的新枝替代原有老枝，进而形成新树冠，以恢复树势、更新老枝。

5. 创造通风透光的树体结构

当树冠过度郁闭时，离心秃裸明显，枝条下部光秃，叶幕位于树冠外表，开花部位外移，树体下部仅

有树干,树冠成为单薄的天棚形。及早疏除过密枝条可有效防止这一现象的产生。树冠过度郁闭,加大内部相对湿度,也易诱发病虫害。通过适当的疏剪,可使树冠通透性能加强、降低相对湿度、增强光合作用,从而提高树体的整体抗逆能力,减少病虫害的发生。

6. 调控树形和尺寸,形成景观特色

(1)控制树体生长,体现并增强设计师的意图　园林树木以不同的配置形式栽植在特定的环境中,并与周围的空间相互协调,构成各类园林景观。栽培养护中,修剪不仅是树木健康生长的保证,而且可以控制与调整树木的树冠形状和结构、形体尺度,以保持原有的设计效果。

(2)日常养护管理　剪除病弱枝、枯枝、过密枝等,使树体呈现最美的姿态。维持和有效利用空间,山石上或有限空间的树木,要控制树体生长,达到缩龙成寸、小中见大,并与此处空间协调统一。建筑物前的树木和藤本,需要控制一定的冠幅和分布,以免影响室内通风、采光。

(3)调节枝干方向,创新艺术造型　通过整形修剪来改变树木和枝干的方向与形态,创造出具有更高艺术观赏效果的树木姿态。

7. 解决树木与建筑、道路的矛盾,避免安全隐患

(1)控制树冠枝条的密度和高度,解除树冠对交通视线的可能阻挡,保证行人和车辆通行(枝下高 2.5～3.0 m)减少行车安全事故。

(2)保持与高架线、电线电缆的安全距离,避免枝干伸展损坏设施。

(3)修剪根系可以防止树木根系对房屋建筑的损坏。街道绿化必须严格遵守其与管道、电缆电线、建筑的距离。

(4)打开"风路",通透树冠,降低风压,增强树体抗风能力,防止风倒(如刺槐为浅根性树种,很容易风倒,在设计时应特别注意)。

(5)及时去除枯、死枝干,避免折枝倒树,保障行人安全。

6.2.3　修剪的时期

园林树木的整形修剪,从理论上讲一年四季均可进行。实际运用中,只要处理得当、掌握得法,都可以取得较为满意的结果。但正常养护管理中的整形修剪,主要分为两期集中进行。

1. 休眠期修剪(冬季修剪)

大多落叶树种的修剪,宜在树体落叶休眠到春季萌芽前进行,习称冬季修剪。此期内树木生理活动滞缓,枝叶营养大部回归主干、根部,修剪造成的营养损失最少,伤口不易感染,对树木生长影响较小。修剪的具体时间,要根据当地冬季的具体温度特点而定,如在冬季严寒的北方地区,修剪后伤口易受冻害,故以早春修剪为宜,一般在春季树液流动前约 2 个月内进行。而一些需保护越冬的花灌木,应在秋季落叶后立即重剪,然后埋土或包裹树干防寒。

对于一些有伤流现象的树种,如葡萄,应在春季伤流开始前修剪。伤流是树木体内的养分与水分,流失过多会造成树势衰弱,甚至枝条枯死。有的树种伤流出现得很早,如核桃,在落叶后的 11 月中旬就开始发生,最佳修剪时期应在果实采收后至叶片变黄之前,且能对混合芽的分化有促进作用。但如为了栽植或更新复壮的需要,修剪也可在栽植前或早春进行。

2. 生长季修剪(夏季修剪)

在春季萌芽后至秋季落叶后的整个生长季内进行,此期修剪的主要目的是改善树冠的通风、透光性能,一般采用轻剪,以免因剪除枝叶量过大而对树体生长造成不良的影响。对于发枝力强的树种,应疏除冬剪截口附近的过量新梢,以免干扰树形。嫁接后的树木,应加强抹芽、除蘖等修剪措施,保护接穗的健壮生长。对于夏季开花的树种,应在花后及时修剪、避免养分消耗,并促来年开花。一年内多次抽梢开花的树木,如花后及时剪去花枝,可促进新梢的抽发,再现花期。观叶、赏形的树木,夏剪可随时去除扰乱树形的枝条。绿篱采用生长期修剪,可保持树形的整齐美观。

常绿树种的修剪,因冬季修剪伤口易受冻害而不易愈合,故宜在春季气温开始上升、枝叶开始萌发后进行。根据常绿树种在一年中的生长规律,可采取不同的修剪时间及强度。

6.2.4　修剪的基本方法

1. 短截

又称短剪,指对一年生枝条的剪截处理。枝条短截后,养分相对集中,可刺激剪口下侧芽的萌发,增加枝条数量,促进营养生长或开花结果。短截程度对产生的修剪效果有显著影响。

(1) 轻短截　剪去枝条全长的 1/5~1/4,主要用于观花观果类树木的强壮枝修剪。枝条经短截后,多数半饱满芽受到刺激而萌发,形成大量中短枝,易分化更多的花芽。

(2) 中短截　自枝条长度 1/3~1/2 的饱满芽处短截,使养分较为集中,促使剪口下发生较壮的营养枝,主要用于骨干枝和延长枝的培养及某些弱枝的复壮。

(3) 重短截　在枝条中下部、全长 2/3~3/4 处短截,刺激作用大,可促进基部隐芽萌发,适用于弱树、老树和老弱枝的复壮更新。

(4) 极重短截　仅在春梢基部留 2~3 个芽,其余全部剪去,修剪后会萌生 1~3 个中、短枝,主要应用于竞争枝的处理。

2. 回缩、截干

(1) 回缩　又称缩剪,指对多年生枝条(枝组)进行短截的修剪方式。在树木生长势减弱、部分枝条开始下垂、树冠中下部出现光秃现象时采用此法,多用于衰老枝的复壮和结果枝的更新,促使剪口下方的枝条旺盛生长或刺激休眠芽萌发徒长枝,达到更新复壮的目的。

(2) 截干　对主干或粗大的主枝、骨干枝等进行的回缩措施称为截干,可有效调节树体水分吸收和蒸腾平衡间的矛盾,提高移栽成活率,在大树移栽时多见。此外,尚可利用促发隐芽的效用,进行壮树的树冠结构改造和老树的更新复壮。

3. 疏剪

又称疏删,即把枝条从分枝基部剪除的修剪方法。疏剪能减少树冠内部的分枝数量,使枝条分布趋向合理与均匀,改善树冠内膛的通风与透光,增强树体的同化功能,减少病虫害的发生,并促进树冠内膛枝条的营养生长或开花结果。疏剪的主要对象是弱枝、病虫害枝、枯枝及影响树木造型的交叉枝、干扰枝、萌蘖枝等各类枝条。特别是树冠内部萌生的直立性徒长枝,芽小、节间长、粗壮、含水分多、组织不充实,宜及早疏剪以免影响树形。但如果有生长空间,可改造成枝组,用于树冠结构的更新、转换和老树复壮。

疏剪对全树的总生长量有削弱作用,但能促进树

体局部的生长。疏剪对局部的刺激作用与短截有所不同,它对同侧剪口以下的枝条有增强作用,而对同侧剪口以上的枝条则起削弱作用。应注意的是,疏枝在母枝上形成伤口,从而影响养分的输送,疏剪的枝条越多、伤口间距越接近,其削弱作用越明显。对全树生长的削弱程度与疏剪强度及被疏剪枝的强弱有关,疏强留弱或疏剪枝条过多,会对树木的生长产生较大的削弱作用;疏剪多年生的枝条,对树木生长的削弱作用较大,一般宜分期进行。

疏剪强度是指被疏剪枝条占全树枝条的比例,剪去全树 10% 的枝条者为轻疏,强度达 10%~20% 时称中疏,重疏则为疏剪 20% 以上的枝条。实际应用时的疏剪强度依树种、长势和树龄等具体情况而定,一般情况下,萌芽率强、成枝力弱的或萌芽力、成枝力都弱的树种应少疏枝,如马尾松、油松、雪松等;而萌芽率、成枝力强的树种,可多疏枝;幼树宜轻疏,以促进树冠迅速扩大;进入生长与开花盛期的成年树应适当中疏,以调节营养生长与生殖生长的平衡,防止开花、结果的大小年现象发生;衰老期的树木发枝力弱,为保持有足够的枝条组成树冠,应尽量少疏;花灌木类,轻疏能促进花芽的形成,有利于提早开花。

4. 损伤

损伤枝条的韧皮部或木质部,以达到削弱枝条生长势、缓和树势的方法称为损伤。伤枝多在生长季内进行,对局部影响较大,而对整株树木的生长影响较小,是整形修剪的辅助措施之一,主要方法有以下几种。

1) 环状剥皮(环剥)

用刀在枝干或枝条基部的适当部位,环状剥去一定宽度的树皮,以在一段时期内阻止枝梢的光合养分向下输送,有利于枝条环剥上方营养物质的积累和花芽分化,适用于营养生长旺盛、但开花结果量小的枝条。剥皮宽度要根据枝条的粗细和树种的愈伤能力而定,一般以 1 个月内环剥伤口能愈合为限,约为枝直径的 1/10(2~10 mm),过宽伤口不易愈合,过窄愈合过早而不能达到目的。环剥深度以达到木质部为宜,过深伤及木质部会造成环剥枝梢折断或死亡,过浅则韧皮部残留,环剥效果不明显。实施环剥的枝条上方需留有足够的枝叶量,以供正常光合作用之需。

环剥是在生长季应用的临时性修剪措施,多在花

芽分化期、落花落果期和果实膨大期进行,在冬剪时要将环剥以上的部分逐渐剪除。环剥也可用于主干、主枝,但需根据树体的生长状况慎重决定,一般用于树势强旺、花果稀少的青壮树。伤流过旺、易流胶的树种不宜应用环剥。

2)刻伤

刻伤是用刀在枝芽的上(或下)方横切(或纵切)深至木质部的方法,常结合其他修剪方法施用。主要方法有4种。

(1)目伤 指在枝芽的上方行刻伤,伤口形状似眼睛,伤及木质部以阻止水分和矿质养分继续向上输送,以在理想的部位萌芽抽生壮枝。反之,在枝芽的下方行刻伤时,可使该芽抽生枝生长势减弱,但因有机营养物质的积累,有利于花芽的形成。

(2)纵伤 指在枝干上用刀纵切而深达木质部的刻伤,目的是为了减小树皮的机械束缚力,促进枝条的加粗生长。纵伤宜在春季树木开始生长前进行,实施时应选树皮硬化部分,细枝可行一条纵伤,粗枝可纵伤数条。

(3)横伤 指对树干或粗大主枝横切数刀的刻伤方法,其作用是阻滞有机养分的向下回流,促使枝干充实,有利于花芽分化,达到促进开花、结实的目的。作用机理同环剥,只是强度较低而已。

3)折裂

为曲折枝条使之形成各种艺术造型,常在早春萌芽初始期进行。先用刀斜向切入,深达枝条直径的1/2~2/3处,然后小心地将枝弯折,并利用木质部折裂处的斜面支撑定位,为防止伤口水分损失过多,往往对伤口进行包扎。

4)扭梢和折梢(枝)

多用于生长期内生长过旺的半木质化枝条,特别是着生在枝背上的徒长枝,扭转弯曲而未伤折者称扭梢,折伤而未断离者则为折梢。扭梢和折梢均是部分损伤输导组织以阻碍水分、养分向生长点输送,削弱枝条长势以利于短花枝的形成。

5.扭枝

扭枝是变更枝条生长的方向和角度,以调节顶端优势为目的的整形措施,并可改变树冠结构,有曲枝、弯枝、拉枝、拿枝等形式,通常结合生长季修剪进行,对枝梢施行屈曲、缚扎或扶立、支撑等技术措施。直立诱引可增强生长势;水平诱引具中等强度的抑制作用,使组织充实易形成花芽;向下屈曲诱引则有较强的抑制作用,但枝条背上部易萌发强健新梢,须及时去除,以免适得其反。

6.其他处理

(1)摘心 摘除新梢顶端生长部位的措施,摘心后削弱了枝条的顶端优势、改变了营养物质的输送方向,有利于花芽分化和开花结果。摘除顶芽可促使侧芽萌发,从而增加了分枝,有利于树冠早日形成。秋季适时摘心,可使枝、芽器官发育充实,有利于提高抗寒力。

(2)抹芽 抹除枝条上多余的芽体,可改善留存芽的养分状况,增强其生长势。如每年夏季对行道树主干上萌发的隐芽进行抹除,一方面可使行道树主干通直;另一方面可以减少不必要的营养消耗,保证树体健康的生长发育。

(3)摘叶(打叶) 主要作用是改善树冠内的通风透光条件,提高观果树木的观赏性,防止枝叶过密,减少病虫害,同时起到催花的作用。如丁香、连翘、榆叶梅等花灌木,在8月中旬摘去一半叶片,9月初再将剩下的叶片全部摘除,在加强肥水管理的条件下,则可促其在国庆节期间二次开花。而红枫的夏季摘叶措施,可诱发红叶再生,增强景观效果。

(4)去蘖(又称除萌) 如榆叶梅、月季等易生根蘖的园林树木,生长季期间要随时除去萌蘖,以免扰乱树形,并可减少树体养分的无效消耗。嫁接繁殖树,则须及时去除上的萌蘖,防止干扰树形,影响接穗树冠的正常生长。

(5)摘蕾 实质上为早期进行的疏花、疏果措施,可有效调节花果量,提高存留花果的质量。如杂种香水月季,通常在花前摘除侧蕾,而使主蕾得到充足养分,开出漂亮而肥硕的花朵。聚花月季,往往要摘除侧蕾或过密的小蕾,使花期集中,花朵大而整齐,观赏效果增强。

(6)摘果 摘除幼果可减少营养消耗、调节激素水平,枝条生长充实,有利于花芽分化。对紫薇等花期延续较长的树种栽培,摘除幼果,花期可由25天延长至100天左右;丁香开花后,如不是为了采收种子也需摘除幼果,以利来年依旧繁花。

(7)断根 在移栽大树或山林实生树时,为提高成活率,往往在移栽前1~2年进行断根,以回缩根系、刺激发生新的须根,有利于移植。进入衰老期的树木,结合施肥在一定范围内切断树木根系的断根措施,有促发新根、更新复壮的效用。

(8)放枝　营养枝不剪称为放枝,也称长放或甩放,适宜于长势中等的枝条。长放的枝条留芽多,抽生的枝条也相对增多,可缓和树势,促进花芽分化。丛生灌木也常应用此措施,如连翘,在树冠的上方往往甩放3～4根长枝,形成潇洒飘逸的树形,长枝随风摇曳,观赏效果极佳。

6.2.5　修剪的基本技术

1. 剪口和剪口芽的处理

疏截修剪造成的伤口称为剪口,距离剪口最近的芽称为剪口芽。剪口方式和剪口芽的质量对枝条的抽生能力和长势有关。

(1)剪口方式　剪口的斜切面应与芽的方向相反,其上端略高于芽端上方 0.5 cm,下端与芽之腰部相对齐,剪口面积小而易愈合,有利于芽体的生长发育。

(2)剪口芽的处理　剪口芽的方向、质量决定萌发新梢的生长方向和生长状况,剪口芽的选择,要考虑树冠内枝条的分布状况和对新枝长势的期望。背上芽易发强旺枝,背下芽发枝中庸;剪口芽留在枝条外侧可向外扩张树冠,而剪口芽方向朝内则可填补内膛空位。为抑制生长过旺的枝条,应选留弱芽为剪口芽;而欲弱枝转强,剪口则需选留饱满的背上壮芽。

2. 大枝剪截

整形修剪中,在移栽大树、恢复树势、防风雪危害以及病虫枝处理时,经常需对一些大型的骨干枝进行锯截,操作时应格外注意锯口的位置以及锯截的步骤。

截口位置选择准确的锯截位置及操作方法是大枝修剪作业中最为重要的环节,因其不仅影响到剪口的大小及愈合过程,更会影响树木修剪后的生长状况。错误的修剪技术会造成创面过大、愈合缓慢,创口长期暴露,易腐烂导致病虫害寄生,进而影响整株树木的健康。20 世纪 70 年代以前,截口位置尽量贴近枝干的基部锯截,因其造成的创口过大、难以愈合,现在已不再推荐采用。1983 年以后,美国的树艺学家建议采用自然目标修剪(NTP)方法,截口既不能紧贴树干、也不应留有较长的枝桩,正确的位置

是贴近树干但不超过侧枝基部的树皮隆脊部分与枝条基部的环痕。该法的主要优点是保留了枝条基部环痕以内的保护带,如果发生病菌感染,可使其局限在被截枝的环痕组织内而不会向纵深处进一步扩大。

6.3　观赏树木整形修剪

整形修剪是培育塑造各种园林树木造型的基础,对于园林的观赏价值具有重要作用,修剪可以预防植株的病虫害爆发,可以促进植株的健康生长。观赏树木的树体结构不同,整形修剪的方法也不一样。

6.3.1　树体的形态结构

园林树木形态特征的描述包括树型、树干、树冠、叶、花、果 6 个方面。

1. 树型

即园林树木的生活型,按生长习性可分为 3 类。

(1)乔木类　树体高大,具有明显主干的树木,同一类乔木,按叶的生长特性又可分为常绿乔木、落叶乔木、半常绿乔木。按叶的形态与大小又可分为针叶乔木,阔叶乔木。按树体的高度又可分为大乔木,中乔木,小乔木等。

(2)灌木类　树体矮小,主干不明显或无主干呈丛生状态的树木,同一类灌木,按叶的生长特性又可分为常绿灌木、落叶灌木、半常绿灌木;按分枝情况及树体大小又可分为大灌木、小灌木、丛生性灌木、匍匐性灌木。近年来,随着园林绿化事业发展的需要,又把灌木中在花、果、叶、枝等方面具有一定观赏价值的统称为花灌木。

(3)藤本类　指能攀附他物而向上生长的蔓性木本植物。同一类藤本树种,按叶的生长特性又可分为常绿藤本树种、落叶藤本树种,按其攀附特性又可分为缠绕(如紫藤)、气根(如凌霄)、卷须(如葡萄)、吸盘(如爬山虎)等攀援方式的不同类型。

2. 树干

不同的观赏树木,其树干在外皮的形状,色泽等方面亦不同。如外皮不开裂较光滑的有梧桐,粗糙的有朴树,具菱形皮孔的有毛白杨等。开裂的也有各种形态,如纵裂的有白蜡、重阳木,横裂的有樱花,方块裂的有柿,鳞状剥落的有榔榆,不规则剥落的有悬铃

木等。

树皮的色泽也有很多变化,白色的如山茶,绿色的如梧桐,赤褐色的如水杉,灰褐色的如银杏等。在竹类植物中,有些观赏竹类,其竹竿的色泽往往成为十分重要观赏特征,如紫色的紫竹、黄色的黄枯竹,间色的黄金间碧玉竹等。

3. 树冠

树冠由枝、叶及一部分树干构成,即树木外围线所包围的部分。树冠状态因树木个性而异,大体上以树冠轴为中心,或纵长,或横展,或下垂,各具姿态。但树冠形状,也并不是永久不变的,如松类,一般在幼时比较整齐,长大后全根据自然环境而变异,形成各种古雅、幽美的特殊冠形。

各种不同的树冠形状:尖塔形的如雪松,圆柱形的如池杉,圆球形的如球柏,垂枝形的如垂柳,伞形的如盘槐,卵形的如白榆,球形的如樱花,杯形的如榉树,平顶形的如合欢,下垂的如垂柳,匍匐的如偃柏等。

4. 叶

在园林树木观赏特性中,叶色、叶形、叶表面是否附生绒毛及托叶等都是重要的观赏特性。针形的如大部分松、柏,披针形的如柳,线形的如柽柳,卵形的如樟,倒卵形的如玉兰,圆形的如柿,椭圆形的如胡颓子,匙形的如厚朴,菱形的如乌桕,心脏形的如紫荆,掌状分裂的如鸡爪槭等。

5. 花

园林树木中具有观赏价值的花或具有特殊性状的花,如花的颜色、有无香味、是单生还是花序等都是重要的观赏特性。观花形的如花单生牡丹、梅等,芯状花序的如刺槐、紫藤,伞房花序如绣线菊,伞形花序如樱,柔荑花序如柳,头状花序如悬铃木,圆锥花序如南天竹,隐头花序如无花果,内穗花序如棕榈等。观花的颜色如白色的玉兰、栀子,红色的海棠、石榴,黄色的迎春、棣棠,紫色的杜鹃、紫藤等。闻花香的如茉莉花、栀子花、桂花等。

6. 果

园林树木中观果形态的一是果实的类型。二是一部分观赏果实的果色。从果形来说,属浆果的如葡萄,核果的如桃,梨果的如石楠,柑果的如柑橘,荚果的如紫荆,蒴果的如紫薇、蓇葖果的如广玉兰,翅果的如臭椿,坚果的如麻栎等。从果色来说,果为红色如冬青、柿树、火棘,果为黄色的佛手等。

6.3.2 园林树木的主要整形方式

园林观赏树木种类繁多,分枝习性各有不同,加之在园林绿化中的用途各种各样,其整形方式主要有自然式整形、人工式整形和混合式整形3大类。

1. 自然式整形

以自然生长形成的树冠为基础,仅对树冠生长作辅助性的调节和整理,使之形态更加优美自然(图6-1)。保持树木的自然形态,不仅能体现园林树木的自然美,同时也符合树木自身的生长发育习性,有利于树木的养护管理。

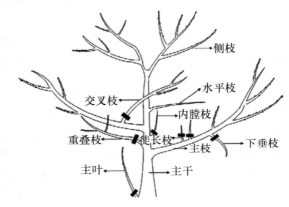

图6-1 自然式整形

树木的自然冠形主要有:圆柱形,如塔柏、杜松、龙柏等;塔形,如雪松、水杉、落叶松等;卵圆形,如桧柏(壮年期)、加拿大杨等;球形,如元宝枫、黄刺梅、栾树等;倒卵形,如千头柏、刺槐等;丛生形,如玫瑰、棣棠、贴梗海棠等;拱枝形,如连翘、迎春等;垂枝形,如龙爪槐、垂枝榆等;匍匐形,如偃松、偃桧等。修剪时需依据不同的树种灵活掌握,对有中央领导干的单轴分枝型树木,应注意保护顶芽、防止偏顶而破坏冠形。抑制或剪除扰乱生长平衡、破坏树形的交叉枝、重生枝、徒长枝等,维护树冠的匀称完整。

2. 人工式整形

依据园林景观配置需要,将树冠修剪成各种特定的形状,适用于黄杨、小叶女贞、龙柏等枝密、叶小的树种(图6-2)。常见树型有规则的几何形体、不规则的人工形体,以及亭、门等雕塑形体,原在西方园林中应用较多,但近年来在我国也有逐渐流行的趋势。

图 6-2　人工式整形修剪

3. 自然与人工混合式整形

在自然树形的基础上,结合观赏目的和树木生长发育的要求而进行的整形方式(图 6-3)。

(1)杯状形　树木仅留一段较低的主干,主干上部分生 3 个主枝,均匀向四周排开;每主枝各自分生侧枝 2 个,每侧枝再各自分生次侧枝 2 个,而成 12 枝,形成"三股、六杈、十二枝"的树形。杯状形树冠内不允许有直立枝、内向枝的存在,一经出现必须剪除。此种整形方式适用于轴性较弱的树种,如二球悬铃木,在城市行道树中较为常见。

图 6-3　自然与人工混合式整形修剪

(2)自然开心形　是杯状形的改进形式,不同处仅是分枝点较低、内膛不空、三大主枝的分布有一定间隔,适用于轴性弱、枝条开展的观花观果树种,如碧桃、石榴等。

(3)中央领导干形　在强大的中央领导干上配列疏散的主枝。适用于轴性强、能形成高大树冠的树种,如白玉兰、青桐、银杏及松柏类乔木等,在庭荫树、景观树栽植应用中常见。

(4)多主干形　有 2～4 个主干,各自分层配列侧生主枝,形成规整优美的树冠,能缩短开花年龄,延长小枝寿命,多适用于观花乔木和庭荫树,如紫薇、蜡梅、桂花等。

(5)灌丛形　适用于迎春、连翘、云南黄馨等小型灌木,每灌丛自基部留主枝 10 余个,每年疏除老主枝 3～4 个,新增主枝 3～4 个,促进灌丛的更新复壮。

(6)棚架形　属于垂直绿化栽植的一种形式,常用于葡萄、紫藤、凌霄、木通等藤本树种。整形修剪方式由架形而定,常见的有篱壁式、棚架式、廊架式等。

6.3.3　树木整形的修剪方法

1. 休眠期的修剪方法

休眠期的修剪主要有疏、截、放、伤等方式。

1)疏(疏剪或疏枝)

将枝条从分生处剪去(图 6-4)。抹芽、摘叶、去萌和疏花、疏果也属于疏。疏的作用是:①改善通风透光和营养的分配,可促进花芽分化和果实着色。②可以更新丛生灌木的老枝(疏剪的工作在生长期和休眠期均可进行)。③调节整体与局部生长势(整体生长削弱,刺激局部生长。往往能够增强同侧剪口以下的枝

条,削弱同侧剪口以上枝条生长势)。疏剪是最常规的修剪方法,如疏除树冠上的老弱枝、病虫枝、伤残枝、枯枝和影响树形的枝条。

图 6-4　行道树的疏枝修剪

2)截(短截)

一年生枝剪除一部分称截。短截的作用:①刺激侧芽萌发,增加枝叶量,积累有机物,促进花芽分化。②缩短枝叶与根系营养运输的距离。③改变顶端优势位置和强度,"强枝短剪,弱枝长剪"可调节枝势平衡。④培育树形,形成各级骨干枝。截主要分为以下几种。

(1)轻短截　截去枝条全长 1/5～1/4。剪口芽为半饱满芽,促进产生大量短枝,有利于成花,适用于花果类树木强壮枝的修剪。

(2)中短截　截去枝条全长 1/3～1/2。剪口芽强健壮实,发枝强壮,剪后促进分枝,增强枝条生长势,用于弱树复壮及骨干枝和延长枝培养,也可以形成长花枝和中长花枝。

(3)重短截　截去枝条全长 2/3～3/4。由于留芽少,刺激作用大,会萌发强壮的营养枝,用于弱树、老树和老弱枝的复壮更新。

(4)极重短截　仅留基部 1～2 个芽;只抽生 1～3 个弱枝,可降低枝位,削弱旺枝、徒长枝、直立枝的生长,以缓和枝势,促进花芽形成。

图 6-5 表示的是不同程度的短截及剪后发枝情况。

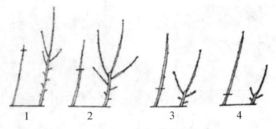

图 6-5　短截修剪发枝图

3)回缩(长放或甩放)

多年生枝剪除一部分称回缩。对营养枝不做任何修剪,保持枝条长势和原有树形。对拱形下垂的枝条可做回缩处理(连翘、迎春、金银木等),而对长势中等的枝条可放,有利于形成花芽(图 6-6)。

图 6-6　回缩修剪图及长放图

4)伤

用各种方法把枝条的皮层、韧皮部和木质部破伤的操作称为伤,多在生长期应用(图 6-7)。如刻伤、环剥、折裂、扭梢和拿枝等。刻伤又分目伤、纵伤、横伤。目伤:芽或枝的上方或下方刻伤,伤口似眼睛,伤的程度以达木质部为度。纵伤:用刀纵切,可以减少树皮束缚力,有益于树干的加粗生长,对树干光滑的种类,可纵伤。横伤:树干或主枝横砍数刀,截留上部营养,有益于开花和果实发育。

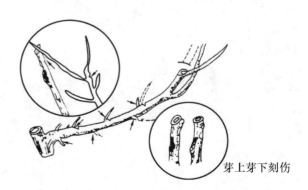

图 6-7　刻伤示意图

2. 生长期的修剪方法

园林树木生长期的主要修剪方法有以下几种。

（1）摘心　摘心即打顶，是对预留的干枝、基本枝或侧枝进行处理的修剪方法。当预留的主干、基本枝、侧枝长到一定叶片数（长度）时，将其顶端生长点摘除（自封顶主茎不必摘心）。摘心可控制加高和抽长生长，有利于加粗生长和加速果实发育。在园林树木栽培中常常用到。

（2）抹芽　抹芽也叫掰芽，就是在树木发芽后至开花前，去掉多余的芽。此时芽很嫩很脆，用手轻轻一抹，即可除去。抹芽的好处是集中树体营养，使留下来的芽可以得到充足的营养，更好的生长发育。

（3）摘叶　将叶片及叶柄剪除，称为摘叶。摘叶可改善树冠内的通风透光条件。对观果的植物，利于果实着色，增加果实的美观程度，提高观赏效果。通过摘叶可降低和防止病虫害的发生；通过摘叶，还可以进行催花。

（4）去蘖　又称除萌，去除主干基部或大伤口的萌蘖枝条称为去蘖。嫁接繁殖的植物，易在根部萌生砧木的萌蘖条，这不利于嫁接苗的生长，应及时除去。

6.4　不同类型树木的整形修剪

不同的园林观赏树木，整形修剪方法各异，下面介绍常见不同类型树木的整形修剪方法。

6.4.1　苗木的整形修剪

园林苗木的修剪，是通过疏枝、短截、去蘖等方法，协调植株生长状态，提高苗木存活率，促进园林景观形成。随着城市园林事业的快速发展，园林苗木品种、造型的增加，对修剪的要求也越来越高。如何保证苗木修剪后的成活率，提高园林的造型美感，凸显园林景观效果，已成为一门专业性逐渐增强的技术。

1. 苗木的整形修剪

1）按时间划分

（1）冬季修剪　冬季修剪又称休眠期修剪，选择在晚秋之后的冬季，植株枝条处于休眠期的时候进行修剪。对于抗寒能力比较强的植株，可以先行修剪，对于抗寒能力稍差的植株，多选择在根系开始活动的冬末春初进行修剪，有利于其伤口的愈合。

（2）夏季修剪　夏季修剪又称生长期修剪，其目的是调整主枝、疏除密度较大的侧枝。通过摘心、剪蘖芽

等手段减少植株养分分散与损失。常见的修剪内容有幼树去梢、苗木整形、品种嫁接、调整造型等。

2）按修剪造型划分

（1）对于单株而言，常见的修剪造型有杯状形、心形、尖塔形、圆锥形、圆柱形、圆筒形、圆球形、灌丛形、馒头形、塔形、伞形、棚架形等。

（2）对于片林而言，常见的修剪造型有：①片林修剪，出于为以后提供合格苗木的需要，对有主轴的乔木，采取培养主干，剪除竞争侧枝的修剪方式。②行道树修剪，为了使道路两旁的苗木达到遮阳、绿化街道、卫生防护的作用，对行道树采取剪除病枝、梢头，保留伸向道路的侧枝并加以培育，令其枝繁叶茂，同时不影响人车通行和架空线的安全。③绿篱修剪，为了起到遮掩视线、层次错落的效果，对冬青灌木丛、蔷薇等修剪成整齐的篱笆型造型，每年进行 2～4 次修剪整形，主要是打掉顶梢，强化侧面密度与厚度。

2. 园林苗木修剪方法和技术

1）园林苗木修剪方法

（1）疏枝　疏枝，又称疏剪，通过剪除过密枝、重叠枝、细弱枝，使得植株自身空间得到扩大，改善通风透光条件；使得枝条分布趋于均匀，利于花芽分化；使得植株病虫害得到有效防范和控制。

（2）短截　短截的目的是为了增加中短树枝数量，扩大树冠。把当年新生枝条的 20% 剪掉，抑制长势过盛的枝条，刺激残留枝节重新萌发，让苗木各个部分都能均匀生长，为进一步塑型奠定基础。当枝干较为粗壮的时候，疏枝与短截需要使用钢锯进行锯枝作业。锯枝需要在枝条下方先锯一切口，然后在锯口上向下锯断，锯口应保持平齐，防止劈裂伤树。

（3）去蘖　去蘖是从植株根部将萌蘖贴地剪除，其目的是保护主枝生长。对于一些容易萌发蘖枝的植株，要经常留心观察，因为剪除蘖枝的最好时间是在其木质化之前，此时用手直接掰除即可。若是错过这个时间，最好使用剪刀将其剪除。

（4）辅助性修剪　缩剪、摘心、刻伤、除芽等都属于辅助性修剪，其共同目的是防止枝条生长过于旺盛，通过剪除多余的枝条达到植株整体均匀生长。

2）苗木修剪的主要技术

（1）剪口和剪口芽　修剪枝条时显露的端面伤口称作剪口，在剪口下面最接近剪口的芽称作剪口芽。所谓最近，也是有距离要求的，在一般情况下，最适宜

的距离是剪口上端与芽尖齐,下端在芽的 1/2 部位。如果剪口与剪口芽距离较远,多余的枝梢不利于剪口愈合,影响剪口芽的抽枝长势;如果剪口距离剪口芽太近,芽容易失水干枯死亡。在干旱多风的冬春季,剪口应该距离剪口芽稍远,以利于保存水分。

(2)竞争枝的修剪 对于竞争枝的修剪,存在多种情况。①竞争枝短于延长枝,同时下邻枝条较弱。此时,把竞争枝剪掉后,延长枝的生长速度会因为剪口而变缓,下邻枝条会得到养分而增强生长。②竞争枝短于延长枝,同时下邻枝条长势较强。此时,第一年将竞争枝截短,抑制其生长,以促进新生枝条生长,待第二年春天将竞争枝全部剪除,这样做可以制约下邻枝条疯长。③换头,即竞争枝长于延长枝,同时下邻枝条生长较弱。此时,剪除延长枝,转而把竞争枝培养成延长枝。④竞争枝长于延长枝,同时延长枝生长较弱,但下邻枝条长势较强。此时,可以把延长枝剪短,在减弱其生长势头的时候抑制下邻枝条生长,将竞争枝转变为延长枝,第二年把原延长枝剪除。⑤由于修剪遗漏等原因,造成竞争枝连续生长多年。此时,不能把竞争枝一次剪掉,应该先修剪的短于下邻枝,第二年再作剪除。

(3)主枝的配置 ①对于有轮生现象的苗木,根据其多歧分枝和单轴分枝的特点,要及时避免因为出现主枝过多的生长现象,而出现"掐脖"的负面影响。因此,在植株幼小时期,就要逐次剪除过多的主枝,使之均匀分布。在每轮只保留 3 个朝向不同方向生长的枝干,剪除处的伤口造成营养积聚,使细干增粗,克服了"掐脖"现象。②对于中间主干顶端生长极具优势的植株,根据其树形高大,树干通直,主侧枝粗细分明的特点,保留健壮树干,注意主枝配置,根据高度每年留下具有一定距离的 2~3 个主枝,配合侧枝修剪,最后形成卵圆形等形状的树冠。③对于中间主干顶端生长不具优势的植株,其周围的旁枝萌芽力强,鉴于这个特点,多将苗木修剪成杯形、自然开心形树冠。其技术要求是:先保留两个主枝,以后再增加一个主枝,主枝分散方向力争均匀,彼此相距要大于 30 cm,倾角小于 45°。

3)修剪注意事项

园林苗木修剪,要坚持岗前培训,在掌握了基本修剪知识之后,才能进入实际操作。在动手修剪前,应仔细观察苗木整体的造型,因地制宜,打好腹稿,根据从上到下,从里到外的顺序进行修剪。修剪结束后,及时收集整理剪下的枝条,打扫干净,集中运走。对于直径

超过 4 cm 的剪锯口,应做削平并涂抹药剂的保护处理。在修剪现场,要备足安全措施,穿好安全装备,系好安全带或安全绳。分工明确,集中心思,指定专人指挥,对于靠近电线、变压器等区域,需要协调相关部门提供配合。

6.4.2　苗木出圃或栽植前后的修剪

1. 苗木出圃的规格要求

尽管各地对出圃苗木的规格、质量要求不尽统一,但同一地区出圃苗木在规格、质量上应有统一的要求。苗木出圃时,在质量和规格上要做到不够规格、树形不好、根系不完整、有机械损伤、有病虫害的苗木不出圃。苗木出圃的质量要求:①苗木树体完美。②苗木根系发育良好。③苗木的茎根比小、高径比适宜、重量大。④苗木无病虫害和机械损伤。⑤经过移植。

2. 不同种类苗木出圃规格要求及移植后修剪要求

1)常绿乔木

要求苗木树型丰满、主梢苗壮、顶芽明显,苗木高度在 1.5 m 以上或胸径在 5 cm 以上为出圃规格。

出圃前或移植后修剪。茎干保留顶芽,修掉过密枝、下垂枝、内膛枝、病虫枝等,修剪要适量,尽可能轻剪。要保持树冠均匀、饱满。根部沿主根 25 cm 处断根,尽可能保留侧根,对起苗过程中受到机械损伤的根要及时剪除,并采用多菌灵等农药进行消毒处理。

2)大、中型落叶乔木

如毛白杨、国槐、五角枫、合欢等树种,要求树型良好,树干直立,胸径在 3 cm 以上(行道树苗在 4 cm 以上),分支点在 2.0~2.2 m 以上为出圃苗木的最低标准。

出圃前或移植后修剪。茎干保留顶芽,修掉过密枝、下垂枝、内膛枝、病虫枝等,修剪可重度进行,要保持树冠均匀、内膛空旷。对起苗过程中受到机械损伤的根要及时剪除,并采用多菌灵等农药进行消毒处理。

3)有主干的果树、单干式的灌木和小型落叶乔木

如苹果、柿树、榆叶梅、碧桃、西府海棠、紫叶李等,要求主干上端树冠丰满,地径在 2.5 cm 以上为最低出圃规格。

出圃前或移植后修剪。修掉过密枝、下垂枝、内膛枝、病虫枝等,尽可能采用开心形整形修剪,可重度进行,要保持树冠均匀、内膛空旷。对起苗过程中受到机械损伤的根要及时剪除,并采用多菌灵等农药进行消毒处理。

4) 多干式灌木

要求自地际分枝处有 3 个以上分布均匀的主枝。丁香、金银木、紫荆、紫薇等大型灌木出圃高度要求在 80 cm 以上；珍珠梅、黄刺玫、木香、棣棠、鸡麻等中型灌木类，出圃高度要求在 50 cm 以上；月季、郁金、金叶女贞、牡丹、红叶小檗等小型灌木类，出圃高度要求在 30 cm 以上。出圃前或移植后修剪。修掉过密枝、下垂枝、内膛枝、徒长枝、病虫枝等，尽可能采用自然式整形修剪，要保持树冠均匀、内膛空旷。对起苗过程中受到机械损伤的根要及时剪除，并采用多菌灵等农药进行消毒处理。

5) 绿篱类

苗木树势旺盛，全株成丛，基部枝叶丰满，冠丛直径不小于 20 cm，苗木高度在 50 cm 以上为最低出圃规格。出圃前或移植后修剪：需要进行截干修剪，剪掉病虫枝等，尽可能采用自然式整形修剪，要保持树冠均匀、内膛空旷。对起苗过程中受到机械损伤的根要及时剪除，并采用多菌灵等农药进行消毒处理。

6) 攀援类苗木

地锦、凌霄、葡萄等出圃苗木要求生长旺盛，枝蔓发育充实，腋芽饱满，根系发达，至少 2～3 个主蔓。此类苗木多以苗龄确定出圃规格，每增加一年，提高一个规格级别。

7) 竹类

竹类苗木主要质量标准以苗龄、竹叶盘数、土坨大小和竹竿个数为规定指标。

(1) 母竹为 2～5 年生苗龄。

(2) 散生竹类苗木主要质量要求：大、中型竹苗具有竹竿 1～2 个，小型竹苗具有竹竿 5 个以上。

(3) 丛生竹类苗木主要质量要求：每丛竹具有竹竿 5 个以上。

8) 人工造型苗

黄杨球、龙柏球、绿篱苗以及乔木矮化或灌木乔化等经人工造型的苗木，出圃规格不统一，应按不同要求和不同使用目的而定。

6.4.3　定植后不同类型树木的修剪

1. 行道树的修剪与整形

1) 杯状形行道树的修剪与整形

杯状形行道树最传统典型的"三杈、六股、十二枝"树形(图 6-8)，主干高 3～4 m，整形工作 3～5 年内完成，典型树种有悬铃木、枫杨等。

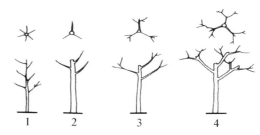

图 6-8　杯状形树冠的整形修剪过程示意图

修剪与整形过程。

(1) 定植后在树高达 3～4 m 时，截去主梢定干；

(2) 主干上选留 3～5 个不同方向分布均匀与主干呈 45°夹角的枝条作主枝培养，其余疏除。

以后反复修剪，每年回缩，保持枝形。在生长期内进行抹芽和修剪 1～2 次(6 月中旬和 8 月上旬)尤其上方有架空线路的应及时修剪，保持一定距离，一般枝条距电话线 0.5 m，距高压线 1 m 以上。

2) 开心形行道树修剪整形类型

多用于无中央领导干或顶芽自剪的树种，树冠自然开展。定植后在定干高度 3 m 处截干，留 3 枝培养成主枝，其余剪除，生长季节将主枝上留 3～5 个芽，向各方向均匀分布，其余抹除，向四方斜生，并进行短截，促发次级侧枝形成树冠(图 6-9)。如三角枫、槭树、国槐等。

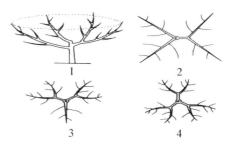

图 6-9　开心形行道树的修剪与整形

3) 自然式冠形行道树的修剪与整形

在不妨碍交通和其他公用设施的情况下，树冠具任意生长条件时，行道树多采用自然式冠形，如塔形(雪松、龙柏、桧柏等)、卵圆形(柳树、槐树、榆树等)、扁圆形(垂柳、槭树、红枫等)。

修剪与整形方式。

(1) 有中央主干的行道树　如水杉、池杉、马褂木、雪松、枫杨、广玉兰、桤木、圆柏、泡桐、银杏等。这种类型一般修剪量不大,保持自然树形,每年只需剪去过密枝、病虫枝、枯死枝等,随着树体的增长,每次修剪注意逐渐抬高枝位,直至达到分枝高度4~6 m,以后及时疏除或回缩妨碍交通的枝条(图6-10)。在培养主干,逐渐抬高枝位时,对于杨树等阔叶树的修剪一般保持冠高比为3/5。

(2)无中央主干的行道树　主干性不强的树种,主干培养到3 m以上,如旱柳、椰榆、国槐等顶端留5~6个主枝朝不同方向,使其形成自然冠形(卵圆形、长卵形、扁圆形等),每年只修去病虫枝、枯死枝、密生枝和伤残枝。

2. 花灌木的修剪与整形

花灌木通过整形修剪可以形成多干灌丛形、独干形、自然开心形、丛状形、杯状形、宽冠丛状形等。如图6-11所示。

图6-10　中央主干形行道树整形

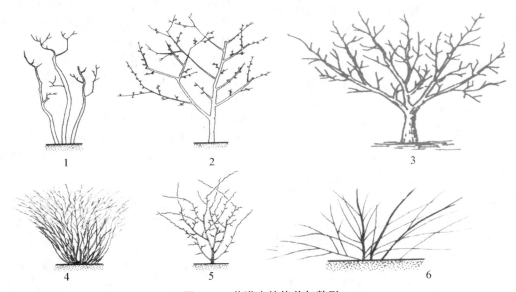

图6-11　花灌木的修剪与整形

1.多干灌丛形　2.独干形　3.自然开心形　4.丛状形　5.杯状形　6.宽冠丛状形

根据配置的环境要求,花灌木修剪整形首先观察植株生长的环境、光照条件、植物种类、长势强弱及其在园林中所起的作用,然后再进行修剪整形。结合周围植物景观的整体效果来控制植株的高矮、疏密、刚与柔进行造型。

1)根据观赏部位

(1)观果类　花灌木中有很大一部分为既观花又观果的树种,如火棘、枸骨、枸子属等。所以,修剪时间

及方法与早春开花的种类相似。不同之处在于,观果为主的树种要注意疏枝,以增强通风透光,这样果实着色较好,也不易产生病虫害,可提高观赏效果。花后一般不做短截,如为使果实大而多,可在夏季采用环剥或疏花疏果的措施调节。

(2)观枝类　观枝类的树种常见的有红瑞木、棣棠、金枝槐等。这类树种往往在早春芽萌动前进行修剪,在冬季不进行修剪。使其在冬季少花的季节里充

分发挥观赏作用。该类树木的嫩枝一般较鲜艳,老干的颜色相对较暗淡。因此,最好年年重剪,促发更多的新枝,提高观赏价值。

(3)观形类　这类树木有龙爪槐、垂枝桃、垂枝梅、龙桑等。修剪时应根据不同的种类而采用不同的方法,如对龙爪槐、垂枝桃、龙桑短截时留上芽不留下芽,以诱发壮枝。

(4)观叶类　观叶类的树种较多,分春彩、秋彩、四季彩。春彩的有红叶石楠、海棠类等;秋彩的有鸡爪槭、枫香等;四季彩的有紫叶李、紫叶小檗、红枫等。在园林中,既观花又观叶的种类,往往按早春开花的类型进行修剪。其他的观叶类一般只进行常规修剪,有时为与周围环境搭配和谐,也可将其进行特殊的造型修剪。

(5)观花类　以观花为主要目的的树种,首先要了解开花习性、着花部位及花芽的性质,然后采取相应的修剪措施。

2)根据花芽的生长规律

树木枝干上的芽有花芽、叶芽、混合芽之分。花芽可以开花,叶芽只长叶片。混合芽芽萌发后先抽新梢,然后在新梢上长出花芽开花。

花木的花芽生长方式大致有:长在健康的优良枝上;长在当年生新枝顶部;长在二年生新梢顶部;长在二年生短枝叶腋中;长在二年生短枝上;从二年生短枝上部长出混合芽,然后抽生新枝顶部开花等许多种形式。

(1)早春开花类　早春开花的花灌木的花芽一般都是在前一年的夏秋季分化,所以花芽着生在二年生枝上,如梅花、瑞香、桃等,但少数树种也能在多年生枝上形成花芽。这类树种以休眠期修剪为主,夏季进行辅助性修剪。修剪方法以短截和疏枝为主。榆叶梅、碧桃应在花谢后叶芽开始膨大尚未萌发时进行修剪,可在开花枝条基部留2～4饱满芽进行重剪。牡丹则去除残花即可。对玉兰、丁香、春杜鹃等,要在花后即进行修剪,因为此类花芽是着生在二年生新梢的顶部,也就是说在花谢之后长出的新梢顶部,来年春天就会长出花芽开花。如果在夏季进行修剪,就不会再萌发长花芽的新枝了。蜡梅、梅花先花后叶的应在开花后修剪,宜早不宜迟,早有利控制徒长枝的生长,如直立枝、徒长枝已形成,可采用摘心的方法,促发二次枝,增加开花的数量。

需要注意的是,具有顶生花芽的种类,如茉莉、蔷薇、木槿等,在休眠期修剪时,不能对着生花芽一年生枝进行短截。因为花芽集中在枝条上部,短截后就没有开花的部位了。如果是腋生花芽的种类,如梅花、桂花、桃花等,在冬剪时,可以对着生花芽的枝条进行短截。

芽为混合芽的种类,剪口芽可以留花芽;如果是纯花芽的种类,剪口芽不能留花芽,因为只留花芽,花后上部没有叶片,修剪处将是一截枯枝,影响美观。

另外,对于具有拱形枝条的种类,如金钟花、迎春等,虽然其花芽着生在叶腋,剪去枝梢并不影响开花,但为保持树形饱满美观,通常也不采取短截修剪,而采用疏剪并结合回缩,疏除过密枝、枯死枝、病虫枝及扰乱树形的冗长枝,回缩老枝,促发强壮的新枝。

紫荆、贴梗海棠等大部分花芽着生在二年生枝上,但多年生的老枝在营养条件适合时亦可分化花芽。一般在早春修剪先端干枯部分,生长季节防止生长过旺,对当年生枝进行摘心抑制生长,对过多的直立枝、徒长枝进行疏剪。

花芽(或混合芽)着生在开花短枝上的花灌木,如西府海棠,幼年期生长旺盛,萌发大量的直立枝,进入开花年龄后,多数枝条形成开花短枝并年年开花,故修剪量较小,一般在花后剪去残花,夏季生长过旺时对生长枝进行摘心,使营养集中于多年生枝干上。

(2)夏秋开花类　此类树种的花,开在当年发出的新梢上。其花芽是在当年春天发出的新梢上形成的,这类树种如绣球、六道木、夹竹桃、石榴、紫薇、木槿、夏鹃等。修剪时间,通常在休眠期至早春树液开始流动前进行,修剪方法也是以短截和疏剪相结合。值得注意的是,此类树种不要在开花前进行短截,因为此类花芽大部分是着生在枝条的上部和顶端。另外,有些树种在花后还应该去除残花,使养分集中可延长花期,有的还可使树木二次开花如锦带花、珍珠梅等。一年多次抽梢,多次开花类如月季,在休眠期重剪回缩,生长期每次开花后修剪,留顶部5片小叶处饱满芽,剪除带3片(或第一个5片)小叶的顶梢。

【知识拓展】

园林树木自然式造型

https://wenku.baidu.com/view/ba0d2ff065296-
47d27285284.html

【复习思考题】

一、名词解释

创伤　愈合　修剪整形　摘心　疏剪　短截　剪口

二、简答题

1.简要说明愈伤组织的形成过程和伤口的处理。

2.什么叫修剪？什么叫整形？修剪对园林树木的调节机理是什么？

3.分别说明修剪的基本技术有哪些？

4.根据园林树木的生长习性,园林树木可分为哪几种类型？

5.举例说明整形修剪的原则有哪些？

6.园林苗木出圃前需要进行哪些修剪？

7.简要说明行道树的整形修剪方法。

8.简要说明绿篱的修剪方法。

【知识要点】本章主要介绍树洞处理的意义和作用，树洞形成的原因，以及影响树木支撑的因素，重点掌握树洞处理的目的与原则，人工支撑的类型与方法。

7.1 树洞处理的意义

7.1.1 树洞处理的历史

对于树洞的处理历史比较悠久，早在公元前 300 年，古希腊哲学家提奥佛拉斯就在《Enquiry in Plants》一书中有"涂泥"以避免树木腐朽的描述。20 世纪 10 年代以来，树洞的处理工作比以前的历史记载有了较大的进步。

7.1.2 树洞形成的原因与进程

1. 树洞形成的原因

树洞是树木边材、心材、或从边材到心材出现的任何孔穴，主要发生于根部、干基和大枝分杈处。树洞形成的主要原因是忽视了树皮的损伤和伤口的恰当处理。如机械损伤和某些自然因素（如病虫危害，人与动物的破坏、雷击、冰冻、雪压、日灼、风折、不合理修剪等）造成皮伤和孔隙，导致邻近的边材变干。若伤口大，愈合慢，或不能完全愈合，木腐菌和蛀干害虫就有充足的时间入侵，造成腐朽。树洞的存在，会削弱树体结构，易造成风折等。成为蚂蚁、蛀虫和其他有害生物的栖息繁衍场所。阻碍新组织的形成和物质的运输。

2. 树洞形成的进程

大多数木腐病引起的腐朽进展相当慢，每年扩展只有几厘米。

7.1.3 树洞处理的目的与原则

1. 树洞处理的目的

通过去掉严重腐朽和虫蛀的木质部，消除有害生物的繁衍场所，重建保护性表面，防止腐朽，为愈伤组织的形成提供牢固平整的表面，刺激伤口的迅速封闭。通过树洞内部的支撑，提高树体的力学强度。改善树木的外貌，提高观赏价值。

2. 树洞处理的原则

（1）尽可能地保护伤面附近障壁保护系统，抑制病原微生物的蔓延造成新的腐朽。

（2）尽量不破坏树木输导系统和不降低树木的机械强度，必要时树洞加固，提高树木支撑力。

（3）通过科学的整形与处理，加速愈伤组织的形成与洞口覆盖。

7.2 树洞处理的方法与步骤

树洞处理的方法主要有树洞的清理、整形、加固、消毒与涂漆、树洞填充。

7.2.1 树洞清理

用锤、凿、刀具等工具，小心地去掉腐朽和虫蛀的木质部。

1. 小树洞清理

应全部清除变色和水渍状木质部，因其所带木腐菌多，且处于最活跃时期。

2. 大树洞清理

变色木质部不一定都腐朽，还可能是障壁保护系统，

应谨慎处理,只去掉严重腐朽的部分,以防掏空树干。

7.2.2　树洞整形

树洞整形的目的是促进洞口的愈合与封闭(覆盖)。整形后要求保持健康的自然轮廓线及光滑而清洁的边缘。为防止伤口干燥,应立即用紫胶清漆涂刷,保湿,防止形成层干燥萎缩。

1. 浅树洞的整形

切除洞口下方的外壳,使洞底向外向下倾斜,防止积水。

2. 深树洞的整形

洞底高于土面的树洞,从树洞底部较薄洞壁的外侧树皮上,由下向内,向上倾斜钻孔直达洞底的最低点,在孔中安装稍突出于树皮的排水管。洞底低于土面的树洞:在适当进行树洞清理之后,在洞底填入理想的固体材料,并使填料表面高于地表 10～20 cm,向洞外倾斜,以利于排水出洞。

7.2.3　树洞加固

树洞经清理整形后,为了保持树洞边缘的刚性和填充物的牢固,对树洞进行支撑加固。

1. 螺栓加固

用锋利的钻头在树洞相对两壁的适当位置钻孔,在孔中插入相应长度和粗度的螺栓,在出口端套上垫圈后,拧紧螺帽,将两边洞壁连结牢固(图 7-1)。

图 7-1　螺栓加固

需注意的是,钻孔的位置至少离伤口健康皮层和形成层带 5 cm;垫圈和螺帽必须完全进入埋头孔内,其深度应足以使形成的愈合组织覆盖其表面,所有的钻孔都应消毒并用树木涂料覆盖。

2. 螺丝杆加固

选用比螺丝直径小 0.16 cm 的钻头,在适当的位置钻一个穿过相对两侧洞壁的孔。在开钻处向木质部绞大孔洞,深度应刚好使螺杆头低于形成层。将螺杆拧入钻孔。

需注意的是,对于长树洞,还应在上下两端健全的木质部上安装螺栓或螺杆用以加固。

7.2.4　消毒与涂漆

消毒是对树洞内表的所有木质部涂抹木馏油或 3% 的硫酸铜溶液。涂漆是对所有外露木质部涂抹紫胶漆,先期涂抹过紫胶漆的皮层和边材部分同样要涂漆。

7.2.5　树洞填充

1. 树洞填充的目的

一是防止木材的进一步腐朽。二是加强树洞的机械支撑。三是为愈合组织的形成与覆盖创造条件。四是改善树木的外观,提高观赏效果。

2. 填充的方法

①水泥沙浆填充。由 2 份净沙或 3 份石砾与 1 份水泥,加入足量的水搅拌而成,目前是最方便、价格最便宜的常见填料。根据景观需要,可在填充好的表面绘制各种美观的图案(图 7-2)。②沥青混合物填充。比水泥沙浆的填充效果好,但配制烦琐,灌注困难。在炎热夏天,洞口附近的沥青易变软,溢出。③聚氨酯塑料填充。是一种很好填充材料,我国已经开始应用。填充的方

图 7-2　水泥砂浆填充后绘制动物图案

法是先将树洞出口周围切除 0.2～0.3 cm 的树皮带，露出木质部后注入填料。其特点是坚韧、结实、稍有弹性、质轻、固化迅速，便于愈合组织的形成等。④弹性环氧胶填充。弹性环氧胶加 50% 的水泥、50% 的细沙混合填充树洞。其结合牢固，填充 3 年后无裂缝，能与伤口愈合组织紧密混合生长。

7.3 树木的支撑

7.3.1 影响树木支撑的因素

1. 树种

对于某些木材脆弱，叶量大，合轴分枝或假二叉分枝的树种，需要进行人工支撑。

2. 分叉

具有 V 形杈树木，极易发生树杈劈裂，需要进行人工加固。

3. 树体损伤

树体损伤严重，树洞宽大，外壳较薄的树木，除进行树洞加固外，进行洞外支撑也十分必要。

4. 树干的环境变化

由于某些原因切断了树木的某些骨干根，树干或树根已大面积腐朽以及邻近生长的树木被挖走，需要进行支撑加固。

5. 树龄、树姿

对于主干歪斜，枝条伸展过远而失去平衡的古树，大枝太低，下垂或将要摩擦邻近树顶及其他空中管线与建筑物等的树枝，需要进行适当的支撑加以保护（图 7-3）。

7.3.2 人工支撑的类型与方法

常用的树木支撑技术可分为两种主要类型，即柔韧支撑和刚硬支撑。

1）柔韧支撑

又称为软支撑。支撑所有材料，除连接部位用硬质材料外，其他均用金属缆绳技能型支撑。支撑后枝条可以有一定的自由摆动范围，根据缆绳排列方式可分为单引法、围箱法、毂辐法和三角法等（图 7-4）。

图 7-3 主干歪斜支撑保护

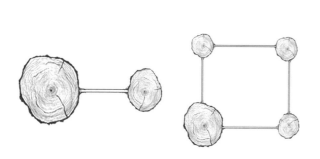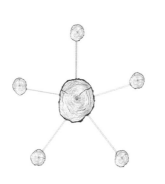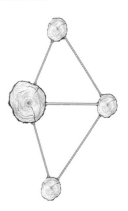

a   b   c   d

图 7-4 大枝的柔韧支撑

a. 单引法 b. 围箱法 c. 毂辐法 d. 三角法

（1）单引法　用单根缆绳牵引连接两根大枝的方法。

（2）围箱法　缆绳以周边闭合的方式，在大致相同的水平面上，将一棵树的所有大枝连接在一起。

（3）毂辐法　缆绳从中心主干、大枝或中央金属环，辐射连接周围的主枝。

（4）三角法　缆绳将相邻的3根主枝连接起来直至全部大枝成为一个整体。

2）刚硬支撑

又称硬支撑。用螺栓、螺帽等加固弱分叉、劈裂权、开裂树干和树洞的方法。常在较低部位进行，操作比较简单（图7-5）。

刚硬支撑可以是预防性的，也可以是治疗性的。对弱权的支撑是预防性的，对劈裂部分的复位固定是治疗性的。

图7-5　刚硬支撑

【复习思考题】

一、名词解释

柔韧支撑　刚硬支撑

二、填空题

1.柔韧支撑中，根据缆绳排列方式可分为（　　　　　）（　　　　　）（　　　　　）和（　　　　　）4种。

2.树洞消毒是对树洞内表的所有木质部涂抹（　　　　　）或（　　　　　）溶液。

三、简述题

1.简述树洞处理的原则。

2.简述树洞处理的方法步骤。

3.简述树木支撑类别和方法。

第8章

树木的各种灾害

【知识要点】本章主要介绍园林树木的低温危害、高温危害、雷击伤害、风害、根环束等自然灾害的基本原理及预防措施；市政工程、煤气、化雪盐等对树木的危害及预防措施。贯彻"预防为主，综合防治"的方针，合理选择树种并进行科学配置，采取综合措施促进树木健康成长，增强抗灾能力，保证树木的正常生长，充分发挥园林树木的功能和效益。

8.1　树木的自然灾害

城市园林绿地的经营期限短则几十年，长则几百年甚至上千年，园林树木在漫长的生命历程中，经常遭受冻害、冻旱、寒害、霜害、日灼、旱害、雪害、风害、涝害、雷灾、雹灾、病虫害等各种自然灾害的侵扰，如不积极采取相应的预防措施，可能使精心培育的绿地毁于一旦。要预防和减轻自然灾害，必须掌握各种自然灾害的发生规律和林木致害的原理，从而因地制宜、有的放矢地采取各种有效防护措施。

8.1.1　低温危害

根据低温对园林树木伤害的机理，可以将其分为寒害、霜害、冻害、冻拔、冻裂、冻旱及抽条等。

1. 寒害

指气温在0℃以上时，树木受害甚至死亡的情况。受害树木均为热带喜温树种。

2. 霜害

由于温度下降至0℃，甚至更低，空气中的过饱和水汽与树体表面接触，凝结成冰晶，使幼嫩组织或器官产生伤害的现象称为霜害。

3. 冻害

指当温度降至0℃以下，使树木体内结冰，严重时导致质壁分离，细胞膜或细胞壁破裂，导致树木组织死亡。一般发生在树木的越冬休眠期，以北方温带地区常见，南方亚热带有些年份也可能出现冻害。

4. 冻拔

又叫冻举，指在纬度高的寒冷地区，温度降至0℃以下，当土壤含水量过高时，土壤冻结并与根系连为一体后，由于土壤水分结冰体积膨胀，使根系与土壤同时抬高。解冻时，土壤与根系分离，在重力作用下，土壤下沉，使苗木根系外露，似被拔出，倒伏死亡。冻拔多发生在土壤含水量过高、质地黏重的立地条件，另外与树木的种类、年龄、根型等因素有关。

5. 冻裂

指树皮或木质部受冻后发生开裂的现象。冻裂常造成树干纵裂，树皮沿裂缝与木质部分离，严重时向外翻卷，给病虫入侵制造机会，影响树木的健康生长。

6. 冻旱

又称干化，是一种因土壤结冻而发生的生理性干旱。在寒冷地区，冬季土壤结冰，树木根系难以吸收土壤中的水分，而地上部分的蒸腾作用不断失水，树木体内水分平衡受到破坏，而导致细胞死亡，枝条干枯，甚至整个植株死亡。

7. 抽条

又称干梢、烧条或灼条，指幼龄树木因越冬性不强，而发生的枝条脱水、皱缩、干枯的现象。实际上，抽条是一种低温危害的综合症。引起抽条的原因包括冻伤、冻旱、霜害、寒害以及冬日晒伤等。

8.1.2　高温危害

高温危害是指树木在异常高温的影响下，强烈的阳光灼伤树体表面，或干扰树木正常生长而造成的现象。高温危害常常发生在仲夏或秋初。它实际上是在太阳强烈照射下，树木所发生的一种热害。

高温对园林树木的影响一方面表现为组织和器官的直接伤害，即日灼；另一方面表现为呼吸加速和水分失衡的间接伤害，即生理代谢干扰。日灼是最常见的高温危害。日灼又称日烧，是由太阳辐射热引起的生理病害。当气温高，土壤水分不足时，树木会自行关闭部分气孔以减少蒸腾，这是一种自我保护措施。由于蒸腾减少，造成枝干的皮层或其他器官表面温度过高，伤害细胞生物膜，使蛋白质失活或变性，导致皮层组织或器官溃伤、干枯。严重时引起局部组织死亡，枝条表面被破坏，出现横裂，表皮脱落，日灼部位干裂，负载能力下降，甚至枝条死亡。树木的日灼因发生时期的不同，可以分为冬春日灼和夏秋日灼两种。冬春日灼其实是冻害的一种，多发生在寒冷地区的树木主干和大枝上，而且经常发生在昼夜温差较大的树干的向阳面。在冬季，白天太阳照射枝干的向阳面，温度升高，而到了夜间，温度又急剧下降，冻融交错使树木皮层细胞受到破坏而造成日灼。而夏秋日灼与干旱和高温有关。由于温度高，水分不足，蒸腾作用减弱，使得树体温度难以调节，造成枝干的皮层或果实的表面局部温度过高而灼伤，严重者造成局部组织溃疡腐烂、死亡，枝梢和树叶出现烧焦变褐色的现象。毛白杨、雪松、苹果、梨、桃、元宝枫等树种都容易发生日灼。树干遮阳或涂白可减少日灼发生。

8.1.3　雷击伤害

据不完全统计，我国每年至少有数百株树木会遭受到雷击的伤害，轻者局部烧焦，重者整个树干劈裂、烧毁，甚至会死亡。

1.雷击伤害的症状及其影响因素

（1）伤害的症状　树木遭受雷击后，树皮可能被烧伤或剥落，木质部可能完全破碎或者烧毁。有时内部组织被严重灼伤而无外部症状，部分或全部根系可能致死（如图8-1）。

（2）影响雷击伤害的因素　树木遭受雷击的类型和伤害程度差异很大，它不但受负荷电压大小的影响，

图8-1　受雷击伤害的树木（呼伦贝尔市免渡河林业局　徐翔宇摄）

而且与树种及其含水量有关。一般来说，树体高大，在空旷地上生长的孤立木，或在湿润土壤和水体附近生长的树木最容易遭受雷击的袭击。

2.雷击伤害的防治

1）雷击伤害的预防

对于生长在容易遭雷击位置的树木和高大、孤立的珍稀古树以及具有特殊价值的树木，应该分别安装避雷针或避雷器，消除遭受雷击伤害的隐患。在树上安装避雷器要考虑到树干与枝条的摇摆和随树木生长而延长的可调性。垂直导体应沿树干用铜钉固定；导线接地端应连接在几个辐射状排列的导体上，这些导体水平埋置于地下，并延伸到根区以外，再分别连接到垂直打入地下长约2.4m的地线杆上。每隔几年应该定期检查一次避雷系统，并将顶端延伸至新梢之上，并进行某些必要的调整。

2）雷击树木的养护

对于已经遭受雷击的树木应该及时进行仔细检查，对内、外部组织和地下部分损伤不太严重，尚有挽救可能的树木应该及时采取适当的处理加以救助。

（1）树皮处理　如果仅仅是树皮撕裂或灼伤，应切

割至健康部分,进行适当整形、消毒、涂漆加以保护,如有条件可以施行植皮手术。

(2)外部加固　对于撕裂或翘起的树皮和边材可及时钉牢,并以麻布等物覆盖保湿,促进其愈合生长。

(3)枝条复位和修剪　对劈裂的大枝应及时复位加固并适当修剪,对伤口进行修整、消毒并涂以药剂或油漆等物质加以保护。

(4)施肥灌溉　通过土壤或叶面喷洒的方法施用速效肥料,补充营养,配合灌溉以促进树木生长,愈合创伤。

8.1.4　风害

风害是重要的自然灾害之一。强风吹袭可引起树木非正常落叶、折枝,甚至造成树干折断、树木倒伏,从而给城市设施、财产造成损失,甚至给居民人身安全带来隐患。近年来,我国沿海地区频繁遭遇强台风影响,城市树木受到严重破坏。如 2018 年 9 月在广东,"山竹"过后,许多行道树都被连根拔起。因此,在城市树木管理中,对风害应予以足够的重视。

在多风地区,大风会使树木发生偏冠、偏心或出现风折、风倒和树杈劈裂的现象,称为风害。偏冠给整形修剪带来困难,影响树木的生态效益。偏心的树木容易遭冻害和高温的危害。北方冬季和早春的大风,常常会使树木枝梢干枯而死亡。

1. 树木的生物学特性与风害的关系

(1)不同的树种抗风力不同　刺槐、加杨、悬铃木等主根浅、主干高、树冠大、枝叶密的树种抗风性较弱;而垂柳、池杉、银杏、乌桕等主根较深、主干相对矮小、枝叶稀疏、枝干柔韧性好的树种抗风性较强。

(2)枝条组织构造和健壮程度与风害的关系　一般髓心大,机械组织不发达,生长又很迅速,枝叶茂密的树种,受风害较重。一些受蛀干虫害的枝干最易发生风折,如复叶槭。健壮的树木在一般情况下遭受风害相对要少得多。

2. 环境条件与风害的关系

(1)如果风向与街道的走向(行道树)平行,风力汇集,风压迅速增加,风害会随之加大。近几年来,在城市中发生大树风倒现象比较严重。经调查,一般发生在居住区中,因为不合理的乱建房屋,将树木夹在狭小的建筑穿道内,刮风时形成狭管效应,树木因风压太大而倒折。不合理的市政工程的实施也会造成树木发生风倒,在树木周围施工时,由于地面和地下部分的挖

掘,损伤了树木很多根系,不仅影响其生长发育,最主要的是根幅小,树体稳定性差,遇到大风时,发生风倒的可能性就非常大。因此,在大树周围进行市政工程时,必须给树木施以保护措施,如立支柱、用钢丝牵引等。

(2)局部绿地因地势低洼,排水不畅,雨后绿地积水,造成土壤松软,如遇大风,风害会显著增加。

(3)栽培措施的影响。树木栽植时,尤其是大树移植时,如果根盘起得小,则因树身大且重而容易遭风害,所以大树移植时必须按规定要求进行挖掘,栽后要立支柱。如果栽植密度过大、栽植穴过小,都会造成根系生长不良,抗风能力差。此外,不合理的修剪也会加重风害,如仅在树体的下半部修剪,而对树冠中上部的枝叶不进行修剪,结果增强了树木的顶端优势,使树木的茎根比、高径比不合适,头重脚轻,很容易遭受风害。

3. 风害的预防措施

(1)选择抗风性强的树种　为提高树木抵御自然灾害的能力,在种植设计时应根据不同的地域,因地制宜地选择各种抗风力强的树种。在易遭风害的风口、风道处,要选择根系强大、主干通直、冠幅较小、枝条柔软等抗风性强的树种。

(2)设置防风林带　设置防风林带既能防风,也能防冻,是保护大范围林木免受风害的最有效措施。

(3)促进根系生长　在养护管理上促进根系生长,包括土壤改良、大穴栽植、适当深栽等措施。

(4)合理整形修剪　合理的整形修剪,可以调节树木的生长发育、保持良好树形和适当的冠幅体量、避免 V 形树杈的形成。

(5)树体的支撑加固　在易受风害的地方,特别是在台风和强热带风暴来临前,在树木的背风面用竹竿、钢管、水泥柱等支撑物进行支撑,用铁丝、绳索扎缚固定。

8.1.5　根环束的危害

根环束是树木的根系环绕干基部或者大的侧根生长并逐渐逼近其皮层,像金属丝捆住树干或枝条一样,致使树木生长衰弱,最终形成层被环割而导致树木的死亡。

1. 根环束危害的具体表现

根环束限制了环束处附近区域的有机物质的运输。根颈和大侧根被严重环束时,树体或某些枝条的

营养生长会减弱，并可导致其"饥饿"而死亡。如果树木的主根被严重环束，中央领导干或某些主枝的顶梢就会逐渐枯死。对于这样的树木，即使加强土、肥、水管理和进行合理的修剪，生长势也会进一步衰退。沿街道或铺装地生长的树木比空旷地生长的树木更易遭受根环束的危害，而且中、老龄树木受害比幼龄树木多。

2. 根环束危害的预防与处理措施

（1）在树木栽植前整地挖穴时，要尽量扩大破土的范围，改善土壤水肥条件和通透性。

（2）在栽植时对树木的根系进行修剪，疏除过长、过密和盘旋生长的根，使根系自然舒展。

（3）应尽量减少铺装或进行透气性铺装，提供根系疏松的土壤和足够的生长空间。

（4）对已经受到根环束的危害，尚能够恢复生机的树木，可以将根环束从干基或大侧根着生处切断，再在处理的伤口处涂抹保护剂后，回填土壤。

（5）对已经受到根环束的严重危害，树势不能恢复的树木，需要加强水肥管理和合理修剪，以减缓树势的衰退。

8.2 市政工程对树木的危害

市政工程对树木的危害主要表现在土方的填挖、地面铺装等。

8.2.1 土层深度变化对树木的危害

1. 填方

（1）引起填方危害的原因　由于市政工程的需要，在树木的生长地填土，致使土层加厚，对原来生长在此处的树木造成危害。其主要原因是填充物阻滞了大气与土壤中气体的交换及水的正常运动，根系与根际微生物的功能因窒息而受到干扰。在此情况下，厌氧菌繁衍产生有毒物质，使树木的根系中毒，中毒可能比缺氧窒息所造成的危害更大。当树木出现了人们无法解释的病态，如生长量减少、一些枝条死亡、树冠变稀、各种病虫害发生等现象时，就可能是填土过深造成的。填方过深的其他明显症状是树势衰弱，叶小发黄，沿主干和主枝发出无数萌条，许多小枝死亡等。

（2）影响填方危害的因素　填方对树木危害的程度与树种、年龄、生长发育状况、填土质地、填土深度等

因素有关。如槭树、山毛榉、栎类、鹅掌楸、松树、云杉、毛白杨、响杨等树种填土达 10 cm 深时，树木的生长量就会下降，并无法恢复生长；桦木、山核桃和铁杉等受害较轻；榆树、旱柳、垂柳、二球悬铃木、刺槐等能发出不定根，受填方影响较小。一般幼树比老树、生长势强的树木比生长势弱的树木受害较轻。填充物为疏松土壤或土方中含有石砾时树木受害小，通气性差的黏土危害最严重，甚至填方只达 3～5 cm 就能造成树木的严重损害甚至死亡。填方越深越紧，对树木的根系干扰越明显，危害也就越大。树木周围长时间堆放大量的建筑用沙或土壤也对树木生长产生不利影响，一定注意绝不能在树干基部堆放此类物质。由于填方，根系与土壤中基本物质的平衡受到明显的破坏，最后造成根系死亡。随之地上部分的相应症状也越来越明显，这些症状出现的时间有长有短，可能在一个月内出现，也可能几年之后还不明显。

（3）填方危害的防治　关于在树木生长地进行填方造成对树木危害的防治问题，首先开始设计时就要权衡利弊，区别情况，采取不同的处理方式和方法。如果必须在树木栽植地进行填方，而填土较薄，可以采用一定的技术措施，如填沙质土或安装通气设施等解决。如填土很厚，只有将树移走。而遇到填方地栽植的是珍贵的、有研究价值或观赏价值极高的古树和大树，绝不能进行移栽，也不能填方，只有更改设计。

关于低洼地填平后种树的问题，也应注意，不可随便进行。首先要分析填土的质地，质地不同对树木的影响也不同。一般用挖方的土、生活垃圾或建筑垃圾进行填平。挖方的土壤大部分为未经过风化的心土，通气孔隙度很低，通气不良，基本上没有微生物的活动，致使肥力也很低。如果不经过一段时间的风化，立即种树，不利于树木的生长，严重会导致树木很快死亡。对这类土质，应放置 1～2 年，在其上最好种植紫花苜蓿、紫穗槐等绿肥作物，促其尽快进行风化，增加通气孔隙与肥力。如果工期紧，时间来不及，也可以采用在其土中掺入一定量的腐质土、沙子及有机肥或在种植穴内换土等措施。一般来讲，生活垃圾中有煤灰土、动植物的残骸及人们生活丢弃的无用东西等，这些对树木的生长虽然没有什么害处，但也需要加入好土和有机肥，经过沉降后，方可栽植。但一定要注意，其中的大量废塑料袋和有毒物质，必须捡出处理。建筑垃圾因含有石灰和水泥及其混合物的残渣等，这类物

质对树木的生长有害,必须清理出去,其中含量多的土壤不能用,需要换土才能种植树木。

2. 挖方

1)危害

挖方是由于市政工程需要将树木周围的部分土壤去掉,也就是去掉了含有大量营养物质和微生物的表土层,使大量吸收根群裸露和干枯,表层根系也易受夏季高温和冬季低温的伤害。在挖掘时根系的切伤与折断以及地下水位的降低,会破坏根系与土壤之间的平衡,降低了树木的稳定性。挖方的危害对浅根性树种影响更大,甚至会造成树木的死亡。如果挖掉的土层较薄,一般在几厘米至十几厘米时,多数树木都能适应去掉表土层的变化,不会受到明显的伤害。但如果挖掉的土层较厚,则会对树木产生危害,应采取补救措施,最大限度地减少挖方对树木根系的伤害。

2)救助措施

通常采取移植、根系保湿、施肥、修剪、留土台等救助措施。

(1)移栽 如果树体较小,条件又许可,最好移植到合适的地方栽植。

(2)根系保湿 挖方暴露出来和切断的根系应经过消毒涂漆或用泥炭藓或其他保湿材料覆盖,以防根系干枯。

(3)施肥 在保留的土壤中施入腐叶土、泥炭藓或农家肥料,以改良土壤的结构,提高其保湿能力。

(4)修剪 为保持根系吸收与枝叶蒸腾水分相对的平衡,在大根被切断或损伤较严重的情况下,应对地上部分进行合理的、适度的修剪。

(5)做土台 对于古树和较珍贵的树木,在挖方时应在其干基周围留有一定大小的土台,土台不能太小,如果太小,特别是在取土较深时,不但伤根太多,而且会限制根系生长发育。由于根系分布近树者浅,远离树者深,因此留的土台最好是内高外低,还可以修筑成台阶式。土台的四周应砌石头挡墙,以增加观赏性。

8.2.2 地面铺装对树木的危害

地面铺装已经成为城市景观的重要组成部分,在市政工程中,用水泥、沥青和砖石等材料铺装地面是施工中经常进行的工程。在铺装时,人们往往过多地注重美观,而不注重对树木产生的影响。在有树木的地方铺装时,有的不给树木留树池,或者即使留树池也非常小,对树木生长发育造成严重的影响(图8-2)。地面铺装对树木的危害表现,不是使其突然死亡,而是在经过一定的时间生长后,使树木的生长势衰弱,直至最后死亡。

1. 地面铺装的危害

(1)地面铺装改变了下垫面的性质 地面铺装加大了地表及近地层的温度变幅,树木表层根系以及根颈附近的形成层,更易受到极端高温或低温的伤害。根据调查,在空旷的铺装地栽植的去头树木,其主干西面和南面的日灼现象明显高于未铺装的裸露地。铺装材料越密实,比热越小,颜色越浅,导热率越高,危害越严重,甚至会使树木死亡。

图8-2 地面铺装对树木的危害

（2）地面铺装阻碍水分和气体的交换　地面铺装使自然降水很难渗入土壤中,大部分排入下水道中,以致自然降水无法充分供给树木的生长。地面铺装使得树木根部土壤中的气体大量减少,不但使根系的代谢失常、功能减弱,而且还会改变土壤微生物系,影响土壤微生物的活动,破坏了树木地上与地下部分的代谢平衡,降低了树木的生长势,严重时根系会因缺氧窒息而死亡。

（3）近树基的地面铺装会使干基受损伤　在铺装时如果没有留出足够的树池,随着树木的生长,根颈不断增粗,干基越来越接近于铺装地面。如果铺装材料质地脆而薄,则会导致铺装圈的破碎、错位甚至隆起,同时也会影响树木的正常生长。如果铺装材料质地厚实,则会导致树干基部或根颈处皮部、韧皮部和形成层的挤压或割伤,也会影响树木的生长,严重时韧皮部会彻底失去输送养分的功能,而最终导致树木的死亡。

（4）地面铺装阻碍了树木养分的自然补充　城市中的落叶、残枝作为垃圾被运走,阻碍了外界养分的自然补充,而人工施肥又增加了养护管理的成本,而且最适宜施肥的范围往往就是在铺装层的下面,使得土壤营养循环中断,土壤有机质含量逐年降低。

2. 地面铺装对树木生长危害的预防措施

（1）合理设计　不该铺装的地段绝不能铺装。如果铺装,在种植树木的地方,一定给树木留出足够大小的树池。

（2）树种选择　选择较耐土壤密实和对土壤通气要求较低及抗旱性强的树种。较耐土壤密实和对土壤通气要求较低的树种如国槐、绒毛白蜡、栾树等,在地面铺装的条件下较能适应生存。不耐密实和对土壤通气要求较高的树种如云杉、白皮松、油松等则适应能力较低,不适宜在这类树种的地面上进行铺装。

（3）铺装材料选择与技术改进　选用各种透气性能好的优质铺装材料,并改进铺装技术,不用水泥整体浇注,而是采用混合石料或块料,如各种类型灰砖、倒梯形砖、彩色异型砖、图案式铸铁或带孔的水泥预制砖等。在砖的下面用 1∶1∶0.5 的锯末、白灰和细沙混合物做垫层,以防砖下沉。对于用水泥新铺装的地段,在铺装前,应按一定距离留出通气孔洞,洞中装填有机质或粗沙砾石、炭末或锯末等混合物,不但有利于渗水通气,而且可以作为施肥、灌水的孔道,其上应加带孔的铸铁盖。

8.3　天然气与化雪盐对树木的危害

8.3.1　天然气对树木的危害与防治

现在很多城市都已经大规模地使用天然气,地下都埋有天然气管道。但由于不合理的管道结构、不良的管道材料、震动导致的管道破裂、管道接头松动等原因都会导致管道天然气的泄漏,对园林树木生长造成伤害。

1. 天然气危害

天然气中的主要成分是甲烷,泄漏的甲烷被土壤中的某些细菌氧化变成二氧化碳和水。天然气发生泄露,会使土壤中通气条件进一步恶化,二氧化碳浓度增加,氧的含量下降,影响树木生存。在天然气轻微泄漏的地方,树木受害轻,表现为叶片逐渐发黄或脱落,枝梢逐渐枯死。在天然气大量或突然严重泄漏的地方受害重,一夜之间几乎所有的叶片全部变黄,枝条枯死。如果不及时采取措施解除天然气泄漏,其危害就会扩展到树干,使树皮变松,真菌侵入,危害症状加重。

2. 天然气危害的防治

（1）立即修好渗漏的地方。一旦发生天然气泄漏,一定要第一时间,修好渗漏的地方。

（2）如果发现天然气渗漏对园林树木造成的伤害不太严重,在离渗漏点最近的树木一侧挖沟,尽快换掉被污染的土壤。也可以用空气压缩机以 700～1 000 kPa 将空气压入 0.6～1.0 m 土层内,持续 1 h 即可收到良好的效果。

（3）在危害严重的地方,要按 50～60 cm 距离打许多垂直的透气孔,以保持土壤通气。

（4）给树木灌水有助于冲走有毒物质。

（5）合理的修剪、科学的施肥对于减轻天然气的伤害也有一定的作用。

8.3.2　化雪盐对树木的危害

在北方,冬季降雪是常有的事情,冬季降雪,路面结冰,给道路交通带来不便,也给人们出行带来了安全隐患。为了消除降雪带来的影响,各地在大雪期间经常使用化雪盐,减少路面积雪结冰,虽然缓解了交通压力,但对生态环境却造成了一定的影响。冰雪融化后的盐水无论是溅到树木的干、枝、叶片上,还是渗入土壤侵入树木根系,都会对树木生长造成伤害。早在 2002 年,北京就出台了我国第一个关于环保型融雪剂的地方标准。2008 年 2 月 20 日,全国绿化委员会、国家林业局紧急下发了《关于防止使用融雪剂造成树木危害的紧急通知》,要求高度重视融雪剂的使用对环境和树木可能带来的次生灾害隐患。融雪剂使用的安全性受到了人们的重视。

1. 化雪盐对树木的危害

城市园林树木受到化雪盐伤害后,表现为春天萌动晚、发芽迟、叶片变小,叶缘和叶片有棕褐色的枯斑,严重时叶片会干枯脱落。秋季落叶早、枯梢,甚至整枝或整株死亡。

化雪盐的盐水渗入土壤中,造成土壤盐分过多,对树木根系的吸水作用产生影响,使树木根际土壤溶液渗透势降低,从而给树木造成一种水逆境,使其吸水困难,抑制生长。浓度高盐还会使树木体内积累有毒的一些代谢产物,如胺、氨等,致使树木生长不良,毒素积累是盐害的重要原因。盐水会破坏土壤结构,造成土壤板结,通气不良,水分缺少,影响树木生长。化雪盐对树木的影响可达到离喷洒处 9 m 多的地方,并且受害的树木要经过 8～15 年才能完全恢复生长势。

2. 防护措施

为了防止化雪盐的不利影响,应采取综合的防治措施。

(1)选用耐盐树木　树木的耐盐能力因不同树种、树龄大小、树势强弱、土壤质地和含水率不同而不同,一般来说,落叶树耐盐能力大于针叶树,当土壤中含盐量达 0.3% 时,落叶树引起伤害,而土壤中含盐量达到 0.2% 时,就可引起针叶树伤害。大树的耐盐能力大于幼树,浅根性树种对盐的敏感性大于深根性树种。在土壤盐分种类和含盐量相同情况下,若土壤水分充足,则土壤溶液浓度小,另外土壤的质地疏松,通气性好,则树木根系发达,也能相对减轻盐对树木的危害。

(2)严格控制化雪盐的使用　冬季遭遇大雪或暴雪时,全民动员,以人工和机械除雪为主,尽可能减少化雪盐的使用范围,严格控制使用量,一般 15～25 g/m² 就足够了,喷洒也不能超越行车道的范围。撒融雪剂的区域应距车行道外侧路牙 1.5 m 以上。禁止将含有融雪剂的积雪堆放在绿地、树池及融化后有可能影响树木生长的其他地方。

(3)提倡环保除雪　在道路上撒炭渣、粗沙、树枝渣等物质来防滑,这些渣类物质多深色,有利于吸收太阳辐射热,提高地面温度来融雪。使用后的炭渣和树枝渣可以放入道路边的绿地中,有利于改良土壤,增加土壤肥力,没有污染。

(4)更换受到污染的土壤　受到融雪剂大量污染的地段,为防止盐水下渗危害树木根系,必要时应更换土壤,换土深度应达 20 cm 以上。

(5)受害树木的养护管理　对受害地段的树木进行喷水、灌溉洗盐,降低土壤中盐分浓度;修剪受害树木,受害严重的树木可行截干,促使其萌芽生长;深翻土壤,增加通透性,防止表土盐分的积累;适当追肥,促进树木的生长。

(6)使用新型环保融雪剂　目前,在我国一些重要交通区域,如飞机场等开始使用新型环保融雪剂,新型融雪剂主要成分为氯化钙,与雪结合以后发生反应,将雪融化,并且防止结冰。新型氯化钙融雪剂对路面和树木产生损害较小,对人及动物也无明显毒性作用。它对沥青道路、水泥路、桥梁等不会造成腐蚀,对树木生长的影响也降至最低。

【复习思考题】

一、名词解释

寒害　冻拔　抽条　风害　根环束

二、填空题

1.高温危害的园林树木外部表现为(　　　)和(　　　)两种。高温危害常常发生在(　　　)或(　　　)。它实际上是在(　　　),树木所发生的一种(　　　)。

2.根环束是指园林树木的根环绕(　　　)或(　　　)生长且逐渐逼近其皮层,像金属丝捆住枝条一样,使园林树木生长衰弱,最终(　　　)被环割而导致植株的死亡。

3.雷击伤害园林树木的症状有(　　　)(　　　)等。

4.风害的预防措施主要包括(　　　)、(　　　)(　　　)和(　　　)。

5.低温危害的类型有(　　　)(　　　)(　　　)(　　　)和抽条等。

三、简述题

1.简述低温危害的类型。

2.简述高温危害的症状。

3.简述雷击危害及防治措施。

4.简述风害及预防措施。

5.简述根环束危害及防治与处理措施。

6.简述挖填方对树木的危害。

7.简述地面铺装对树木的危害及预防措施。

8.简述天然气对树木的危害及防治。

9.简述化雪盐对树木的危害及防治。

四、论述题

调查你所在地区的园林树木有哪些常见的自然灾害,并说明是如何进行防治的。

【知识要点】本章主要介绍园林树木检查的内容，树木异常生长、特殊症状、病虫害的表现、诊断及产生原因分析；名木古树的概念、保护和研究的意义及研究进展，名木古树的调查方法及内容，古树衰老的原因及养护复壮的技术措施。

9.1 树木的检查与诊断

9.1.1 树木的检查与评价

园林树木特别是一些大树、古树、不健康的树木，常常会因外力诸如风雨雪等作用，造成折断、倒伏、落枝等现象，构成对人群安全的威胁，危及周围的建筑或其他设施。近几年，这方面的报道屡屡出现。

国外对树木健康及安全性评价进行较系统研究较早，20 世纪 60 年代，美国农业部林务局要求每年都要对城市树木的安全性进行检查。20 世纪 80 年代，美国建立了包括树木生长环境、树木结构、树势和目标评价等四大类共 11 个指标的评价体系。我国对树木检查的评价指标、评价体系研究刚起步，但也取得不少成绩。2009 年，黎彩敏、翁殊斐等比较了树木健康评价与安全性评价的异同，指出树木健康评估侧重观察树冠、枝叶的表现，而树木安全性评价侧重对树枝、树干的检查。广州市有学者采用层次分析结构的设计，区分指标的权重，建立了园林树木健康评级体系。

在实践中，法国 1997 年开始，有 7 万枚电子芯片被安置在巴黎市区的树木中，树木种类、位置、年龄、种植时间、苗床所在地、周长、身高、健康与卫生状况等信息随时反映在电脑中，芯片便是一棵树周全的健康记录

册。我国随 3S 技术、城市绿化信息化的发展，树木的安全性管理和健康管理逐步得到重视和落实。目前，我国对古树名木健康方面的研究较多，北京市出台了《古树名木健康快速诊断技术规程》(DB11/T 1113—2014)，将加快我国对树木健康检查的发展。

检查树木的健康可预测树木是否存在隐藏危险，对树木安全的检查和评价，有利于确定树木是否处于健康状况。

1. 树木检查项目

(1)一般外观 同该树种的结构特点不符，叶片颜色不正常，叶片提前脱落，顶梢干死，害虫和寄生虫危害，异常生长。

(2)树木位置 树木离马路太近，树冠向马路方向下垂过低，树冠扩展至街心，树木距离建筑物太近，同其他树木树冠重叠，树冠同建筑物接触，树冠与空中管线接触，建筑工程危害树木。

(3)根区 土壤、水泥、沥青等铺填过深，草坪覆盖，其他密实原因，土被取走，因下水管道线而致根系受损，土壤受天然气、油和化雪盐污染，地表不平，堆放建筑材料或杂物。

(4)树干 根颈受损，根颈处腐烂，树皮受伤(由动物、热反射引起的伤害)，冻裂、闪电引起的树皮损伤，树干被汽车或机械碰伤，树干上有湿斑，树干内有洞穴，有洞眼或心材腐朽，树干受到人为刻伤或勒伤。

(5)树冠基部 树杈过窄，树杈劈裂，树杈处腐朽，树枝折断。

(6)树冠 分枝断裂，有腐朽洞穴，分枝死亡或破损，分枝过于开张，顶梢干枯，枝条生长成束状。

树木检查后，填写"树木检查项目情况表"。

2. 树木检查改进措施

据"树木检查项目情况表"或电子档案的实时检查记录，认真仔细分析树木安全上、健康上存在的主要问题和次要问题，及时制定科学、有效、可行的改进措施。一般改进措施有5种。

(1)树木位置　树木移走，剪去树枝，回缩，拉线缆，疏剪，树木线路修剪。

(2)根区　移走过深的填方土或铺装材料；去掉草坪，代以透气铺装材料；安装通气灌溉系统，施肥，设置根帘，消除地面不平部分；种植矮灌木，铺设透水材料，铺设玻璃钢格栅等作盖板。

(3)树干　对腐烂斑块和其他伤害的处理，伤口处理用树篮围或裹干预防，将翘起树皮钉牢安装螺丝{栓}，安装缓冲板和弓形钢架来处理伤口，锯开树干并进行处理，敲击树干进行检查和处理，树洞处理。

(4)树冠基部　排除树杈积水，安装螺丝(栓)，腐烂斑块的处理，伤口处理。

(5)树冠　伤口处理，截取树枝，树枝的短截、回缩、疏剪、树洞处理。

3. 树木检查记录简表

必要时编写树木检查记录简表和检查卡片。

4. 评级指标及评价体系

对检查记录项目，按指标权重建立安全或健康评价体系，即根据树木受损、腐朽或其他指标构成对人群财产安全的威胁的程度，划分不同的等级。福建省2018年12月出台的《城区古树名木健康诊断技术规程》中，明确城区古树名木健康诊断的指标、诊断方法、健康指数计算以及健康等级判断，根据古树名木健康综合指数，古树名木健康等级将分为5级，包括旺盛、较旺盛、一般、较差、濒死或死亡。

9.1.2　树木异常生长的诊断

树木生长过程中，常因内、外部条件影响而出现生长状态异常的现象，这些异常是树木不健康的表现和不安全的因素。

1. 树木诊断的程序与内容

(1)树木诊断的程序　先环境后树体，先叶枝后干根，先易后难，从宏观到微观。在树木器官疾病的诊断中应遵循叶、枝、干、根的顺序。

(2)主要诊断内容　一般环境分析，叶片的诊断，枝条与树干的诊断和根系的诊断。

2. 园林树木异常生长诊断检索表

园林树木异常生长诊断检索表(转自福建大学)

1. 整株树体

1)正在生长的树体或树体的一部分突然死亡

(1)叶片形小、稀少或褪色、枯萎；整冠或一侧树枝从顶端向基部死亡 …………………………… 束根

(2)树皮从树干上垂直剥落或完全分离(高树或在开阔地区生长的孤树) …………………… 雷击

2)原先健康的树体生长逐渐衰弱，叶片变黄、脱落，个别芽枯萎

(1)叶缘或脉间发黄，萌芽推迟，新梢细短，叶形变小，植株渐萎 …………………… 根系生长不良

(2)叶片形小、无光泽、早期脱落，嫩枝枯萎，树势衰弱 …………………………… 根部线虫

(3)吸收根大量死亡，根部有成串的黑绳状真菌，根部腐烂 …………………………… 根腐病

(4)叶片变色，生长减缓 …………………… 空气污染

(5)叶片稀少，色泽轻淡 …………………… 光线不足

(6)叶缘或脉间发黄，叶片变黄，枯萎(干燥气候下) …………………………… 干旱缺水

(7)全株叶片变黄、枯萎，根部发黑 …………………………… 施水过量，排水不良

(8)施肥后叶缘褪色(干燥条件下) …………………… 施肥过量

(9)叶片黄化失绿，树势减弱 …………………… 土壤pH不适

(10)常绿树叶片枯黄、嫩枝死亡，主干裂缝、树皮部分死亡 …………………………… 冬季冻伤

3)主干或主枝上有树脂、树液或虫孔

(1)主干上有树液(树脂)从孔洞中流出，树冠褪色 …………………………… 钻孔昆虫

(2)枝干上有钻孔，孔边有锯屑，枝干从顶端向基部死亡 …………………………… 钻孔昆虫

(3)嫩枝顶端向后弯曲，叶片呈火烧状 …………… 枯萎病

(4)主干、枝干或根部有蘑菇状异物，叶片多斑点、枯萎 …………………………… 腐朽病

(5)主干、嫩枝上有明显标记，通常呈凹陷、肿胀状，无光泽 …………………………… 癌肿病

(6)主干或主枝上有白色树脂斑点，叶片变色并脱落(挪威枫和科罗拉多蓝杉) …………… 细胞癌肿病

2. 叶片损伤、变形、有异状物

(1)叶片扭曲，叶缘粗糙，叶质变厚，纹理聚集，有清楚色带 …………………………… 除草剂药害

(2)叶片变黄、卷曲，叶面上有黏状物，植株下方有黑色黏状区域 …………………………… 蚜虫

(3)叶片颜色不正常，伴随有黄色斑点或棕色带 …… 叶螨虫

(4)叶片部分或整片缺失，叶片或枝干上可能有明显的蛛丝 …………………………… 啮齿类昆虫

(5)叶缘卷起，有蛛网状物 …………………… 卷叶昆虫

(6)叶片发白或表面有白色粉末状生长物 …… 粉状霉菌

(7)叶表面呈现橘红色锈状斑，易被擦除，果实及嫩枝通

常肿胀、变形 ·············· 铁锈病

(8)叶片布有从小到大的碎斑点,尺寸、形状和颜色各异
·············· 菌类叶斑

(9)叶片具黑色斑点真菌体、边缘黑色或中心脱落成孔、有疤痕 ·············· 炭疽病

(10)叶片有不规则死区 ····· 叶片枯萎病(白斑病)

(11)叶片有茶灰色斑点,渐被生长物覆盖 ····· 灰霉菌

(12)叶面斑点硬壳乌黑 ····· 黑霉菌

(13)叶片呈现深绿或浅绿色、黄色斑纹,形成不规则的镶花式图案 ·············· 花斑病毒

(14)叶片上呈现黄绿色或红褐色的水印状环形物
·············· 环点病毒

9.1.3 树木某些症状的分析

1.叶部症状

(1)叶卷曲原因 除草剂、2,4-D和苯氧基化学药剂造成叶扭曲症状;蚜虫造成严重的杯状叶或扭曲状叶;春季突然降温;瘿螨科昆虫导致的叶卷症状;白粉病引起幼叶上的霉菌导致叶卷曲。

(2)叶萎蔫原因 土壤缺水或土壤水分过多;管道天然气渗透,叶片突然发生萎蔫,随后叶色变褐;荷兰榆病、黄萎病和类似的维管疾病都造成的叶萎蔫;输热管道中的热泄漏导致叶片萎蔫、变褐。

(3)异常落叶原因 营养不足导致发育不良的叶子先落;鳞翅目幼虫等;初期炭疽病的典型症状

(4)内腔叶脱落原因 (老叶先落)土壤通气排水不良,多发生在水分过多的黏重土壤上。

(5)叶成脉络状原因 咀嚼式害虫。

(6)叶部隧道原因 潜叶害虫的危害,多发生在丁香、榆、桦和柑橘类叶片上。

(7)叶瘤原因 主要是某些胡蜂和摇蚊造成的虫瘿。

(8)叶缘褐色原因 树木缺水。多发生于浅根性的树木;土壤含盐量高造成生理干旱;土壤营养缺乏缺钾;炎热时喷施乳化浓缩液;栽植伤根;鼠害、化学物质、深挖或其他机械损伤。

(9)叶部黄绿色原因

①叶部褪色的主要原因:土壤含氮量低,土壤过湿,土壤缺氧。

②褐色、黑色、红色或黄色斑块:昆虫卵块;真菌孢子体导致的叶斑病;药伤导致斑在叶片上的表面,呈现不规则的斑点。

③浅灰色、点状外貌:叶螨危害;臭氧危害可造成

与叶螨取食相似的伤害。

④白斑、银白色斑或粉状物:霉菌、大气污染物、蓟马都可导致。

2.干或枝条症状

(1)梢端枯死 低温导致早霜或晚霜及寒潮袭击都可造成新梢枯死;机械损伤;蛀虫;喷药危害;土壤可溶性盐浓度过高;赤枯型病害。

(2)环状剥皮 啮齿类动物、机械损伤、虫害。

(3)树皮脱落 剧烈变温、雨季疯长、闪电、下部枝条死亡。

(4)枝条断落或枯死 小枝环剥害虫,蛀茎虫、雹灾。

(5)白色、棉花状球团 水蜡虫、蚜虫、棉蚜虫、介壳虫。

(6)树皮变色 日灼、病害、缺乏有效的根系。

(7)肿胀枝 虫瘿、锈病、其他癌肿——根癌。

(8)排锯屑的孔洞 主要是蛀干害虫和小蠹虫等;火烧病和真菌溃疡病。

9.1.4 病虫害的鉴定与检索

1.园林树木病害鉴定与检索

1)园林树木病害的基本知识

(1)园林树木病害概念 园林树木及其器官在生长发育过程中,受到环境中的致病因素(生物因素或非生物)的侵害,使植物在生理、解剖机构和形态上产生局部的或整体的不良变化,导致园林树木生长不良,甚至死亡,并影响到其观赏价值和经济价值的现象,称为园林树木病害。园林树木病害的出现有一个渐进的过程。

(2)病原 导致园林树木产生病害的直接原因,称为病原。病原分生物性病原和非生物性病原两大类。

生物性病原:能够引起病害且具有生命力的生物,真菌、细菌、植原体、病毒、类病毒、寄生性种子植物以及线虫等。由生物性病原引起的园林树木病害,具有传染性,叫做传染性病害或侵染性病害。

非生物性病原:引起园林树木病害的不良环境条件,温度、湿度、光照、营养物质、空气等。由非生物因素引起的园林病害不具有传染性,叫做非传染性病害或非侵染性病害,也称生理病害。

植物病害的发生是特定的植物与特定的病原物在特定的环境条件下相互斗争的最终结果,植物、病原和

环境条件是构成植物病害和影响其发生发展的基本因素。

（3）症状 园林树木受生物或非生物病原侵染后，表现出来的不正常状态，称为症状。症状是病状和病症的总称。

病状：寄主植物生病后本身所表现的不正常变化。如变色、坏死、腐烂、萎蔫、畸形。

病症：病原物在寄主病部的各种结构特征。如粉状物、霉状物、颗粒状物、脓状物、点状物。

（4）病害的发生与流行 病原物侵入寄主后，经过接触期、侵入期、潜育期和发病期4个阶段。

植物从前一个生长季节开始发病，到下一个生长季节再度发病的过程，称为植物病害的侵染循环。包含3个基本环节：病原物的越冬和越夏、病原物的传播、初侵染和再侵染。

①病原物的越冬和越夏：病原物以腐生、休眠和寄生的方式，在病株、病残体、种子和其他繁殖材料、土壤和粪肥、介体昆虫等场所越冬和越夏。

②病原物的传播：传播途径主要有自然传播和人为传播。自然传播主要通过风、雨水、昆虫和其他动物（线虫、螨类）等。人为因素主要通过种苗或种子的调运、农事操作和农业机械等途径的传播。

③初侵染和再侵染：病原物经过越冬或越夏，通过一定的传播途径传到新生长的植株体上，所引起的第一次侵染称为初侵染。受到初侵染的植株在同一生长季节内完成侵染过程，又产生大量的病原繁殖体，经再次传播、侵染、发病称为再侵染。

2）病害的鉴定

（1）病害的鉴定 从症状等表型特征来判断其病因，确定病害种类，称为病害的鉴定。

侵染性病害的鉴定：侵染性病害一般具有较明显的病症，感病植株常呈零散分布。从症状入手，全面检查，仔细分析。根据症状的特点，先区别是损伤、虫害或是病害，再判断是非侵染性病害还是侵染性病害。

侵染性病害鉴定的程序一般包括：①症状的识别与描述。②调查询问病史与有关档案。③病原鉴定（镜检与剖检等）。④人工诱导试验。

非侵染性病害的鉴定：与侵染性病害相比，非侵染性病害的鉴定比较困难。非侵染性病害没有病症，常常成片发生。它和侵染性病害的区别在于无病原物的侵染，在植物不同的个体间不能互相传染。

3）病害的检索

园林树木常见病害诊断检索表

1. 症状主要表现在叶片上

1-1 叶片有斑点、穿孔或叶缘变色
...... 叶斑病、药害或生理性病害

1-2 叶片上有粉层或霉层

1-2-1 叶片正面或背面有白粉层，后期可能有黑色颗粒 ...... 白粉病

1-2-2 叶片上有黑色霉层或黄锈色粉堆 ...... 煤污病或叶锈病

1-2-3 叶片发黄或花叶 ... 病毒或土壤营养元素缺乏

2. 症状在枝干部

2-1 主枝或树干上有凹陷斑，后期病部出现黑点或树皮可剥落 ...... 溃疡或腐烂

2-2 主枝或树干上无凹陷斑

2-2-1 幼枝枯梢或新梢褐色或黑色 ...... 枯梢病、细菌性火疫病、生理学病害

2-2-2 幼芽、小枝、树干有黄色小斑点，后肿起 ...... 锈病

3. 症状主要在干基部或根部

3-1 树干基部或根上有瘤状物

3-1-1 瘤状物初期光滑，后期粗糙 ...... 根癌病

3-1-2 叶部不正常，主根或侧根有大小不一的虫瘿状瘤 ...... 根结线虫病

3-2 根部、干上无瘤状物

3-2-1 叶片萎蔫（根部缺水或根、主干受损） ...... 枯萎病、根部病害

3-2-2 干基部或干基周围有大型伞菌出现 ... 根腐病

2. 园林树木虫害鉴定与检索

1）园林树木昆虫的基本知识

（1）昆虫的概念 昆虫属于动物界无脊椎动物节肢动物门昆虫纲，种类繁多、形态各异，是地球上数量最多的动物群体。昆虫的身体分为头、胸、腹3部分。成虫通常有2对翅和6条腿，翅和足位于胸部，骨骼包在体外部。用气管呼吸，一生形态多变化。

（2）生物学习性 昆虫的生殖方式有两性生殖和孤雌生殖两种。昆虫的个体发育分胚胎发育和胚后发育2个大的阶段，整个过程一般包括卵、幼虫、蛹和成虫4个阶段，或卵、若虫和成虫3个阶段，每一个发育阶段，在外部形态、内部结构和生活习性等方面都有变化。

昆虫的食性可分为单食性、寡食性和多食性3类。昆虫具有趋向或逃避某些刺激因子的习性，即趋性。趋性有趋光性，趋化性，趋温性等。当昆虫受到刺激或惊吓时，会有立即从植株上掉下暂时不动的假死现象。

昆虫具有群集生活,共同危害的群集性。不同的昆虫有不同的生活习性,掌握昆虫的生活习性,才能有效防控和治疗。

(3)昆虫分类　昆虫的分类主要采用其形态特征,分类单元包括目、科、属、种,种是分类的基本单元。包括了大多数园林树木害虫和益虫的主要有直翅目、等翅目、半翅目、同翅目、缨翅目、鞘翅目、双翅目和膜翅目。

2)园林树木虫害鉴定与检索

(1)园林树木虫害种类　园林树木害虫依据危害部位可划分为食叶害虫、枝梢害虫、钻蛀性害虫、地下害虫(根部害虫)等4类。

①食叶害虫:取食植物的叶、嫩枝、嫩梢等部位,形成孔洞、缺刻或咬断针叶,可使枝条或整株枯死。食叶害虫的主要种类有蛾类、蝶类、叶甲、金龟甲、叶蜂类及蝗虫类等。

②吸汁类害虫:主要种类有蚜虫类、叶蝉类、介壳虫类和螨虫等。

③钻蛀性害虫:此类害虫对园林树木的生长发育造成较大程度的危害,主要包括蛀干、蛀茎、蛀新梢以及蛀蕾、花、果、种子等的各种害虫。有天牛类、吉丁虫类、小蠹虫类、木蠹蛾类、象甲类、透翅蛾类、夜蛾类、卷蛾类、茎蜂类、树蜂类、白蚁类等。

④地下害虫:主要种类有蝼蛄类、金龟子类、地老虎类、金针虫及根蛆。地下害虫主要为害幼苗、幼树根部或近地面的幼茎,造成死株缺苗。

(2)园林树木常见害虫的检索表:

园林树木常见害虫检索表

1.树木地上部分损伤

1-1　叶损伤

1-1-1　叶片被啃食或叶背表面叶脉之间的组织丧失呈脉络状

1-1-1-1　叶片大都沿叶缘被啃食,被啃食叶缘呈半圆状和光滑,不呈锯齿状缺刻 ……………… 切叶蜂类、象甲类

1-1-1-2　叶片大都沿叶缘被啃食,被啃食叶缘不呈半圆状,呈不规则缺刻 ……… 蝗虫类、蛾蝶幼虫、金龟子类

1-1-1-3　叶片大都下表面被啃食,但保留网状叶脉 ………………………………………… 叶甲类、叶蜂类

1-1-2　叶片未被啃食,褪色出现"点刻状"或银灰色,有瘤或肿胀组织

1-1-2-1　叶片有肿瘤或肿胀,叶表面似螺旋状 ……………………………………………… 木虱类、瘿螨类

1-1-2-2　叶片有不同形状肿胀,但非螺旋状 ……………………………………………… 瘿蜂类、瘿蚊类

1-1-2-3　叶片无肿瘤或无肿胀,叶片呈不规则银灰色 ……………………………………………… 蓟马

1-1-2-4　叶片无有肿瘤或无肿胀,叶片有细丝织网,叶背成粉状 ……………………………………………… 叶螨类

1-1-2-5　叶片无有肿瘤或无肿胀,叶片无丝织网,叶背无粉粒,有黄色或褐色点刻,点刻状叶卷曲或变形 ……………………………… 绵蚧、叶蝉、盲蝽、蚜虫类

1-1-2-6　叶片无有肿瘤或无肿胀,叶片无丝织网,叶背无粉粒,有黄色或褐色点刻,叶片点刻状,不卷曲或不变形 ……………………………………………… 蚜虫类

1-2　小枝或皮损伤

1-2-1　只危害小枝或芽,不在主枝或树干上

1-2-1-1　芽形成虫瘿 ……………………………………………… 瘿螨类

1-2-1-2　小枝有虫瘿 ……………………………………………… 瘿蚊类

1-2-1-3　小枝或芽不形成虫瘿,小枝有孔,髓无隧道 ……………………………………………… 木蠹蛾类、象甲类

1-2-1-4　小枝或芽不形成虫瘿,小枝髓有隧道 ……………………………………………… 螟蛾类、卷蛾类等

1-2-2　危害主枝或主干

1-2-2-1　树皮被部分或全部啃深至木质部 ……………………………………………… 啮齿动物、蝗虫类

1-2-2-2　树皮具圆形或D形孔洞,可渗透树液或树脂或锯屑状排出物 … 天牛类、吉丁虫类、象甲类、木蠹蛾类、透翅蛾类

2.树木根部损伤

2-1　幼根有虫瘿式肿起 ……………………………………………… 线虫

2-2　根被啃 ……………………………………………… 啮齿动物类、金龟子幼虫类、螟蛾类、象甲类

2-3　根具小孔 ……………………………………………… 小蠹类、象甲类

园林树木病虫害防治方法主要有:植物检疫、园林技术措施、抗性育种、化学防治、物理防治、生物防治。要贯彻"预防为主,综合治理"原则,制定及时、有效、环保的防治措施。

9.2　古树名木保护和研究的意义

古树名木是活的古董,是一座城市悠久历史文化的"见证人",对当地近古代历史、气象、文化等具有很高的价值,为城市绿化工作提供种质资源和科学依据。

9.2.1　古树名木的概念

据我国环保等部门规定,树龄在一百年以上的大树即古树。树种稀有、珍贵或具有历史价值、文化科学价值和重要纪念意义的树木即名木。对古树树龄的划分年限不同国家有所不一,美国、德国把50年以上的树木作为古树。建设部2000年发布的《城市古树名木保护管理办法》规定,树龄在300年以上(含300年)的

古树和名木,实行一级保护,其余的古树实行二级保护。在此基础上,《全国古树名木普查建档技术规定》规定古树是指树龄在 100 年以上(含 100 年)的树木,可分为一、二、三级,国家一级古树树龄在 500 年以上(含 500 年),国家二级古树树龄在 300~499 年,国家三级古树树龄在 100~299 年。对国家级名木做出了"双不规定",即"不分年龄限制,不分级。"

北京中山公园的"槐柏合抱"、景山公园的观庙亭崇祯皇帝上吊的槐树等都是有名的名树。西南地区也有具有历史意义和社会影响的名木,如位于贵州省铜仁市碧江区谢桥办事处寨桂村的乌桕树,树龄 1 000 年,树高 25 m,胸径达 1.75 m,冠幅 20 m,枝繁叶茂,长势旺盛。每到深秋,金黄色的果实挂满枝头,将古树点缀得清香远溢,沁人心脾。传说当年杨六郎路经此地时,曾将他骑的骏马拴在此树上,当地老百姓便将这株古金弹子称作是"杨六郎拴马桩"。人们把它当作"神树"供奉,希望杨六郎万古流芳,保佑村寨风调雨顺,人畜兴旺,五谷丰登,安居乐业。

在云南大理毛叶合欢称为"蝴蝶树",不仅现代文坛巨匠郭沫若曾留下"蝴蝶泉边蝴蝶树"的著名诗篇,早在 300 多年前的明代《徐霞客游记》中有所记载,电影《五朵金花》更使"蝴蝶树"名扬海外。四川省广元市国家 5A 级景区——剑门关景区梁山寺内,有一株高大的紫薇,相传为南北朝时期梁武帝萧衍在剑门关出家修行时亲手所栽,距今 1 500 余年,梁山寺观赏千年紫薇,成为剑门关旅游者必看的景点之一。贵州省印江县紫薇镇境内,有一株千年古树,迄今已有 1 380 多岁,如此高大、古老的紫薇树,目前全球仅存这一株,属第三纪残遗植物,被科学界视为活化石,1998 年紫薇王被选入贵州省古、大、珍、稀树名录。贵州大方县雨冲古银杏林享有"中华银杏活化石"之美誉,创造了中国古银杏树群之"四最",株数最多、规模最大、季相最明显、造型最壮观。树群有 68 株,占地近 2 000 m²,林中胸径 100 cm 以上的银杏树达 11 株。其中有一株主树是高 30 m 以上、胸围 6.55 m 的古银杏树。树龄长达上千年,故有"千年古银杏"之称。雨冲古银杏树的成名,不仅在于它的年代久远、造型独特、规模宏大、秀美无边,更在于它享有"御赐银杏"的美誉,充满传奇色彩的历史背景。据《王氏谱书》记载:明成化年间,水西彝族政权与明朝廷的关系一度紧张,时有发生战事之可能。明成化十六年(公元 1480 年),明宪宗下旨召水

西罗甸君主贵州宣慰使安贵荣进京面圣。安贵荣接旨后局促不安,若亲自进京恐被诛杀,不去又怕被追究抗旨欺君之罪,经一番酝酿,决定派大臣阿纳代其进京。阿纳置生死于度外,进京面见宪宗,奏明水西并无谋逆之意,经过几番周折斡旋,缓和了水西土司与明朝廷的紧张关系。宪宗大悦,遂诰封阿纳为荣禄大夫,并赏赐金银珠宝,阿纳谢绝;宪宗遂改赐白果(即银杏)树苗,阿纳跪拜接受。阿纳将树苗带回水西故土,举行"乌牛祭天、白马祭地"的隆重仪式后,将其分别种植在沙厂和雨冲,时至今日,两株银杏树均已繁衍成林。

古树、名木有一身二任,也有名木不古或古树无名者。

9.2.2　保护和研究古树名木的意义

1. 古树名木是历史的见证

古树名木承载着一段传奇、辉煌的历史,它是一个民族、国家、城市、山村悠久历史的见证。如在陕西唐玄宗思念杨贵妃手植的槐树;江泽民、李先念、李鹏等在贵州省遵义红军山烈士陵园手植的罗汉松;颐和园仁寿殿前的二排古柏靠建造的一面没有树皮和形成层,这是八国联军侵华焚烧造成的,是侵华罪行的记录。云南省腾冲市银杏村分布着 3 000 余株连片银杏,树龄 400 年以上的 120 株古银杏见证了这个西南边陲小山村的悠久历史。

2. 古树名木具有文化的价值

古树名木是一个民族的文化符号延续文脉,是其分布地传统文化的重要载体,为我国的文化艺术增彩,为我国世界文化遗产和自然遗产增彩。在武夷山景区天心岩九龙窠悬崖上生长着上千年的大红袍母树,是稀世珍宝,大红袍母树作为古树名木列入世界自然与文化遗产。古树名木是黄山景区的重要景观和遗产的杰出代表,现有古树名木 800 余株中有 54 棵名松古树列入世界自然遗产名录。

3. 优质的旅游资源

名木古树因其景观、科研、文化的价值,是优质的科普旅游、文化旅游资源。妥乐村位于贵州省六盘水市盘州石桥镇,村内有古银杏 1 145 株,平均树龄 300年以上,最大树龄超过千年,是全世界古银杏最集中的地区,因而也被称为"古银杏之乡",有着独特的"树文化",2016 年妥乐古银杏景区获批为国家 4A 级旅游景区,当年该景区接待游客量就已达 31 万人次。庐山拥

有植物物种资源、古树名木资源和植物群落资源等3大类植物旅游资源。现已对植物旅游资源，进行统一规划，重点打造生态科普旅游和休闲旅游产品，打造具有鲜明特色的旅游景点。

4. 古树名木是研究自然史的重要资料

古树名木复杂的年轮结构中储藏着百年、甚至千年的气象变化和生境变迁信息，是科学家研究世界自然史的重要参考。以处于不同年龄阶段的树木作为研究对象，采用空间代替时间的研究方法，得以在短时期内探寻树木从生长、发育、衰老直至死亡的变化规律。苏联就建立了一门新兴学科树木气象学。

5. 对城市建设规划、林业建设规划具有很大的参考价值

古树名木经历百年的自然演化尚能存活，对其基因组以及生境适应机制的研究在树种选育、栽培和驯化等方面都具有重要的现实意义。

6. 对生态建设的作用

从植物生态角度看，古树名木为珍贵树木、珍稀和濒危植物，对维护生物多样性、生态平衡和环境保护具有不可替代的作用。

9.2.3　国内外古树名木的研究概况

1. 国内古树名木的研究

国内目前对古树名木的研究主要在以下几方面。

(1)资源调查研究　2001年，全国第一轮古树名木资源普查，统一了《全国古树名木普查建档技术规定》；2015年起，开始第二次古树名木资源普查，制定了《古树名木鉴定规范》LY/T2737—2016，《古树名木普查技术规范》LY/T2738—2016。两次全国性的普查后，涌现一批学术价值较高的研究报告，也较全面地摸清全国古树名木资源的种类、数量、分布情况。2004年张锦林出版了《贵州古树名木》一书，2006年徐应华等发表了"贵州现存古树名木分布特点研究"，对贵州特色的古树名木资源及分布特征有深入的研究。

在调查的基础上，近年来研发了古树地理信息系统。2000年，甘常青开发了古树管理信息系统、地理信息系统、查询系统等古树管理系统软件。全国各地开发的古树名木地理信息系统已投入使用，如2017年南通市古树名木地理信息系统在南通农业信息网正式上线运行。市民通过扫描二维码，就可详细了解古树名木的树种、树龄、故事传说等详实资料。古树名木地

理信息系统设有地图导航功能，每棵树在什么位置、树龄多少、保护等级以及形状特征都有详细标注。

(2)古树名木资源价值评价研究　这几年，对古树名木价值评估研究方面发表的文章很多，不断有突破。2010年，董冬等以九华山风景区古树名木资源调查为基础，从古树名木的美学价值、生态价值和资源价值构建评判指标体系，运用层次分析法(AHP)和模糊综合评价(FSE)对景区内古树名木景观价值进行了评价。王碧云(2016)等认为，目前国内对古树名木价值评价考虑的因素主要包括基本价值、生态价值、科研价值、文化价值、景观价值和社会价值。对古树名木价值评价方法主要采用公式法、条件价值法、层次分析法、程式方程法、专家打分法、比较分析法等。货币化评估比较以基础价格×调整系数为代表。

近几年，有学者开始研究古树名木损失补偿价值评估。

(3)古树年龄的测定　从1984年广州市园林科学研究所采用文史考证、取样计算、综合分析完成了广州市古树名木树龄鉴定。近30年来我国园林科研单位、院校不断探索古树年龄测定技术，袁传武等提出了人文史料鉴定、侧枝年轮鉴定、树木针测仪鉴定、CT扫描鉴定、C14测定法5种鉴定方法。

(4)古树衰老机理研究　从古树叶片超微结构的观察和分析，探索衰老叶片的结构特征；测定古树衰弱的矿质元素指标、土壤养分指标，判断古树的营养状态；测定叶绿素含量、活性氧代谢指标，推断古树衰弱程度。

(5)古树名木的衰弱原因及复壮研究　20世纪80年代北京园林科研人员，总结出古树复壮生理机制、土壤改良、病虫害防治等一整套综合复壮措施，并制定《北京市古树名木管理技术规范》。近十几年，全国各地古树复壮工程较多，对古树衰弱原因从定性到定量，地上树体、地下根系及土壤的检测技术研发较快，复壮资材层出不穷，复壮技术参差不齐，2016年住建部发布了《城市古树名木养护和复壮工程技术规范》GB/T51168—2016。

2. 国外古树名木的研究

国外古树名木的研究比国内早，主要有3个方面。

(1)古树名木评价体系的研究　美国在1942年就提出了CTLA的评价体系，至今仍在使用；英国1967年提出AVTW评价体系，该体系依据树木的视觉价值来

评估古树的经济价值;澳大利亚 1988 年提出 Burnley 评级体系。

（2）古树复壮技术的研究　欧美发达国家研发的高新技术产品快捷方便,如缓效肥料气钉。现有些产品已引进中国,如用于树体检测的德国 PICUS3 横断面声波扫描仪,用于树干、根系检测的美国 TRU 树木雷达检测专业设备。

（3）古树名木信息化管理方面　早在 20 世纪 80 年代,一些国家或地区就开始使用 GIS 技术应用到古树名木的信息化管理,如古树名木的环境信息和地理模型的建立。

9.2.4　古树名木的调查

为保护和抢救古树名木,我国于 2001 年、2015 年进行全国第一轮、第二轮古树名木资源普查,随后各省市也开展了古树名木的调查。国家林业局发布的《全国古树名木普查建档技术规定》《古树名木鉴定规范》LY/T 2737—2016,《古树名木普查技术规范》LY/T 2738—2016 规范了古树名木调查的内容和鉴定标准,是各地开展古树名木调查的行业标准。同时《古树名木普查技术规范》LY/T 2738—2016 规定了我国每 10 年进行一次全国性的古树名木普查,地方可根据实际需要适时组织资源普查,这将对我国古树名木的保护和管理提供最有力的基础保障。

1. 调查

（1）调查内容　调查内容包括位置、树种、树龄、树高、胸围（地围）、冠幅、生长势、树木特殊状况描述、立地条件、权属、管护责任单位或个人、保护现状及建议、有关古树名木的历史资料（表 9-1）,如有关古树的诗词、画、图片、地方志、传说、神话故事等。古树名木要用全景彩照,一株一照,古树群的古树,从三个不同角度整体拍照,单株拍照。

表 9-1　古树名木每木调查表

_____省（区、市）_____市（地、州）_____县（区、市）调查号　　表

省（区、市） 编　号	树　种	中文名		别名	
		拉丁名			
		科		属	
位　置	乡镇（街道）　　　　村（居委会）　　　　社（组、号）				
	小地名				
树　龄	真实树龄　　　年		传说树龄　　　年	估测树龄　　　年	
树　高	米		胸围（地围）	厘米	
冠　幅	平均　　　米		东西　　　米	南北　　　米	
立地条件	海拔　　　m　坡向　　　坡度　　　度　坡位　　　部				
	土壤名称　　　　　紧密度				
生长势	①旺盛　　　②一般　　　③较差　　　④濒死　　　⑤死亡				
树木特殊状况描述					
权　属	①国有　　②集体　　③个人　　④其他			原挂牌号　第　　　号	
管护单位或个人					
保护现状及建议					
古树历史传说或名木来历,有则记述于此					
树种鉴定记载					

转自《全国古树名木普查建档技术规定》。

（2）调查仪器设备　现场观测与调查应准备地理定位、测树和摄影摄像器材。地理定位器材包括全球卫星定位系统、全站仪、坡度仪和海拔仪等。测树器材包括测高器、测高杆、皮卷尺和胸径尺等。内业整理器

材包括电脑、打印机和古树名木管理信息系统软件等。

2. 认定

在《古树名木鉴定规范》LY/T2737—2016 中,规定了古树名木的术语和定义、古树现场鉴定、名木现场鉴定、古树名木现场鉴定的组织和实施以及鉴定结果的认定和发布。

(1)树龄的鉴定　按"文献追踪法、年轮鉴定法、年轮与直径回归估测法、访谈估测法、针测仪测定法、CT扫描测定法、碳14测定法"先后顺序,选择合适的方法进行树龄鉴定。

(2)树种鉴定　根据《中国树木志》的形态描述和检索表,鉴定出树木的科、属、种,并提供拉丁学名和中文名。

(3)生长势等级鉴定　划分为"正常""衰弱""濒危""死亡"4级(表9-2):

表 9-2　生长势等级表

生长势级别	分级标准		
	叶片	枝条	树干
正常株	正常叶片量占叶片总量大于95%	枝条生长正常、新梢数量多,无枯枝枯梢	树干基本完好,无坏死
衰弱株	正常叶片量占叶片总量95%～50%	新梢生长偏弱,枝条有少量枯死	树干局部有轻伤或少量坏死
濒危株	正常叶片量占叶片总量小于50%	枝杈枯死较多	树干多为坏死,干朽或成凹洞
死亡株	无正常叶片	枝条枯死,无新梢和萌条	树干坏死、损伤、腐朽现象严重,无活树皮

转自《古树名木鉴定规范》LY/T2737—2016。

3. 档案建立

建立完整的古树名木档案,包括文字、影像和电子档案,运用现代信息化手段,建立古树名木管理信息系统,实现对古树名木的动态监测与跟踪管理。

9.3　古树的衰老与复壮

9.3.1　古树衰老原因的诊断与分析

古树是活体生物,在自然界经历上百年、上千年的风风雨雨,它的生长、衰老、枯死受到多方面因素的影响,主要有自身因素、人为因素、自然环境因素等。因此,分析古树衰老死亡的各种因素、古树衰老的类型,有助于对古树名木进行更好的保护和管理。

1. 古树衰老原因

有自身因素和外界因素,这些因素是综合、重叠和复杂的。

1)自身原因

树木从幼树到成年、衰老死亡是自然规律,每种树木到达衰老的时间与树种有关。另外,随着树龄增加,树体内筛管与导管中的沉积物逐渐增多,树液在树体内的流通、养分输送的速度变慢,树木生理机能逐渐下降。同时树木离心生长,造成根系生长过于冗长,根系

吸收的水分及养分的输送距离增长,不能满足地上部分的需要,树木生理失去平衡,从而导致部分树木枝叶逐渐枯死,古树不可避免进入衰老阶段。古树多年生长在一个地方,营养物质大量消耗,根系周围营养物质减少,土壤有机质含量低,又没有得到补充,也是树体变衰弱的原因。

2)外界原因

外因主要有人为因素、自然灾害、生态环境、有害生物方面。

(1)人为因素　人为活动是影响古树名木正常生长的重要因素,是古树名木发生衰弱及死亡的重要的原因。

人为活动造成根系透气性差。随着旅游业的盛行,古树名木周围游人密集,地面受践踏后土壤板结,密实度高,透气性降低。树干周围铺装面过大,铺装材料透气透水性差,影响古树地上和地下部分的气体交换,影响施肥浇水,对树体生长十分不利。如位于福州市闽江公园三宝寺门前的榕树,在榕树保护区域内,全部采用条石不透水铺装,导致榕树长势衰弱。

城镇化建设、基础设施改善、居民拆迁等侵占古树的生存空间,在景区修建道路、索道、宾馆时移植古树,

也加快古树衰亡。

由于对古树名木缺乏有效管理和保护,在古树下烧香、堆放建筑垃圾、生活垃圾,在树上乱刻、乱画、乱钉钉子,攀爬树体,人为采摘古树叶、皮、根入药,使古树地上树体、地下根系受到严重破坏。

(2)自然灾害　古树树高冠大,多生长在山顶,暴雨、风害、雪压、冰雹、雷击都容易使古树遭受破坏,轻者影响古树冠形,重则断枝、倒地,很难恢复原有的树势。

(3)有害生物　有害生物指影响古树名木生长发育的害虫、病害及其他有害动植物。由于古树年龄大,树势减弱,易遭病虫害侵袭。如危害叶、花、果的锈病、白粉病,危害根部的根腐病等病害,常出现白蚁类、小蠹虫类、象甲类等虫害。许多古树的根、皮、叶、花、果是野生动物和各种昆虫的良好食物,许多兽类和虫鸟凿树为洞,以洞为巢,以树根、树皮、树叶及花果为食,日积月累,树体受长年的虫蛀兽咬,导致树体残缺不全。在我国一些景区如泰山,古树在遮阳的环境里,被古藤缠着,光照不足导致衰弱死亡。

(4)生态环境　城市内古树名木的光、热、水、风等自然生长条件恶化,也是导致树势衰弱的主要原因之一。

各种污染的影响。随着经济快速发展,空气污染、土壤污染、水体污染、工业排放出的废水废气,不仅污染空气及河流,也污染了土壤和地下水,使古树根系受到或轻或重的伤害,加快了古树的死亡速度。

地下水位的升降原因。由于各种原因引起树木周围地下水位的改变,使树木根系长期浸于水中,导致根系腐烂;或长期干涸,导致枯萎。2011年贵州百里杜鹃景区,由于开采煤矿致地下水位降低,持续的干旱导致高山杜鹃古树出现死亡。

在山区的古树,小范围的生态平衡失衡,水土流失严重而至土壤贫瘠,保水保肥能力差,树势衰弱。

古树在衰亡发生过程中,自身因素和外界因素中有些是衰亡的诱导因素,或激化因素或促进因素,即首先有诱导古树开始衰亡的因素,如气候条件不适宜,土壤水分失调,土壤空气缺乏等,然后有激化因素,如主要有叶部害虫、霜害、雪害、冻害、热害、旱害、烟害、盐害、酸雨、雷击、火烧、风折、毒气泄露、机械损伤和建筑施工等,使诱发因素的作用更明显地表现出来。最后是促进因素,主要有蛀干害虫、溃疡病菌、病

毒、根腐菌等,使原来生长不良的古树进一步衰弱直至死亡。

2. 古树衰老的诊断

1)诊断的方法

古树名木诊断方法应包括看、摸、闻、敲、听、剥、工具测量、典型实地调查、动态观测和取样分析。诊断包括生长症状诊断和生存环境诊断。生长症状诊断应检查树体的叶片、枝条、干皮的健康程度和树体的树洞、倾斜、倒伏、劈裂、折断等安全程度。生存环境诊断应检查影响古树名木生存环境的自然因素以及社会因素。在古树衰弱的诊断中,由表及里,去伪存真,寻找主要病因。

2)外观衰老的诊断

目前,主要对古树根系、叶、枝、冠幅等器官的直观诊断。外观衰老主要有3种类型。

(1)树冠下部的外围健康,冠顶中心衰弱　根长期离心生长使树干周围根系少,发育根和吸收根群分布外移到滴水线附近或更远。

(2)树冠下枝和外围枝衰弱或枯死,冠中心常萌发新枝　根部开始向心生长,先端根死亡,滴水线外发育根和吸收根回缩内移,有的大根死亡。

(3)树冠整体枝叶稀疏,萎缩,发枝量少而弱　冠下部枝大量枯萎,根系分散,冗长,大根死亡数量超过限度,无明显发育根和吸收根群,根系大量死亡。

3)古树衰老生理指标的测定

目前,通过测定叶绿素、蛋白质含量,活性氧防御系统、矿质营养元素、内源激素等生理指标定量判断古树衰老程度。土壤养分速测仪、光合作用测定仪已应用在古树衰老生理指标测定中。

4)分级

按照树体衰弱程度,古树名木生长势可分为正常株、轻弱株、重弱株、濒危株。

9.3.2　古树名木的养护与复壮

1. 古树名木养护与复壮的概念和意义

依据衰弱程度,制定相应的养护、保护、复壮、抢救措施。

(1)养护　保障古树名木生长发育所采取的保养、维护措施。

(2)保护　为了避免外界对古树名木生长环境造成破坏所采取的一系列制度、警示、围栏等软硬措施。

（3）复壮　对重弱和濒危的古树名木所采取的逐渐恢复树势的工程措施。

（4）抢救　对濒临死亡或极度衰弱的古树采取的抢救措施。

2. 保护和养护措施

1）保护措施

国家各级政府和主管部门出台一系列的古树名木保护和管理条例、法规。国务院 1992 年颁布了《城市绿化条例》，建设部 2000 年颁布了《城市古树名木保护管理办法》，此后，进行了不断的修订。

建设部在《城市古树名木保护管理办法》中，对古树名木的界定、主管机关、保护管理的职责划分，保护管理的措施等有明确的规定。"国务院建设行政主管部门负责全国城市古树名木保护管理工作"，"省、自治区人民政府建设行政主管部门负责本行政区域内的城市古树名木保护管理工作"，"城市人民政府城市园林绿化行政主管部门负责本行政区域内城市古树名木保护管理工作"。"古树名木保护管理工作实行专业养护部门保护管理和单位、个人保护管理相结合的原则"。"古树名木养护责任单位或者责任人应按照城市园林绿化行政主管部门规定的养护管理措施实施保护管理"。"任何单位和个人不得以任何理由、任何方式砍伐和擅自移植古树名木"。"严禁在树上刻划、张贴或者悬挂物品；严禁在施工等作业时借树木作为支撑物或者固定物；严禁攀树、折枝、挖根、摘采果实种子或者剥损树枝、树干、树皮；严禁距树冠垂直投影 5 m 的范围内堆放物料、挖坑取土、兴建临时设施建筑、倾倒有害污水、污物垃圾、动用明火或者排放烟气；严禁擅自移植、砍伐、转让买卖。"

2017 年，国务院颁布的《城市绿化条例（2017 修订）》中再次对古树名木的保护和管理有明确规定。国务院设立全国绿化委员会，统一组织领导全国城乡绿化工作，其办公室设在国务院林业行政主管部门。国务院城市建设行政主管部门和国务院林业行政主管部门等，按照国务院规定的职权划分，负责全国城市绿化工作。城市人民政府城市绿化行政主管部门主管本行政区域内城市规划区的绿化工作。在城市规划区内，有关法律、法规规定由林业行政主管部门等管理的绿化工作，依照有关法律、法规执行。对城市古树名木实行统一管理，分别养护。城市人民政府城市绿化行政主管部门，应当建立古树名木的档案和标志，划定保护

范围，加强养护管理。在单位管界内或者私人庭院内的古树名木，由该单位或者居民负责养护，城市人民政府城市绿化行政主管部门负责监督和技术指导。严禁砍伐或者迁移古树名木。因特殊需要迁移古树名木，必须经城市人民政府城市绿化行政主管部门审查同意，并报同级或者上级人民政府批准。

全国各省市也相继出台古树名木的条例或管理办法。《贵州省绿化条例（2010 年修正）》规定：古树名木由县级以上人民政府建档挂牌，落实管护责任，禁止损伤砍伐。古树名木因自然死亡影响交通、危及安全必须砍伐的，必须经县级以上主管部门批准，并报省级主管部门备案。省公布的天然原生珍贵树木必须严加保护，禁止采伐。确需采伐的一、二级保护树种，报省级以上主管部门批准。

2019 年 5 月 7 日，四川省司法厅公布了省林草局起草的《四川省古树名木保护条例（草案代拟稿）》及其说明，分别从古树名木的认定、管理、养护、法律责任等方面进行了规范。

1995 年 12 月 1 日起施行的《云南省珍贵树种保护条例》规定：本省古树名木的保护管理，参照本条例执行。

2）养护措施

对古树名木日常保养维护，主要目的是强身健体。也指古树名木采取救护、复壮措施后和移植后的日常养护措施。古树名木应以养护为主，复壮应在养护的基础上进行。古树名木养护可采用补水与排水、施肥、有害生物防治、树冠整理、地上环境整治和树体预防保护等技术（《城市古树名木养护和复壮工程技术规范 GB/T 51168—2016》）。

（1）地上环境整治　古树名木保护范围内地上环境整治应包括植被结构、违章和废弃建（构）筑物、杂物、污染液体和气体的整治。

植被结构整治应符合下列规定。

①应伐除没有保留价值的乔木。②应移植有保留价值但影响古树名木正常生长的乔木。③应对保留乔木朝向古树名木方向的根系采取断根屏蔽措施，并应适当修剪影响古树名木采光的枝叶。④灌木整治可保留争夺土壤养分、水分少，且生长正常的植株，其余应清除。⑤应清除古树名木病原菌的转主寄主植物、寄生植物和藤本植物。⑥应铲除根系发达争夺土壤水肥能力强的竹类植物、草本植物，可补植相生或竞争能力弱且观赏效果良好的草本植物。

保护范围内堆积的渣土、物料、垃圾和有毒、有害物质等杂物应彻底清除;对侵入根系分布范围内土壤的污水应清除;对造成树体危害的污染气体应消除污染源。

(2)树体预防保护 古树名木树体预防保护应包括人为伤害预防保护和自然灾害预防保护。①人为伤害预防保护措施应包括设置围栏、铺设铁箅子或木栈道。对根系裸露、枝干易受破坏或者人为活动频繁的地方宜设置围栏。围栏宜设置在树冠垂直投影外延5 m以外,围栏高度宜大于1.2 m;对位于城市人行道或者公园、风景名胜区等地人流多、踩踏严重的区域应铺设铁箅子或木栈道,长和宽宜大于2 m。②自然灾害预防保护包括应对水灾、风灾、冻害、雪灾和雷灾预防保护措施。对位于河道、池塘边的古树名木,应设置石驳、木桩和植物砌筑生态驳岸保护;对位于坡地、石质土等易冲刷地方的古树名木,应设立挡土墙;挡土墙结构安全、协调美观,不应使用混凝土材料。对易受冻害和处于抢救复壮期的古树名木,应采取在其根颈部盖草包、覆土或搭建棚架进行保护;对树冠覆盖积雪的古树名木应及时采用风力灭火器吹雪或竹竿抖雪等措施,去除积雪;不应在古树名木保护范围内使用融雪剂;不应在古树名木保护范围内堆放被融雪剂污染的积雪;位于道路附近的古树名木,宜设置围障,防止污染积雪溅入古树保护范围。位于空旷处、水陆交界处或周边无高层建筑物等存在雷击隐患的古树名木以及树体高大的古树名木应安装避雷设施。

(3)树冠整理 为保证和利于古树名木生长、发育和景观效果,利于改善古树名木透光条件,减少病虫害发生;利于人、树安全,需对树冠整理。对枯枝、死杈和病虫害严重的枝条进行清除;对伤残、劈裂和折断的枝条进行处理;枝条生长与房屋、架空电缆等发生矛盾时,应采取修剪等避让措施。损伤枝条应剪除受伤部分,枯死枝条应剪除死亡部分,留茬长度应为15～20 mm。剪口应处理成光滑斜面,活体截面涂伤口愈合剂,死体截面涂伤口防腐剂。对开花、坐果过多已影响树势的树木应进行疏花、疏果。

(4)补水与排水 补水可采用土壤浇水或叶面喷水的方式。土壤浇水应在土壤干旱时适时浇水,寒温带、温带、暖温带地区应浇返青水和冻水,具体浇水时间可根据当地气候变化确定。土壤浇水应在树木多数吸收根分布范围内进行,树木出现生理干旱时应进行

叶面喷水。地表积水应利用地势径流或原有沟渠及时排出;土壤积水应铺设管道排出,如果不能排出时,宜挖渗水井并用抽水机排水。

(5)施肥 施肥有土壤施肥和叶面施肥。两种施肥方法中,应以土壤施肥为主。当根系从土壤吸收养分难以满足树木需求时,或土壤干旱或积水、土壤盐分过高或出现烂根、伤根,根系吸收功能降低,枝条细弱、叶片失绿,应进行叶面施肥。古树名木生长势弱,根系吸收功能差,宜选用缓效有机无机复合颗粒肥、生物活性有机肥和微生物菌肥进行土壤施肥。

(6)有害生物防治 有害生物是加速古树衰弱和死亡的致命因素,加强有害生物防控是古树名木养护和复壮,恢复树木生长势的重要措施之一。病虫害防治应采取生物、物理和化学防治。为提高病虫害防治效果,应重点加强以下工作。①加强病虫害日常预测预报工作,做到疫情早发现、早预防、早治疗。防治前,应准确识别有害生物种类、受害症状,根据有害生物在当地的生活史及发生规律,抓住防控关键时机,做到及时有效防控。②古树名木病虫防治采用生物、物理、化学综合防控措施时,重点是加强对有益生物的保护、引进、人工繁殖与释放等,结合人工和简单机器捕捉与灯光、食饵等诱杀的合理运用以及化学防控相互协调配合,实现对花、果、叶、枝干和根系病虫害的有效控制。

3. 复壮措施

古树名木复壮即对重弱和濒危的古树名木所采取的逐渐恢复树势的工程措施。它是针对衰弱原因而采取的综合恢复措施。在查明引起古树名木衰老的主要和次要原因,根据具体情况,研制复壮技术方案。

1)古树复壮技术的标准

近几年,我国古树名木方面专家提出了"古树复壮技术的标准",以生存环境技术指标、古树器官修复技术指标、树洞修补技术指标、树体支撑技术指标来检验复壮措施的合理性、科学性、有效性、可操作性。

2)复壮的技术措施

主要是土壤环境的修复技术、古树器官修复技术、树体腐朽修补技术、树体支撑技术。

(1)土壤环境的修复技术

①土壤改良的范围及深度。土壤改造的面积和深度要根据古树多数吸收根分布范围的面积和深度确定,密实土壤改良在多数吸收根外缘至树干基颈为半径画圆之内进行沟、坑改土以及根系表土层改土。沟

改土中沟的数量、位置、走向、外形和沟的长、宽、深,应以有利于根系生长和分布为原则;坑改土的方法多在树木营养面积狭小的地方进行,坑的数量、位置、长、宽、深,根据现地实际情况来定。按照沟、坑规格挖完土后,在沟、坑内设通气管,必要时挖设排水沟。回填基质时,按挖出的土壤总量,添加一定比例细砂、有机质,与土壤混匀,使土壤松软、透气、酸碱度适宜,有利于微生物生存和繁育。

②土壤质地的改良。对不是沙壤土的土壤进行改良。沙壤土标准是物理黏粒<0.01 mm的含量为10%～20%,物理沙粒>0.01 mm的含量为80%～90%,土壤密实度控制在土壤容重1.2 g/cm³～1.3 g/cm³,总孔隙度50%～60%,水气孔隙度比例适宜。

根据古树名木对养分的需求和土壤营养元素状况,来确定施用的肥料种类和用量。可施用有机无机复合颗粒肥、生物活性有机肥、菌肥。树枝改土选用与改土树种相同的树种或同属树种的枝条,截成若干小段,用量占改土体积的15%;腐叶土或腐殖土占改土体积的5%;有机肥占改土体积1%～2%;掺氮磷钾元素的用量及配方比例是由土壤养分标准量减去土壤养分实际含量的余量而定,微量元素中铁锌锰等占氮磷钾肥总量的5%为宜。土壤为碱性时,应加少量硫黄粉;土壤为酸性时,应加入石灰粉,将pH调至6.5～7.5。在土壤、水、气、温、pH和碳氮比为1∶25的条件下,适宜微生物繁殖,在土壤内掺入生物菌肥500 g/m³(李玉和等,古树名木的复壮技术)。

硬质铺装土壤通过地下改土和地面进行透气、透水铺装等措施,不仅达到了提高土壤通气性、改善土壤水肥状况的目的。施肥方式采用钻孔法和坑穴法。两种方法的布点数量由拆除铺装面积大小而定。钻孔法布点每平方米布一个点,孔径10 cm,深80 cm。坑穴法布点数一般为4～6个,坑穴规格长60 cm、宽40 cm、深80 cm。钻孔法是用钢钻在布点处打孔后,将制好的营养棒状肥(棒径9 cm)插入孔内,或者用草炭土和腐熟有机肥3∶1的比例混匀填入孔内压实至平。坑穴法是按穴位点挖坑去掉渣土,坑底压平后由下至上将预制的六面体通透砖叠砌一起,至铺装地面处起到支撑铺砖和通气的作用。

土壤经改良后,应使肥料营养元素之间达到适量、互补、增效,充分发挥整体功能与作用。

按照污染物成分不同,污染土壤主要分为滤液土壤、盐碱土壤和酸碱土壤。污染土壤经改良后,应使土壤滤液、含盐量污染土壤、酸碱度等控制在有益于树木根系生长发育允许范围内。

③土壤积水的处理。特别是对于密实土壤、黏土和低洼地形等处地面和土体的积水,在改土的同时,要根据现地积水和地形条件,采取地表明沟或地下埋管等方法解决土壤排水问题,将土壤过多的雨水排出古树保护范围之外。

(2)古树器官及树体修复技术　主要是根系吸收器官修复、叶子光合器官修复、树体器官修复。

古树的枝、干、皮、根器官分别具有吸收水肥,进行光合作用,制造有机物和疏导水分、无机营养及有机营养物质,为树体提供物质和能量的功能,以维持古树生命。这些器官受损后应及时采取处理措施,使损伤处活细胞组织增生,增强器官功能,防止腐烂。如果不及时抢救修复,会发生树体器官坏死、腐朽,降低枝干坚固性,在外力影响下易劈裂和折断。

木皮损伤处理应先清理伤口、消毒,然后涂抹伤口愈合剂,最后用消毒麻袋片包扎伤口。

根系活组织损伤应修剪伤根、劈根、腐烂根,做到切口平整,并及时喷生根剂和杀菌剂;调节土壤水、肥、气、温度及pH,增加有益菌,促进伤口愈合及新根萌发。树体倒伏的,先将受伤枝干锯成斜断面,然后对断面进行消毒,涂抹伤口愈合剂;倒伏树体宜根据损伤恢复情况分2～3次扶正。

活组织损伤处经处理后,应每年进行检查,出现问题应按原技术进行处理,直至伤口全部愈合为止。

对受损伤的正常或轻弱株可进行树干输液,树干输液应选用含有多糖、氨基酸、氮、磷、钾、微量元素、生物酶、植物激素等成分的营养液。输液次数应以达到叶片恢复基本正常为宜。

木皮损伤、凹陷、裂缝等死组织损伤的应清理损伤处表面的残渣、腐烂物,并应防腐消毒。

表面若有凹陷、裂缝等易存水或渗水处应用胶填充修补;若表面色差较大,应采取措施调成与木质相似的颜色;表面风干后,应用桐油刷两遍以上形成保护层。

树体损伤处理后应每年对树体进行检查,发现问题及时处理。

(3)树体腐朽修补工程技术　包括堵洞修补和洞壁修补。对洞内腐朽物质湿度大、不通风、水分不易排

出的树木应进行堵洞修补；对树体多洞或树洞开裂、干燥、通风良好的树木应进行洞壁修补。

（4）树体加固支撑技术　应根据树体主干和主枝倾斜程度、隐蔽树洞情况制定树体加固方案。树体加固应包括硬支撑、软支撑、活体支撑、铁箍加固和螺纹杆加固。

用硬质材料对不稳固树体采取的支撑措施叫硬支撑；用弹性材料对不稳固树体采取的牵引措施称为软支撑；栽植同种青壮龄树木对不稳固树体采取的支撑措施称为活体支撑。

树体加固后应每年对橡胶垫圈、支柱、拉绳、铁箍、螺纹杆等进行检查。当出现问题时，应及时进行安装和维修。

【复习思考题】

一、名称解释

古树名木　树木的异常生长　园林植物病害症状　古树复壮

二、填空题

1.树木检查的一般顺序是先从（　　　　　）到（　　　　　）。

2.树木干上出现排锯屑的孔洞，估计是（　　　　　）、（　　　　　）等引起的。

3.导致园林病害的病原有（　　　　　）和（　　　　　）2大类。

4.有效的古树养护措施有（　　　　　）、（　　　　　）、

（　　　　　）、（　　　　　）等。

5.古树生长势分为（　　　　　）、（　　　　　）、（　　　　　）、（　　　　　）4个等级。

6.常危害主干的害虫有（　　　　　）、（　　　　　）、（　　　　　）、（　　　　　）等。

7.正在生长的树体或树体的一部分突然死亡，主要原因是（　　　　　）、（　　　　　）、（　　　　　）等。

8.园林树木害虫依据危害部位可划分为（　　　　　）、（　　　　　）、（　　　　　）、（　　　　　）等4类。

三、简答题

1.树木检查项目的主要内容有哪些？

2.树木健康检查与安全性检查有什么不同？

3.树木常见的异常现象有哪些？

4.树木叶片卷曲产生的原因有哪几方面？

5.侵染性病害与非侵染性病害在病原、病症、传染性等方面有何不同？

6.常发生在园林树木的病害有哪些？

7.常发生在园林树木的虫害有哪些？

8.名木古树保护和研究有什么意义？

9.分析古树衰弱的原因？

10.复壮古树时，土壤改良有哪些措施？

四、论述题

调查所在的省市近几年对名木古树所采取的保护和复壮措施，分析古树养护和复壮技术的效果及建议。

参考文献

北京市园林局《城市园林绿化手册》编写组.城市园林绿化手册.北京:北京出版社,1982.

陈有民.园林树木学.北京:中国林业出版社,2011.

陈有民.园林树木栽培学.北京:中国农业出版社,2009.

陈远吉.景观树木栽培与养护.北京:化学工业出版社,2013.

成仿云.园林苗圃学.北京:中国林业出版社,2012.

龚学堃,耿玲悦,等.园林苗圃学.北京:中国建筑工业出版社,1995.

郭学旺,包满珠.园林树木栽植养护学.2版.北京:中国林业出版社,2004.

李合生.现代植物生理学.北京:高等教育出版社,2002.

刘晓东,韩有志.园林苗圃学.北京:中国林业出版社,2014.

强胜.植物学.北京:高等教育出版社,2017.

上海市林学会科普委员会,等.城市绿化手册.北京:中国林业出版社,1982.

沈德绪.林柏年.果树童期与提早结实.上海:上海科学技术出版社,1989.

苏金乐.园林苗圃学.2版.北京:中国农业出版社,2013.

孙时轩.造林学.2版.北京:中国林业出版社,1992.

吴泽民,何小弟.园林树木栽培学.北京:中国农业出版社,2009.

杨玉贵,王洪军.园林苗圃.北京:北京大学出版社,2007.

叶要姝,包满珠.园林树木栽植养护学.北京:中国林业出版社,2012.

赵和文.风景园林苗圃学.北京:中国林业出版社,2017.

祝遵凌.园林树木栽培学.南京:东南大学出版社,2015.

P. P. Pirone, J. R. Hartman, M. A. Shall, et al. Tree Maintenance (5th ed). Oxford: Oxford University Press,1978.

附录 本书涉及的主要树种名录

序号	植物名录	拉丁名
1	白蜡	*Fraxinuschinensis*
2	板栗	*Castanea mollissima*
3	菠萝	*Ananas comosus*
4	侧柏	*Platycladus orientalis*
5	常春藤	*Hedera helix*
6	垂柳	*Salix babylonica*
7	刺槐	*Robinia pseudoacacia*
8	杜鹃	*Rhododendron simsii*
9	杜仲	*Eucommia ulmoides*
10	珙桐	*Davidia involucrata*
11	构树	*Broussonetia papyrifera*
12	桂花	*Osmanthus fragrans*
13	国槐	*Sophora japonica*
14	合欢	*Albizia julibrissin*
15	核桃	*Juglans regia*
16	红豆杉	*Taxus wallichiana* var. *chinensis*
17	红叶杨	*Populus deltoids* cv. *Zhonghua hongye*
18	厚朴	*Magnolia officinalis*
19	黄连木	*Pistacia chinensis*
20	接骨木	*Sambucus williamsii*
21	金橘	*Fortunella margarita*
22	金银木	*Lonicera maackii*

序号	植物名录	拉丁名
23	榉树	*Zelkova schneideriana*
24	苦楝	*Melia azedarach*
25	冷杉	*Abies fabri*
26	梨	*Pyrus bretschneideri*
27	荔枝	*Litchi chinensis*
28	连翘	*Forsythia suspensa*
20	凌霄	*Campsis grandiflora*
30	龙眼	*Dimocarpus longan*
31	栾树	*Koelreuteria paniculata*
32	马褂木	*Liriodendron chinense*
33	梅花	*Prunus mume*
34	茉莉	*Jasminum sambac*
35	牡丹	*Paeonia suffruticosa*
36	木槿	*Hibiscus syriacus*
37	泡桐	*Paulownia fortunei*
38	枇杷	*Eriobotrya japonica*
39	苹果	*Malus domestica*
40	菩提树	*Ficus religiosa*
41	葡萄	*Vitis vinifera*
42	三角枫	*Acerbuergerianum*
43	桑	*Morus alba*
44	山茶	*Camellia japonica*
45	山桃	*Prunus davidiana*
46	石榴	*Punica granatum*
47	柿树	*Diospyros kaki*
48	栓皮栎	*Quercus variabilis*
49	四季桂	*Osmanthus fragrans* 'Semperflorens'
50	四照花	*Dendrobenthamia japonica*
51	贴梗海棠	*Chaenomeles speciosa*
52	蚊母树	*Distylium racemosum*
53	乌桕	*Sapium sebiferum*
54	无患子	*Sapindus mukorossi*
55	梧桐	*Firmiana platanifolia*
56	香椿	*Toona sinensis*
57	小叶黄杨	*Buxus microphylla*
58	小叶杨	*Populus simonii*
59	杏	*Prunus armeniaca*

序号	植物名录	拉丁名
60	悬铃木	*Platanus acerifolia*
61	雪松	*Cedrus deodara*
62	杨梅	*Myrica rubra*
63	银桂	*Osmanthus fragrans* 'Latifolius'
64	银杏	*Ginkgo biloba*
65	樱花	*Prunus serrulata*
66	迎春	*Jasminum nudiflorum*
67	油橄榄	*Olea europaea*
68	油松	*Pinus tabulaeformis*
69	榆树	*Ulmus pumila*
70	玉兰	*Magnolia denudata*
71	圆柏	*Juniperus chinensis*
72	月季	*Rosa chinensis*
73	云杉	*Picea asperata*
74	枣	*Ziziphus jujuba*
75	重阳木	*Bischofia polycarpa*
76	紫丁香	*Syringa oblata*
77	紫荆	*Cercis chinensis*
78	紫藤	*Wisteria sinensis*
79	紫薇	*Lagerstroemia indica*
80	紫玉兰	*Magnolia liliiflora*
81	棕榈	*Trachycarpus fortunei*